数字经济系列教材

总主编　　胡国义

副总主编　邵根富　李国冰

物联网技术导论

俞武嘉　编著

西安电子科技大学出版社

内 容 简 介

本书介绍了物联网技术发展历史、现状和发展趋势，并结合当前最新的研究和应用成果，对物联网体系架构的各层次（感知控制层、网络互联层、支撑服务层和综合应用层）进行了全面论述，深入浅出、全景式地为读者展现了物联网技术的各个方面。本书在阐述物联网体系结构的基础上，着重讲述了自动识别技术、传感器网络、嵌入式系统与智能硬件、定位技术与位置服务、物联网接入技术、移动通信网络、计算机网络技术、物联网的计算模式、智能数据处理技术、信息安全技术，并对物联网技术在重点领域的应用进行了介绍。

本书可作为高等院校物联网工程类、计算机类、自动化类、电子信息类、电气类专业的基础教材，也可作为各类培训机构相关专业的培训教材，同时还可供从事物联网相关工作的专业人员以及技术爱好者参考阅读。

图书在版编目(CIP)数据

物联网技术导论 / 俞武嘉编著. —西安：西安电子科技大学出版社，2022.6
ISBN 978-7-5606-6311-1

Ⅰ. ①物… Ⅱ. ①俞… Ⅲ. ①物联网 Ⅳ. ①TP393.4②TP18

中国版本图书馆 CIP 数据核字(2022)第 043638 号

策　　划　陈　婷
责任编辑　陈　婷
出版发行　西安电子科技大学出版社(西安市太白南路 2 号)
电　　话　(029)88202421　88201467　　邮　　编　710071
网　　址　www.xduph.com　　　电子邮箱　xdupfxb001@163.com
经　　销　新华书店
印刷单位　陕西天意印务有限责任公司
版　　次　2022 年 6 月第 1 版　2022 年 6 月第 1 次印刷
开　　本　787 毫米×1092 毫米　1/16　印 张　12.5
字　　数　289 千字
印　　数　1～3000 册
定　　价　31.00 元
ISBN 978 - 7 - 5606 - 6311 - 1 / TP
XDUP 6613001-1

数字经济系列教材编委会

前　　言

从农耕时代到蒸汽时代，从电气时代到信息时代，科学技术的不断发展和创新，推动着人类社会的进步。每一次技术革命都给人类生产、生活带来巨大而深刻的影响。近二三十年来，互联网技术极大地促进了信息沟通的效率，很大程度上改变了人们的生活习惯和工作方式。物联网，则是人类为信息交互设想的更宏大的愿景。互联网技术使得"人与人"之间的广泛联结成为现实，而物联网技术的使命则是实现全世界范围内的"万物互联"。

科学技术与经济社会相互融合，呈现出普适性、智能化，物联网技术的发展让万物相连的愿景逐步成为人们触手可及的现实。物联网技术融合了通信、电子、计算机、控制等多个领域的前沿技术，被认为是继计算机、互联网之后，世界信息产业的第三次技术革新。物联网技术的应用前景极为广阔，将会促进人类生活和生产服务的全面升级，引发产业、经济和社会全方位的变革。

物联网技术的飞速发展，为相关技术人才的培养提出了新的要求。目前，全国范围内大部分高等院校都开设了物联网专业或相关专业。本书为适应目前高等院校物联网技术相关专业对导论类教材的需求，以数据从下向上的传输流程为主线，结合物联网领域的最新技术发展方向和行业应用案例，从感知控制层、网络互联层、支撑服务层和综合应用层四个层次对物联网技术进行了全面、详细的论述。本书结构层次清晰，融入了作者在物联网领域中多年研究和实践积累的经验、思考与感悟，并引入了诸多物联网相关热点技术的介绍，如云计算、边缘计算、大数据、人工智能、数据安全技术等。通过本书的学习，读者不仅能建立对物联网技术基础知识的完整认识，而且能对物联网技术的前沿发展和技术趋势有一个清晰的了解。

全书分为五篇，共 13 章。

第一篇为概述，包括第 1 章和第 2 章。本篇介绍了物联网的基本概念、发展历史与趋势以及物联网体系结构知识。

第二篇为感知控制层，包括第 3～6 章，分别介绍了自动识别技术、传感器网络、嵌入式系统与智能硬件以及定位技术与位置服务。

第三篇为网络互联层，包括第 7～9 章，分别对物联网接入技术、移动通信网络及计算机网络技术进行了论述。

第四篇为支撑服务层，包括第 10～12 章，分别介绍了物联网的计算模式、智能数据处理技术及信息安全技术。

第五篇为综合应用层，包括第 13 章，介绍了物联网技术在智能家居、智能工业、智能农业、智能交通、智能医疗、智能物流等领域中的应用案例。

本书由俞武嘉编著，参与编写的人员有杨恒、楼兴东、袁涛、潘渊博、韩新龙、刘羽洋、阮宇宁、薛鹏辉、王威等。本书在编写过程中参考了大量的书籍、文献和网络资料，主要参考书籍已在参考文献中列出，但仍有部分资料未在参考文献中列出，在此向所有资料的作者表示感谢。

由于作者水平有限，书中难免存在疏漏和不足之处，恳请各位专家和读者不吝指正。各位读者在阅读本书时若有反馈信息，请发邮件至作者电子邮箱（yuwujia@126.com）。

作 者

2022 年 1 月

目　　录

第一篇　概　　述

第二篇　感知控制层

第三篇 网络互联层

第四篇 支撑服务层

第五篇 综合应用层

第一篇

概　　述

第1章　物联网概述

1.1　物联网的发展与趋势

1.1.1　什么是物联网

人类历史上，信息化共经历了三次浪潮。20 世纪 40 至 50 年代，计算机的出现掀起了信息化产业的第一次革命浪潮；20 世纪 90 年代初，互联网的出现掀起了信息化产业的第二次革命浪潮；从 2010 年起，物联网掀起了信息化产业的第三次革命浪潮。历史上出现的每次信息革命浪潮都能给人类带来翻天覆地的变化。计算机的出现使人类进入了机器计算时代，计算机可以取代人类大脑做很多逻辑性工作。互联网是近几十年内人类最重大的科技发明之一，它将全世界的人连接在一起，让人与人之间的沟通不再受距离的限制，实现了全球信息资源共享。互联网在带来极大便利的同时也深刻地改变了我们的工作和生活。今天，我们的生活已经和互联网密不可分，它和水、电、气一样，已经成为当今社会的一种基础设施。物联网是互联网的进一步发展，互联网连接人与人，而物联网则连接更广泛的人与物、物与物，从而构成无处不在的物与物相互连接的巨大网络。现在物联网技术虽然还处于发展的早期阶段，但我们已经可以从现有的物联网应用中看到，它具有强大的力量和无限的潜能，将推动人类社会进入网络化、信息化、智能化的新时代。

通俗来讲，物联网就是“万物互联”的网络。“万物互联”是未来的技术发展趋势，也是人类共同的梦想。

1.1.2　物联网概念的起源

物联网概念最早可以追溯到 1990 年施乐公司的网络可乐贩售机——Networked Coke Machine。1991 年美国麻省理工学院(MIT)的 Kevin Ashton 教授首次提出物联网的概念。正式让物联网进入大众视野的，是微软的创始人比尔·盖茨。1995 年盖茨在《未来之路》一书(见图 1-1)中对信息技术的发展进行了预测，其中描述了物品接入网络后的一些应用场景。这可以说是物联网概念的早期雏形。

图 1-1　比尔·盖茨的《未来之路》

1998年，麻省理工学院提出基于RFID技术的唯一编码方案，即产品电子编码(Electronic Product Code，EPC)，并以EPC为基础，研究从网络上获取物品信息的自动识别技术。在此基础上，1999年麻省理工学院建立了自动识别技术(AUTO-ID)实验室，研究人员利用物品编码和RFID技术对物品进行编码标识，并通过互联网把RFID装置和激光扫描器等各种信息传感设备连接起来，实现物品的智能化识别和管理。当时对物联网的定义还很简单，主要是指把物品编码、RFID与互联网技术结合起来，通过互联网实现物品的自动识别和信息共享。在我国，1999年中国科学院启动了传感网研究项目，开始了中国物联网领域相关技术的探索。

进入21世纪后，随着技术和应用的发展，物联网的内涵和外延都发生了很大变化。

1.1.3 国内外发展概况

在近现代人类历史上，已经出现了三次重大技术革命。

第一次技术革命：1760—1840年的“蒸汽时代”，标志着农耕文明向工业文明过渡，是人类发展史上的一个奇迹。

第二次技术革命：1840—1950年的“电气时代”。电力、钢铁、铁路、化工、汽车等重工业兴起，石油成为新能源，促使交通迅速发展，世界各国的交流更为频繁，并逐渐形成一个全球化的国际政治、经济体系。

第三次技术革命：第二次世界大战之后开创的“信息时代”。全球信息和资源交流变得更为迅速，大多数国家和地区都被卷入全球化进程之中，世界政治经济格局进一步确立，人类文明的发达程度也达到空前的高度。第三次信息革命方兴未艾，还在全球扩散和传播。

前三次技术革命使得人类社会发展进入了空前繁荣的时代，与此同时，也造成了巨大的能源、资源消耗，付出了巨大的环境和生态成本代价，急剧扩大了人与自然的矛盾。进入21世纪，人类面临空前的全球能源与资源危机、全球生态与环境危机、全球气候变化危机的多重挑战，由此引发了第四次技术革命。

第四次技术革命的目标是实现信息化基础上的智能化，我们可以称之为“智能时代”。智能时代的核心特征就是以物联网作为信息化基础设施。因此，物联网技术在第四次技术革命中的地位极其重要，要实现本次技术革命的宏伟目标，发展和建设完善的物联网技术体系是必经之途。

2005年，物联网作为一种重要技术真正进入大众的视野。这一年国际电信联盟(ITU)峰会的主题是物联网，物联网因此受到广泛关注。2005年11月17日，在突尼斯举行的信息社会世界峰会上，ITU发布了《ITU互联网报告2005：物联网》(ITU Internet Reports 2005：The Internet of Things)。ITU的报告指出：无所不在的物联网通信时代即将来临，通过RFID和传感器可以获取物体的信息，世界上所有的物体都可以通过互联网主动进行信息交换，从轮胎到牙刷，从房屋到纸巾。从此，物联网在世界范围内进入了高速发展阶段。

物联网是继计算机、互联网与移动通信网之后的第三次信息产业浪潮，被多个国家或主要经济体列为重点发展的战略性新兴产业。

1. 国外发展概况

1) 美国

作为物联网技术的主导国之一，美国最早展开了物联网及相关技术与应用的研究。2007年，美国率先在马萨诸塞州剑桥城打造全球第一个全城无线传感网。2009年1月，IBM提出“智慧地球”的概念，其核心是指以一种更智慧的方法，即利用新一代信息通信技术改变政府、公司和人们相互交互的方式，以便提高交互的明确性、效率、灵活性和响应速度。具体来说，就是将新一代信息技术运用到各行各业，把传感器嵌入和装备到全球范围内的计算机、铁路、桥梁、隧道、公路等附着的监控计算机中，并相互连接，形成“物联网”，然后再通过超级计算机和云计算平台的相互融合，实现实时、可靠、智能的生产和生活，最终实现“智慧地球”。

2) 欧盟各国

欧盟委员会为了主导未来物联网的发展，近年来一直致力于鼓励和促进欧盟内部物联网产业的发展。早在2006年，欧盟委员会就成立了专门的工作组进行RFID技术研究，并于2008年发布《2020年的物联网——未来路线》，对未来物联网的研究与发展提出展望。

2009年6月，欧盟提出了《物联网——欧洲行动计划》(Internet of Things—An action plan for Europe)，它包含14项行动计划，内容包括监管、隐私保护、芯片、基础设施保护、标准修改、技术研发等，主要涉及隐私及数据保护、“芯片沉默”的权利、潜在危险、关键资源、标准化、研究、公私合作、创新、管理机制、国际对话、环境问题、统计数据、进展监督等一系列工作。该计划的目的是希望欧盟通过构建新型物联网管理框架来引领世界“物联网”的发展，并通过普及物联网为尽快摆脱经济危机发挥作用。

德国政府在2013年的汉诺威工业博览会上正式提出了工业4.0(Industry 4.0)战略，目标是建立一个高度灵活的个性化和数字化的产品与服务的生产模式，旨在支持工业领域新一代革命性技术的研发与创新，以提高德国工业的竞争力，使德国在新一轮技术革命中占领先机。工业4.0战略又称为第四次技术革命，其核心就是物联网。工业4.0战略的目标是实现虚拟生产与现实生产环境的有效融合，以提高企业生产率。

3) 日本

日本也是最早展开物联网研究的国家之一。自20世纪90年代中期以来，日本相继推出了e-Japan、u-Japan、i-Japan等一系列国家信息技术发展战略，在以信息基础设施建设为主的前提下，不断发展和深化与信息技术相关的应用研究。

2004年，日本政府提出u-Japan计划，着力发展泛在网及相关应用产业，并希望由此催生新一代信息科技革命。2009年8月，日本又提出了下一代的信息化战略——i-Japan计划，并提出“智慧泛在”构想。其要点是大力发展电子政府和电子地方自治体，推动医疗、健康和教育的电子化；同时计划构建一个个性化的物联网智能服务体系，充分调动日本电子信息企业积极性，开拓支持日本中长期经济发展的新产业，大力发展以绿色信息技术为代表的环境技术和智能交通系统等重大项目，以确保日本信息技术领域的国家竞争力始终位于全球领先的地位。

4) 其他国家

韩国的信息技术发展一直居世界前列，是全球宽带普及率最高的国家。为了紧跟物联网研究的步伐，2004 年，韩国推出了 u-Korea 战略，并制订了详尽的 IT839 计划。该计划认为无所不在的网络将是由最先进的计算技术以及其他领先的数字技术基础设施聚合而成的技术社会形态。在网络社会中，所有人可以在任何地点、任何时刻享受现代信息技术带来的便利。

此外，澳大利亚、新加坡等国家也在加紧部署物联网经济发展战略，加快推进下一代网络基础设施的建设步伐。

2. 国内发展概况

我国的物联网研究与国际发展基本同步，相关的产业链和应用研究均呈现出良好的发展态势。1999 年，中科院启动了传感网的研究，在无线智能传感器网络技术、微型传感器、传感器终端机、移动基站等方面取得了重大进展，并且形成了从材料、技术、器件、系统到网络的完整产业链。到目前为止，我国的传感器标准体系的研究已形成初步框架，向国际标准化组织提交的多项标准提案也均被采纳，传感网标准化工作已经取得了积极进展。

与此同时，我国正逐步建立以 RFID 应用为基础的全国物联网应用平台。从 2004 年起，国家金卡工程每年都推出新的 RFID 应用试点，涉及电子票证与身份识别、动物与食品追踪、药品安全监管、煤矿安全管理、电子通关与路桥收费、智能交通与车辆管理、供应链管理与现代物流、危险品与军用物资管理、贵重物品防伪、票务及城市重大活动管理、图书及重要文档管理、数字化景区与旅游等众多领域。

2009 年 8 月 7 日，时任国家总理的温家宝在无锡微纳传感网工程技术研发中心视察并发表重要讲话，提出了“感知中国”的理念，标志着我国物联网产业的研究和发展已上升到国家战略层面，物联网的研究在国内迅速升温。

2010 年年初，我国正式成立了传感(物联)网技术产业联盟。同时，工业和信息化部也宣布将牵头成立一个全国推进物联网的部际领导协调小组，以加快物联网产业化进程。《2010 年政府工作报告》明确提出：“要大力培育战略性新兴产业。要大力发展新能源、新材料、节能环保、生物医药、信息网络和高端制造产业。积极推进新能源汽车、‘三网’融合取得实质性进展，加快物联网的研发应用。加大对战略性新兴产业的投入和政策支持。”

2011 年 3 月，《物联网“十二五”发展规划》正式出台，明确指出物联网发展的九大领域，目标到 2015 年，我国要初步完成物联网产业体系构建。在 2013 年，国家发展改革委、工业和信息化部、科技部、教育部、国家标准委等多部委联合印发《物联网发展专项行动计划(2013—2015)》，该计划包含了 10 个专项行动计划，随后各地组织开展了 2014—2016 年国家物联网重大应用示范工程区域试点。2014 年 6 月，工业和信息化部印发《工业和信息化部 2014 年物联网工作要点》，为物联网发展提供了有序指引。

2015 年 3 月，李克强总理在全国两会上作政府工作报告时首次提出“中国制造 2025”和“互联网+”行动计划。“中国制造 2025”的基本思路是：借助两个 IT 的结合(Industry Technology and Information Technology，工业技术和信息技术)，改变中国制造业现状，加快推进制造产业升级。该计划规划中国到 2025 年跻身现代工业强国之列，成为第四次技术革命的引领者。制订“互联网+”行动计划的目标是：推动移动互联网、云计算、大数据、物联网等与现代制造业结合，促进电子商务、工业互联网和互联网金融健康发展，引导互联网企业拓展国际市场。从“中国制造 2025”再到“互联网+”，都离不开物联网的技术支撑。

当前，我国物联网发展迅猛，已初具规模，主要表现为以下几点：

(1) 产业发展基础已初步形成。我国的低频和高频 RFID 产业相对成熟，敏感元件与传感器产业初步建立，从电子产业、软件业到通信运营、信息服务和面向行业的应用与系统集成中心，一条完整的产业链正逐步形成。

(2) 技术领域不断取得新的突破。我国在超高频 RFID、通信协议、网络管理、智能计算以及各类新型传感器领域已取得了突破性进展。

(3) 物联网相关标准的研制取得一定的进展。我国在传感器网络接口、标识、安全、传感器网络与通信网融合发展、泛在网体系架构等相关技术标准的研究上取得了一定的进展，所提交的多项技术标准提案也被国际标准化组织采纳，目前是传感器网络国际标准化工作组的主导国之一。

(4) 应用推广初见成效。在我国，物联网应用已经推广到电力、交通、环境监测、安防、物流、医疗、智能家居等多个领域，应用模式研究呈现多元化、智能化发展的态势。应用功能也从早期的物品识别、电子票证逐渐向智能处理过渡，如向智能家居、智能楼宇以及环境监测等方面拓展。

21 世纪发动的第四次技术革命，中国第一次与美国、欧盟、日本等发达国家和地区站在同一起跑线上，在加速信息工业革命的同时，通过推动“中国制造 2025”计划，将实现第四次技术革命的技术飞跃。

综上所述，全球主要国家和地区都提出了以物联网为核心的发展战略。图 1-2 展示了世界范围内主要国家和地区物联网发展的重要里程碑事件。

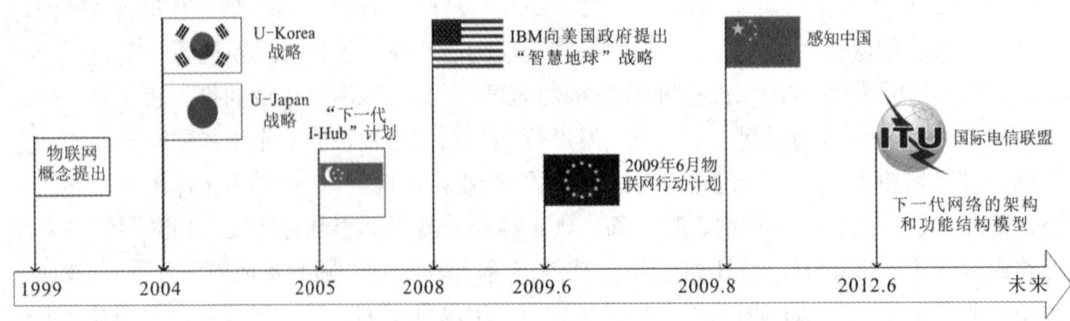

图 1-2　主要国家和地区物联网发展的重要里程碑事件

1.2　物联网的技术特征

1.2.1　物联网的定义

1. 主流定义

物联网，其英文名称为“The Internet of Things”，简称 IoT。顾名思义，物联网就是“物物相连的互联网”。这有两层意思：第一，物联网的核心和基础仍然是互联网，是在互联网基础上延伸和拓展的网络；第二，其用户端延伸和拓展到了任何物体与物体之间进行信息交换和通信。目前，物联网还没有一个精确且公认的定义，相对主流的公认定义是 2005 年在突尼斯举行的信息社会峰会上，国际电信联盟(ITU)发布的《ITU 互联网报告 2005：物联网》中提出的定义：通过射频识别(RFID)、红外感应器、全球定位系统、激光扫描器等信息传感设备和技术，按约定的协议，把任何物体与互联网相连进行信息交换和通信，以实现对物体和过程的智能化识别、定位、跟踪、监控和管理的一种网络。

根据国际电信联盟的定义，物联网主要解决物品与物品(Thing to Thing，T2T)、人与物品(Human to Thing，H2T)、人与人(Human to Human，H2H)之间的连接。与传统互联网不同的是，H2T 是指人利用通用装置与物品连接，例如手机、电脑连接智能家电；H2H 是指人之间不依赖于 PC 而进行的连接。讨论物联网的过程中经常会遇到 M2M 的概念，M2M 通常被解释为机器与机器(Machine to Machine)，但它也可以表示人与人(Man to Man)或者人与机器(Man to Machine)，在使用中容易造成误解。因此，本书采用国际电信联盟定义的 T2T、H2T 和 H2H 概念以防止混淆。

2. “物”的概念

物联网中，“物”的含义很广。除了常见的数码产品、家用电器等电子类设备外，也包含了服装、食品、文化用品等非电子类物品。当然，物联网中的“物”必须能够连入网络。因此从信息的角度来看，这些“物”必须能够进行通信互联，并且可识别、可定位、可寻址甚至可控制。通常，物联网的“物”要满足下面的条件才能成为物联网的一部分：

(1) 有数据传输通路；
(2) 有可被识别的编号；
(3) 有一定的存储功能；
(4) 有或多或少的计算能力；
(5) 有信息的接收器；
(6) 有信息的发送器；
(7) 有专门的应用程序；
(8) 遵循物联网的通信协议。

1.2.2　物联网主要技术特征

物联网是一个基于互联网、传统电信网等的信息承载体，它让所有能够独立寻址的普通物理对象形成互联互通的网络。物联网的核心是数据，最核心的技术问题是如何获取数据、如何传输数据、如何应用数据。因此，物联网的技术特征也相应地包括全面感知、泛在连接和智慧应用三个方面。

1. 全面感知

全面感知解决数据获取的问题。这里的数据既包含物理世界的数据，也包含人类社会活动产生的各类数据。感知是指利用识别、捕获、测量等技术手段，对各类数据进行采集获取的过程。近年来，由于微电子技术的快速发展，嵌入式设备日益微型化和低功耗化，使得为每个物品或生物体安装电子感知装置成为可能，物联网进入了全面感知的时代。为了使物品具有感知能力，需要在物品上安装不同类型的身份识别装置(如电子标签、条形码、二维码等)，或者通过各类传感器感知其物理属性和个性化特征。

2. 泛在连接

泛在连接解决数据连接与传输问题。“泛在”的含义指无处不在。因为物联网接入的物品分布范围广泛且数量巨大，所以必须建设“无处不在”的网络进行连接和传输。数据传输的稳定性和可靠性是保证物与物相连的关键，要求传输环节必须具备更高的带宽、更快的传输速率、更低的误码率和更好的实时性。同时，由于无处不在的感知数据很容易被窃取和干扰，这就要求泛在连接必须保证数据传输的安全性和完整性。由于物联网是异构网络，不同实体间的信息交互可能存在协议规范的差异，因此需要通过相应的软、硬件进行转换。这些软、硬件一般称为物联网协议网关。

3. 智慧应用

智慧应用是解决数据如何计算、处理和进行决策的问题。物联网服务人类社会的最终目的是为各行各业提供数据的智慧应用方案。智慧应用是指利用大数据技术、人工智能技术、云计算等各种智能计算技术，对由全面感知获取的信息进行分析和处理，提升对物理世界、人类社会各种活动的洞察力，最终实现智能决策与控制，以更加系统和全面的方式解决问题。

早期的物联网只在零售、物流、交通等领域使用，近年来物联网应用已经进入智能农业、智慧医疗、环境监控、智能家居、智慧教育等与老百姓生活密切相关的领域之中。物联网应用的广度和深度在不断深化，并且智能化程度日益提高。

1.2.3　关键技术领域

1. 感知与识别技术

感知与识别技术是物联网的基础，负责采集物理世界中发生的物理事件和数据，实现外部世界信息的感知和识别。它包括多种发展成熟度差异性很大的技术，如传感器、射频识别(RFID)、二维码等。

传感器是物联网中获得信息最重要的手段和途径，传感器的特性、可靠性、实时性、抗干扰性等性能将直接影响控制节点对信息的处理与传输，对物联网应用系统的性能起着举足轻重的作用。传感技术利用传感器和多跳自组织传感器网络，协作感知、采集网络覆盖区域中被感知对象的信息。它依附于敏感机理、敏感材料、工艺设备和计测技术，对基础技术和综合技术要求非常高。近年来，传感技术的发展与突破主要体现在两个方面：一是感知信息方面；二是传感器自身的智能化和网络化方面。目前，传感器在被检测量类型和精度、稳定性、可靠性、低成本、低功耗方面还没有达到大规模应用水平，是物联网产业化发展的重要技术瓶颈之一。

2. 网络与通信技术

网络是物联网信息传递和服务支撑的基础设施，通过泛在的互联功能，可实现感知信息高可靠性、高安全性传送。

物联网的通信技术主要实现物联网数据信息和控制信息的双向传递、路由和控制。物联网需要综合各种有线及无线通信技术，如对近距离无线通信技术等进行综合组网。物联网终端一般使用 ISM 频段(Industrial Scientific Medical Band)进行通信。该频段主要开放给工业、科学和医学三种主要应用场景使用，无需授权许可，只需要遵守一定的发射功率，并且不对其他频段造成干扰便可。目前，该频段内包括大量的物联网设备以及现有的无线(Wi-Fi)、超宽带(UWB)、ZigBee、蓝牙等设备，频谱空间极其拥挤，制约着物联网的大规模应用。为提升频谱资源的利用率，让更多物联网业务能实现空间并存，需要切实提高物联网规模化应用的频谱保障能力，以保证异种物联网的共存，并实现其互联互通互操作。

3. 信息处理与服务技术

信息处理与服务技术负责对数据信息进行智能信息处理并为上层应用提供服务。信息处理与服务技术主要解决感知数据如何存储(如物联网数据库技术、海量数据存储技术)、如何检索(如搜索引擎等)、如何使用(如云计算、数据挖掘、机器学习等)、如何不被滥用(如数据安全与隐私保护等)等问题。对于物联网而言，信息的智能处理是最为核心的部分。物联网不仅仅要收集物体的信息，更重要的在于利用这些信息对物体实现管理，因此信息处理技术是提供服务与应用的重要组成部分。

由于物联网处于发展的初级阶段，因此物联网的信息处理与服务也处于发展之中。对于大规模的物联网应用而言，海量数据的处理以及数据挖掘、数据分析正是物联网的最大潜力所在，然而目前这些还处于发展阶段的初期。

1.3 物联网与未来社会

物联网将人、物品和应用相互连接在了一起，人类与物理世界的交互方式将发生一场重大变革。这意味着信息化新时代的全面到来，我们将会见证一次与技术革命、信息化革命相提并论的、关于人类生活方式的革命。未来的物联网能够覆盖全球，实现实时通信和分析功能的感知与控制技术，会将物理世界无缝连接到具备感知功能的数字世界当中。这种物理世界与数字世界的高度融合，可赋予物理对象生机，极大地扩展人类的知识和体验。

当前物联网技术应用已经在智能工业、智能农业、智能物流、智能交通，智能电网、智能环保、智能安防、智能医疗、智能家居等领域中蓬勃开展起来(见图 1-3)，为社会各行各业提供了日益强大的数字化变革推动力。

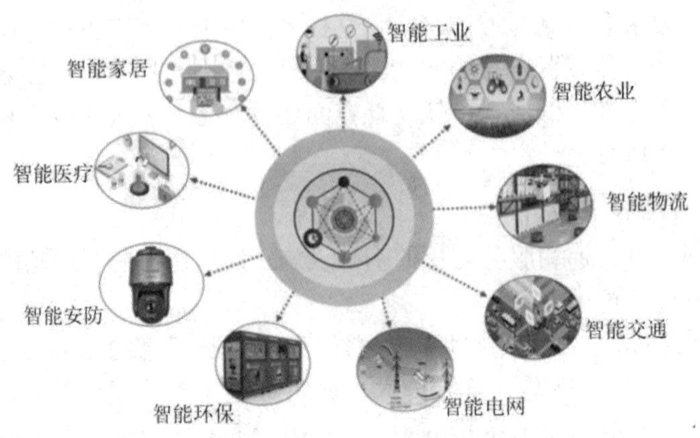

图 1-3　物联网与未来社会

1.3.1　智能工业

工业是物联网应用的重要领域。智能工业即工业智能化，它将新一代信息技术与先进工业技术相融合，通过建设“智能工厂”，开展“智能(生产)制造”，实现生产要素的高效、低耗、协同以及个性化的批量定制生产，形成新的智能化制造体系。物联网与智能工业技术具有天然的耦合关系，基于工业物联网实现智能工业是必然的选择。

物联网技术以机器原材料、控制系统、信息系统、产品以及人之间的网络互联为基础，将全面的环境感知能力、泛在连接的计算模式、强大的智能数据计算融入工业生产的各个环节，采用信息技术处理工业生产过程和产品使用过程中的智能活动，以进行分析、推理、判断和决策，从而扩大延伸和部分替代人类的脑力劳动，提高制造效率，改善产品质量并降低成本，减少资源消耗和环境污染，实现知识密集型生产和决策的自动化。其本质是通过对工业数据的全面深度感知，实时传输、交换、计算处理和建模分析，实现智能控制、运营优化和生产组织方式变革，将传统工业提升到智能工业的新阶段。

1.3.2　智能农业

智能农业是当今世界农业发展的新潮流，其基本含义是融入物联网技术，为农业生产进行综合信息自动检测、环境的自动控制以及智能化的管理决策。物联网在现代农业中应用的领域，主要包括监视农作物灌溉情况、作物环境状况，监测土壤、气候变更以及温度、风力、湿度、大气、降雨量、土壤水分、土壤 pH 值等环境参数，并以此为基础进行科学预测，帮助农业生产人员减灾抗灾、科学种植，提高农业的综合效益。

在我国，近些年来物联网与农村生产经营活动的联系越来越紧密，有些地区建立了农业监测网络与物联网信息集成系统，实现了农业数据的智能化提取和处理。与传统方式相比，农业物联网监测系统为农业生产数据获取提供了一个崭新的思路：将传感器节点布设于农田等目标区域，大量网络节点实时精确地采集温度、湿度、光照、气体浓度等环境信息。这些信息在数据汇聚节点汇集，通过网络对汇集的数据进行传输，并由上层的应用服务进行分析处理，帮助农业生产者有针对性地投放农业生产资料，从而更好地实现耕地资源的合理高效利用和农业现代化精准管理，提升农业生产效能。

1.3.3 智能物流

物联网技术极大地促进了物流的智能化发展。在我国出台的《十大振兴产业规划细则》中，已经明确规定物流快递业是未来重点发展的行业之一。物流业被视为是最适合与物联网技术结合的产业之一。目前，发展较快的智能物流是在物联网广泛应用的基础上，利用先进的信息采集、信息处理、信息流通和信息管理技术，在需要寄送的物品包装上嵌入电子标签、条形码等能够识别物品信息的标识，并利用无线网络通信的方式，将相关信息及时发送到后台处理系统，从而达到对物品快速收寄、分发、运输以及实时跟踪监控等专业化管理的目的。

同时，物联网技术还能实现企业物流决策的智能化。通过实时的数据监控对比分析，可对物流过程与调度不断优化，对客户个性化需求及时响应，在大量数据智能分析的基础上实现物流战略规划的建模仿真预测，确保物流战略的准确性和科学性。因此，物联网技术与物流行业的结合提高了物流企业的运营效率，提升了物流成本控制水平，并从整体上提高了企业和行业的信息化水平，带动了整个物流产业的迅猛发展。

1.3.4 智能交通

交通是国民经济的重要支柱。随着社会经济的发展，城市化进程不断加快，城市规模快速膨胀，人口大量增加，对城市的交通基础设施造成了巨大压力，同时也带来了严重的空气污染和安全问题。为解决交通系统的压力，为城镇化建设提供有力保障，将物联网技术应用于交通管理领域，是解决上述问题的有效途径。

智能交通是指将物联网先进的信息技术、传感技术、控制技术以及计算机技术等有效地运用于整个交通运输管理体系，建立起能在大范围内全方位发挥作用的实时、准确、高效的综合运输和管理系统。其主要目标是使交通工具与道路的功能智能化，从而保证交通安全，提高交通效率，改善城市环境，降低能源消耗，使得车、路、人相互影响、相互联系，融为一体。

作为物联网产业中的重要组成部分，智能交通具有行业市场规模庞大、行业传感器技术成熟、政府扶持力度大的特点，在许多城市已经开始规模化应用，市场前景广阔，将成为未来几年物联网产业发展的重要领域。

1.3.5 智能电网

电力系统的发展水平已经成为世界各国经济发展水平的重要标志。电力系统和电力网络的出现，推动了社会生产各领域的全面发展，深刻地影响了社会生活的各个方面。智能电网的核心内涵是实现电网的信息化、数字化和智能化。当前阶段主要实现电力设施监测、智能配电站、配网自动化，智能用电、智能电力调度以及远程抄表等环节的数字化升级。

物联网技术与电力网络结合，可以全面有效地对整个电力系统，即从电厂、变电站、高压输电线路直至用户终端进行智能化管理，包括对电力系统运行状态的实时监测和故障处理，对可能导致电网故障的因素进行早期预警，从而确保电网整体健康运行。在我国，智能电网建设和电力市场化改革同步进行，发展智能电网可以更好地节能减排、降低能源消耗，改善和提高人民群众的生活水平。

1.3.6　智能环保

环境保护是为促进人类与环境之间的和谐共存，保障经济社会持续发展而采取的重要行动。物联网技术在环境保护监测领域的应用，可以摆脱传统监测手段单一劳动强度大、采集周期长、成本高等缺点，作为环境监测的支撑技术，以统一的环境资源数据库为基础，建立起一个覆盖大气—水—土环境在内的实时在线监测网络，构造集环境监测、预警应急响应、领导决策一体的智能化体系架构，最终实现对环境更透彻的感知、更全面的互联和更精确的操控。

在环境保护领域内应用物联网技术，对于完善和优化环境监测体系、提高监测效率、助推环境监测信息化、确保监测的直效性，都具有十分重要的意义。

1.3.7　智能安防

安防也是物联网技术应用的重要领域。随着生活水平的提高，人们对于个人安全和财产安全更加重视，也对住宅、小区和企业的安全防护提出了更高的要求。与此同时，公共安全也成为越来越多的民众关注的问题。物联网技术在安防系统的应用，让安防系统更加智能化和现代化。智能安防已经成为当前的发展趋势。

目前，很多城市已经部署了多种类别、数量庞大的传感器(如治安用视频摄像机)，利用这些部署在大街小巷公共区域的传感器进行数据的智能采集与分析，并与后台安全管理系统进行数据交互，可实现传感器与传感器、传感器与人、传感器与报警系统之间的联动，构建更加和谐安全的生活环境。

1.3.8　智能医疗

医疗行业是国民经济和社会生活的重要组成部分，切实关系到公民的健康和生活质量。现阶段我国的数字化医疗已经起步，物联网技术与医疗技术的结合，将进一步提升医疗的自动化、信息化、智能化水平。

互联网技术将融入药品流通、医院管理等环节，利用可穿戴设备进行人体生理数据的采集，为有需要的家庭提供远程会诊治疗或自动挂号服务，还可以实现医疗机构对用药过程的监控、处方开立、调剂、护理给药以及药效追踪等功能，建立完整的数字化医疗体系，从而降低医疗成本，提高全社会医疗资源的利用效率。

1.3.9　智能家居

智能家居概念的提出早于物联网技术，20 世纪七八十年代即有了家居自动化、智能化的概念。智能家居是以住宅为平台，兼备建筑、网络通信信息、家电设备自动化及系统结构、服务、管理为一体的高效、舒适、安全、便利、环保的居住环境。

物联网的发展为智能家居引入了新的概念和发展空间，智能家居现在被看作物联网的一种重要应用。基于物联网的智能家居表现为利用信息传感设备，将与家居生活有关的各种子系统有机地结合在一起，并与互联网相互连接进行监控管理和信息交换，实现家居智能化。例如：用户在下班途中，就可以开启家中的空调系统，将温湿度调节到舒适的范围；用户可以检查家中冰箱内的食物储备，并通过网络下单购买；用户回到家门前，系统会通过指纹或人脸识别等生物识别技术进行身份认证；屋内灯具会根据检测到的室内亮度自动调节照明的强度等。

物联网与各行各业的融合，已经显示出很好的效果，我们看到了其蕴含的巨大潜力，相信随着物联网的进一步发展，这幅美好的未来社会画面一定会成为现实。

习 题

1. 简述物联网的定义。
2. 物联网的关键技术主要涉及哪几个方面？请简要说明。
3. 根据本章所学的内容，请谈谈物联网对人类未来社会的影响和改变。

第 2 章　物联网体系结构

2.1　物联网体系结构的层次模型

物联网是物理世界与信息空间的深度融合系统，涉及众多的技术领域和行业应用，需要对物联网中设备实体的功能、行为和角色进行梳理。从各种物联网的应用中总结元件、组件、模块在功能上的共性和区别，建立一种科学的物联网体系结构，以促进物联网标准的统一、规范，引导物联网产业的健康发展。

各种网络的体系结构都是按照分层的思想建立的。分层就是按照数据流动的关系对整个物联网进行分割，各层间通过标准的接口进行互联，以便物联网的设计者、设备厂家、服务提供商可以专注于本领域的工作。

关于物联网的体系结构，学术界和工业界迄今并未达成共识，但大多参照互联网分层的方法提出了物联网的分层模型。当前主要有以下几种典型的分层方法。

2.1.1　三层模型

将物联网分为感知层、网络层和应用层三层，如图 2-1 所示。

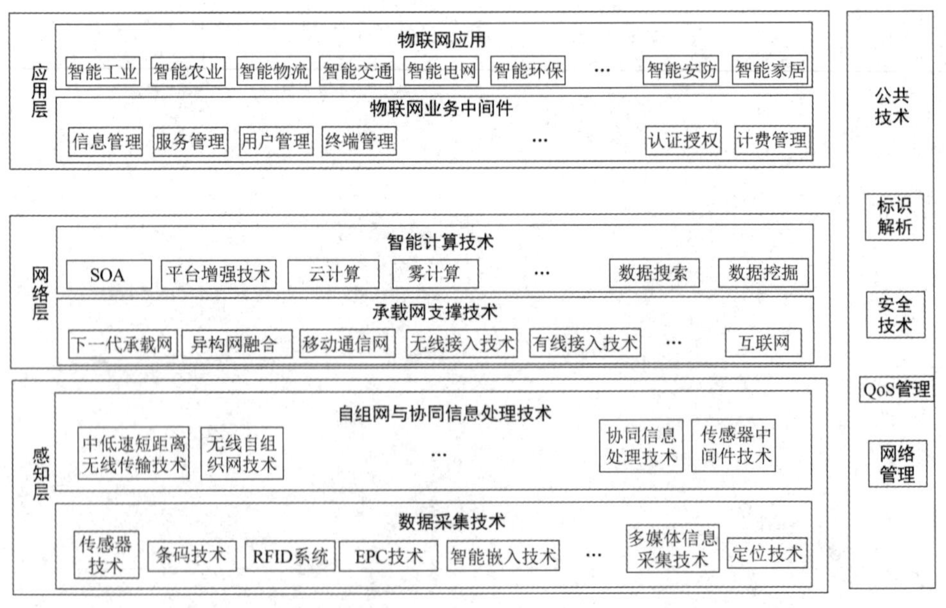

图 2-1　物联网体系结构的三层模型

(1) 感知层：主要实现智能感知和交互功能。感知层由各种传感器及传感器网关构成，包括传感器、条形码、RFID、摄像头、GPS 等感知终端。感知层的作用相当于人的眼、耳、鼻、喉和皮肤等部位的神经末梢，它是物联网识别物体、采集信息的来源。

(2) 网络层：主要实现信息的接入、传输和处理。网络层由各种私有网络、互联网、通信网、网络管理系统、云计算平台等组成，相当于人的神经中枢和大脑，负责传递和处理感知层获取的信息。

(3) 应用层：主要实现信息的处理与决策，是物联网和用户(包括人、组织和其他系统)的接口。它与行业需求相结合，实现物联网的智能应用。

以地铁车票的手机支付为例，观察物联网中的数据流动。当人经过验票口时，验票口的 RFID 读写器会扫描到手机中嵌入的 RFID 射频标签，从中读取手机主人的信息，这些信息通过网络送到服务器，服务器上的应用程序根据这些信息实现手机主人与地铁公司账户之间的消费转账。按照物联网体系结构的三层模型，手机支付的过程可以分为以下三个部分：

(1) 感知层负责识别经过验票口的人员身份，而且识别过程是自动进行的，无需人主动参与。这就要求人们的手机必须具有 RFID 射频标签，RFID 读写器读取射频标签中的用户信息，然后把用户信息发送到本地计算机上。

(2) 网络层负责在多个服务器之间传输数据。本地计算机会把用户信息送到相应的服务器。这里涉及多个服务器，如地铁公司的服务器(客流量统计)、电信公司的服务器(话费)、银行的服务器(转账)。每个行业的服务器也不止一个，这些服务器之间的数据传输就需要依靠各种通信网络。

(3) 数据之所以在各个服务器之间流动，是因为要把这些数据交付给服务器上的应用程序进行处理。这些应用程序最终目的只有一个，就是把车票钱从用户的银行账户转到地铁公司的账户。

三层模型是目前最常见、使用最广泛的分层模型。其优点是能够迅速了解物联网的全貌，可以作为物联网的功能划分、组成划分或者应用流程划分。缺点是把多种技术放在一层中，各种技术的集成关系不明确；另外，粗略的划分也会造成一些技术无法归类，容易产生混淆。

2.1.2 六层模型

在物联网的三层架构的基础上，每层还可以细分，这样就产生了物联网的六层扩展架构，如表 2-1 所示。六层架构包括感知子层、汇聚子层、接入网络层、通用网络层、应用业务层和应用服务层。其中，感知层包括感知子层和汇聚子层，网络层包括接入网络层和通用网络层，应用层包括应用业务层和应用服务层。

(1) 感知子层：主要负责数据采集及简单的处理。感知子层涉及的硬件设备主要包括传感器、条形码和 RFID 标签等感知设备或终端。

(2) 汇聚子层：位于感知子层的上方，用于处理感知子层中数据采集设备或终端上传的信息。汇聚子层对这些数据进行处理、封装，准备送给网络层中的接入网络层。

(3) 接入网络层：主要负责将汇聚子层送来的数据打包并交付给通用网络层。这就需要解决不同类型的网络和通信协议统一接入的问题，尤其是短距离通信协议，如蓝牙、超宽带(UWB)和 ZigBee 协议等。在接入网络层有各种不同的通信协议及异构网络，它为这些异构网络和协议提供统一和标准的接口，然后将数据按所要求的格式封装起来，交付给通用网络层。

(4) 通用网络层：在现有的通信网和互联网基础上建立起来的。其关键技术既包含现有的通信技术(如 3G/4G/5G 通信技术、有线宽带技术、PSTN 技术、Wi-Fi 技术等)，也包含终端技术(如连接传感网与通信网的网关设备)，以及为各种行业终端提供通信能力的通信网络模块等。通用网络层不仅使用户能随时随地获得服务，还能通过多种网络技术的协同，为用户提供智能选择接入网络的模式。

(5) 应用业务层：位于通用网络层的上方。物联网的应用虽然种类比较丰富，但目前大多是烟囱式结构，不能共享资源，必须重复建设，不利于物联网应用规模的进一步扩大。因此，对应用层的关注不能仅停留在简单的应用推广和普及上，而要重点关注为不同应用提供服务的共性能力平台的构建，如基础通信能力调用、统一数据建模、目录服务、内容服务、通信通道管理等。这些共性能力平台必须具备开放性，基于这些开放能力可以方便地开发出各类丰富的个性化应用。

(6) 应用服务层：物联网应用层扩展架构中的最高层，主要为终端用户提供个性化的专业服务。例如智慧农业应用，就是要为种植户提供所监控农田的阳光、温度和湿度等信息，让用户通过手持终端的人机交互程序实时地收集到这些信息，并能根据信息对农作物的生长环境作出相应的调整。

表 2-1　物联网的六层扩展架构

六层扩展架构	三层架构
应用服务层	应用层
应用业务层	
通用网络层	网络层
接入网络层	
汇聚子层	感知层
感知子层	

2.1.3　四层模型

物联网体系结构的三层模型将数据处理等功能隐藏到了应用层中，物联网数据存储和智能处理等细节被屏蔽，其中的计算机科学与技术问题容易被忽略。而六层模型又过于复杂，不利于技术描述和应用推广。对于物联网体系架构的理解，不能仅从网络的视角出发，而应当把物联网当作一个完整的系统来看待。从体系全局的角度出发，结合信息流的流向以及产业关联对象来梳理物联网架构的各个层次，可以将物联网架构分为四层：感知控制层、网络互联层、支撑服务层和综合应用层。本书内容就是按此四层模型架构进行编排和论述的，如表 2-2 所示。

表 2-2　物联网体系结构的四层模型架构

层次名称	适 用 范 围
综合应用层	智能工业、智慧农业、智能物流、智能交通、智能电网、智能家居、智能安防等
支撑服务层	数据中心、数据库、云计算、数据挖掘、搜索引擎、中间件
网络互联层	移动通信网、互联网、有线电视网、行业专网、接入网、WPAN、WLAN、Wi-Max
感知控制层	RFID、传感器、二维码、定位系统、嵌入式系统、WSN

2.2　体系结构的层次

2.2.1　感知控制层

感知控制层是物联网的前端与基础，相当于人的神经末梢，负责物理世界与信息世界的衔接。其功能是感知周围环境或自身的状态，并对获取的感知信息进行初步处理和判决，按照规则进行响应，并把中间结果或最终结果送往网络层。通常将感知控制层简称为感知层。感知层除了用来采集真实世界的信息外，也可以对物体进行控制。

在建设物联网时，部署在感知层的设备主要有 RFID 标签和读写器、条码标签与读写器、传感器、执行器、摄像头、IC 卡、光学标签、智能终端、红外感应器、GPS、智能手机、机器人、仪器仪表、内置移动通信模块等各种设备。

感知层的设备通常会组成自己的局部网络，如无线传感器网络、家庭网络、身体传感器网络、车联网等。这些局部网络通过各自的网关设备接入互联网。

2.2.2　网络互联层

网络互联层(网络层)负责感知层与应用层之间的数据传输与处理，感知层采集的数据需要经过通信网络传输到数据中心、控制系统等地方进行处理和存储。网络层就是利用互联网、传统电信网等信息承载体，提供多条信息通道，以便让所有能够被独立寻址的普通物理对象实现互联互通。

网络层面对的是各种通信网络。通信网络在我国主要分为互联网、电信网与广播电视网三种。其发展方向是以 IP 技术为基础进行“三网融合”。网络层面临的最大问题是如何让众多的异构网络实现无缝的互联互通。

物联网目前的建设思想与互联网当初的建设思路非常相似。互联网就是利用各种各样的通信网络把计算机连接起来，以达到实现信息资源共享的目的。互联网把所有通信网络都视为承载网络，并由这些网络负责数据的传输。互联网本身则更多地关注信息资源的交互。随着计算机所能提供的服务增多，尤其是 Web 服务的出现，逐渐形成了今天的互联网规模。

在物联网建设中，物联网则是把传感器(对应于计算机)连接成传感网(对应于计算机局域网)，然后再通过现有的互联网(对应于电信网)相互连接起来，最后将构成一个全球性的网络。从物联网的角度看，包括互联网在内的各种通信网络都是物联网的承载网络，为物联网的数据提供传输服务。物联网的建设具有行业性特点，某些行业专网的基础设施可以是独有的如智能电网，也可以利用电信网或互联网的虚拟专网技术来建设自己的行业网络。

物联网是基于互联网发展起来的，而互联网已经建立在基础的通信设施之上，物联网信息的传输将借助于互联网来完成。因此从数据流动过程来看，感知层信息的传输可以划分为两个阶段，即接入网络阶段和互联网传输阶段。

接入网络阶段是指感知层的信息通过短距离通信介质传输到互联网上，接入网络为来自感知层的数据提供到互联网的接入手段。由于感知层的设备多种多样，所处环境也不尽相同，因此会采用完全不同的接入，主要有蓝牙、超宽带、ZigBee、智能网关、WSN 等。接入技术可分为无线接入和有线接入两大类。常见的无线接入技术有 Wi-Fi、Bluetooth、UWB、Wi-Max、MBWA、GPRS、3G/4G 等；常见的有线接入技术有 ADSL、Ethernet、HFC、Fiber 等。

互联网传输阶段是指感知层的信息通过互联网传输到终端用户，涉及的技术主要有远距离有线、无线通信技术和网络技术，如 Internet 技术、3G/4G/5G 移动通信技术、卫星通信技术以及光纤通信等有线通信技术。

对于长途通信来说，物联网利用光纤、微波接力通信、核心交换网作为自己的承载网络。核心传输网和核心交换网利用光纤、微波机接力通信、卫星通信等建造全国乃至全球的通信网络基础设施。

感知层的物体互联通常都是区域性的网络互联。将各个区域性的网络连接起来，形成行业性甚至全球性的网络的任务，主要由互联网来完成。互联网可提供最大范围的公共数据处理平台，服务于各行各业的物联网应用。

2.2.3　支撑服务层

支撑服务层提供物联网资源的初始化，监测资源的在线运行状况，协调多个物联网资源之间的工作，实现跨域资源间的交互、共享、调度，实现感知数据的语义理解、推理、决策，以及提供数据的查询、存储、分析挖掘等功能。支撑服务层利用云计算、大数据、人工智能等技术与平台，为感知数据的存储分析提供支撑服务。

海量感知信息的计算与处理是物联网的支撑核心。支撑服务层利用云计算平台实现海量感知数据的动态组织与管理。随着物联网应用的发展，终端数量不断增长，借助云计算处理海量信息进行辅助决策，可有效提升物联网的信息处理能力。

2.2.4　综合应用层

综合应用层利用经过分析处理的感知数据，为用户提供多种不同类型的服务，辅助用户作出正确的控制和决策，实现智能化的管理应用。

综合应用层按形态可直观地划分为两个子层：一个是应用业务子层，另一个是应用服务子层。应用业务子层主要进行与业务相关的数据处理，完成跨行业、跨应用、跨系统之间的信息协同、共享、互通的功能，包括电力、医疗、银行、交通、环保、物流、工业、农业、城市管理、家居生活等应用领域，可用于政府机关、企业、社会组织、家庭、个人等。这正是物联网作为深度信息化网络的重要体现。而应用服务子层主要是为终端用户提供所需要的服务程序，这些服务程序根据具体的业务需要而不同。例如，有些终端应用程序可以提供桌面版，也可以提供手机版和网页版。

应用是物联网发展的目的。利用感知和传输来的信息，构建面向各行业实际应用的管理平台和运行平台，为用户提供丰富的特定服务，这是物联网的终极追求。物联网的应用可分为监控型(如物流监控、污染监控)、查询型(如智能检索、远程抄表)、控制型(如智能交通、智能家居)、扫描型(如手机钱包、高速公路不停车收费 ETC)等。目前，软件开发、智能控制技术发展迅速，将会为用户提供丰富多彩的应用。同时，各种行业和家庭应用的开发也将会推动物联网的普及，给整个物联网产业链带来巨大的推动力。

2.3 关键技术

2.3.1 感知控制层关键技术

感知层的数据来源主要有两种：一种是主动采集生成信息，比如传感器、多媒体信息采集、GPS 等。这种方式需要主动向目标对象请求才能获取数据，其存在一个采集数据的过程，且信息实时性高。另一种是接收外部指令被动保存信息，比如射频识别(RFID)、IC 卡识别、条形码、二维码技术等。这种方式一般都是事先将信息保存起来，等待被读取。同时，某些物联网节点还具备接收指令控制的功能。感知控制层涉及的关键技术如下：

- RFID 标签与应用；
- 传感器应用；
- 感知数据融合；
- 无线传感器网络；
- 嵌入式硬件结构设计与实现；
- 嵌入式软件编程；
- 智能硬件设计与实现；
- 可穿戴计算设备设计与实现；
- 位置定位方法与位置服务；
- 基于位置服务技术与应用。

2.3.2 网络互联层关键技术

网络互联层主要功能就是传输信息，即将感知层获得的数据传送至指定目的地，同时将控制指令下发至物联网感知层节点。物联网的网络涉及两大类：接入网络和互联网。物联网涉及的关键技术如下：

- 计算机网络技术；
- 终端设备接入技术；
- 移动通信网 4G/5G 技术；

- M2M 与 WMMP 协议；
- 网络管理与应用技术。

2.3.3　支撑服务层关键技术

物联网支撑服务层为设备提供安全可靠的数据存储、转换、处理能力，向下连接海量设备，向上提供云端应用程序接口(Application Programming Interface，API)支撑数据上报至云端，同时服务端通过调用 API 将指令下发至设备端，实现远程控制。物联网支撑服务层与大多数的数据技术和智能技术密切相关，由于涉及海量数据的整合和处理，具有很大的技术挑战，因此该层融合了众多先进的信息技术和控制技术。它主要涉及的关键技术如下：

- 中间件技术；
- 并行计算与高性能计算；
- 大数据技术；
- 云计算；
- 数据可视化；
- 人机交互；
- 机器智能与机器学习；
- 规划与决策方法；
- 智能控制技术；
- 网络安全技术。

2.3.4　综合应用层关键技术

综合应用层是物联网的目标使用场景。物联网的最终使命是为国民经济的各行业提供智能化、数字化服务。目前，物联网涉及的行业众多，比如电力、物流、环保、农业、工业、城市管理、家居生活等。无论何种行业的物联网应用，都涉及下列关键技术：

- 物联网应用系统规划与设计；
- 物联网应用软件设计与开发；
- 物联网应用系统集成方法；
- 物联网应用系统组建、运维与管理。

习　　题

1. 物联网的典型体系架构有三层模型、六层模型和四层模型，请写出四层模型中各个层级的名字并简述其主要功能。
2. 根据物联网的建设思路，请简述物联网与互联网的关系。
3. 请简述支撑服务层主要运用哪些技术为物联网提供数据计算的支撑服务。
4. 物联网的应用主要分为哪几种类型？

第二篇

感知控制层

第 3 章 自动识别技术

3.1 自动识别技术概述

3.1.1 自动识别技术的概念

对物的感知和识别是物联网应用的基础。感知和识别技术融合了物理世界和信息世界，是物联网区别于其他网络(如电信网、互联网)最独特的部分。自动识别技术是一种机器自动数据采集技术，它通过识别装置对某些物理现象进行认定、标记，或通过被识别物品和识别装置间的信息交互，自动获取被识别物品的相关信息。自动识别技术可以对每个物品进行标识和识别，并可以将数据实时更新，是构造全球物品信息实时共享的重要组成部分，是物联网的基石。通俗来讲，自动识别技术就是能够让物品“开口说话”的一种技术。

随着人类社会步入信息时代，人们所获取和处理的信息量不断加大。传统的信息采集输入是通过人工手段录入的，不仅劳动强度大，而且很容易出现错误。那么怎么解决这一问题呢？答案是使用自动识别技术。

自动识别技术是在计算机技术和通信技术基础上发展起来的综合性科学技术。它是信息数据自动识读并输入计算机的重要方法和有效手段，解决了人工输入数据速度慢、误码率高、劳动强度大、工作重复性高的问题。自动识别技术将自动采集数据，并对信息自动识别且自动输入计算机，使人类得以对大量数据信息进行及时、准确的处理。在现实生活中，各种各样的活动或者事件都会产生数据，这些数据包括自然界和人类社会产生的各类数据，有效地采集与分析这些数据，对于我们的生产或者生活决策具有重要意义。

3.1.2 自动识别技术的分类

按照应用领域和具体特征，自动识别可以分为条形码识别、磁卡识别、IC 卡识别、光学字符识别、图像识别、语音识别、生物识别、射频识别等。下面将对这些常见的自动识别技术进行详细的介绍。

3.2 常见自动识别技术

3.2.1 条形码与二维码识别技术

1. 条形码识别

传统条形码是指将宽度不等的多个黑条和白条按照一定的编码规则排列(见图 3-1)，用于表达一组信息的图形识别码，也称为一维条形码(简称一维码)。常见一维条形码是由反射率相差很大的黑条和白条(空)排成的平行线图案(另外还有彩色条形码)，用于表示一定的字符、数字及符号等信息。

图 3-1　条形码示例

条形码识别技术利用红外光或可见光进行识别，由扫描器(见图 3-2)发出的红外光或可见光照射条形码标记，深色的“条”吸收光，浅色的“空”将光反射回扫描器，扫描器将光反射信号转换成电子脉冲，再由译码器将电子脉冲转换成数据，然后传至后台，最后根据码制翻译为条形码所含的内容。此处的条形码识别技术主要针对扫描器，而非摄像通过图片的形式识别。现在，越来越多的条形码识别是通过图像识别来完成的。例如我们手机的扫条形码功能，就是通过手机相机对条形码进行图像识别来实现的。

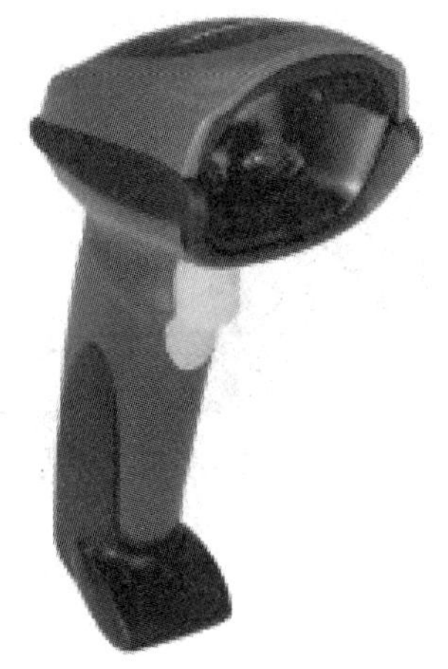

图 3-2　条形码扫描器

2. 二维码识别

近年来，随着移动应用的日益广泛和普及，二维码这个由黑白小方块组成的图案，似乎成为了我们生活当中很重要的一部分。现在支付时需要去扫它，聊天软件相互加好友也需要扫它，登录账号也可以去扫它。二维码现在已经成为日常使用最频繁的自动识别技术，大大方便了人们的生活。

图 3-3　二维码示例(本书的书名)

二维码其实就是由很多 0、1 组成的数字矩阵，它是指用某种特定的黑白相间的几何图形，按一定规律在平面(二维方向上)分布并记录数据符号信息的条形码，如图 3-3 所示。二维码在代码编制上巧妙地利用构成计算机内部逻辑基础的“0”　“1”比特流的概念，使用若干个与二进制相对应的几何形体来表示文字数值信息，并通过图像输入设备或光电扫描设备自动识读以实现信息自动处理。

二维码具有条形码(一维码)技术的一些共性：每种码制有其特定的字符集；每个字符占有一定的宽度；具有一定的校验功能；同时还具有对不同行的信息自动识别功能及处理图形旋转变化等特点。二维码能够在横向和纵向两个方位同时表达信息，因此能在很小的面积内表达大量的信息。

本书将会在后续章节中详细介绍条形码和二维码技术。

3.2.2　卡识别技术

1. 磁条卡识别技术

磁条卡的存储介质是由一层磁性材料构成的，这种磁性材料黏合在卡片底座上，当要记录的信息在磁条卡上时，磁条卡的磁条与记录头相接触，磁条以一定的速度移动，将要记录的信息以电流的形式施加到记录头的线圈上。在电流的作用下，磁性材料会留下与电流变化相对应的磁化量，从而将数据存储在卡片上。相反，读卡器在读取磁条卡时，磁性材料中不同的磁化量会在读卡器中产生不同的感应电压，并最终输出记录的信息。磁条卡与读卡器如图 3-4 所示。

图 3-4　磁条卡与读卡器

磁条卡的主要优点在于价格低廉、使用方便。但是，磁条卡也存在容易磨损和被其他磁场干扰产生消磁现象从而导致无法使用的缺陷。

2. IC 卡识别技术

IC 卡是一种电子式数据自动识别卡，是集成电路卡的简称。按照是否带有微处理器，IC 卡可分为存储卡和智能卡(也叫 CPU 卡)两种。存储卡仅包含存储芯片而无微处理器，一般的电话 IC 卡即属于此类。将带有内存和微处理器芯片的大规模集成电路嵌入塑料基片中，就制成了智能卡。银行的 IC 卡通常是指智能卡。

IC 卡工作的基本原理是：射频读写器向 IC 卡发送一组固定频率的电磁波，卡片内有一个 LC 串联谐振电路，其频率与读写器发射的频率相同，这样在电磁波激励下，LC 谐振电路产生共振，从而使电容内有了电荷；在这个电容的另一端，接有一个单向导通的电子泵，将电容内的电荷送到另一个电容内存储，当所积累的电荷达到 2 V 时，此电容可作为电源为其他电路提供工作电压，将卡内数据发射出去或接收读写器的数据。

相对磁条卡而言，IC 卡(见图 3-5)具有以下优点：① 存储容量大。磁条卡的存储容量大约在 200 个字符；IC 卡的存储容量根据型号不同，小的有几百个字符，大的有上百万个字符。② 安全保密性好，不容易被复制。IC 卡上的信息能够随意读取、修改、擦除，但都需要密码。智能卡具有数据处理能力，在与读写器进行数据交换时，可对数据进行加密、解密，以确保交换数据的准确可靠；而磁条卡则无此功能。③ 使用寿命长，可以重复充值。IC 卡具有防磁、防静电、防机械损坏、防化学破坏等能力，信息保存年限长，读写次数在数万次以上。

图 3-5　各种 IC 卡

3.2.3　光学字符识别技术

光学字符识别(Optical Character Recognition，OCR)是指利用电子设备(如扫描仪或数码相机)检查纸上打印的字符，通过检测暗、亮的模式确定其形状，然后用字符识别方法将形状翻译成计算机文字的过程。

光学字符识别系统最主要的优点是信息密度高，在机器无法识别的情况下人类也可以用眼睛阅读数据。光学字符识别技术虽然没在自动识别领域获得成功，却在人工智能图像处理等其他领域得到了发展和进步。

3.2.4　语音识别技术

语音识别技术也被称为自动语音识别(Automatic Speech Recognition，ASR)，其目标是将人类的语音中的词汇内容转换为计算机可读的输入，例如按键、二进制编码或者字符序列。开展语音识别技术应用需要以下技术基础。

1. 声学特征提取

好的声学特征应当考虑三个方面的因素：首先，应当具有比较优秀的区分特性；其次，特征提取也可以认为是语音信息的压缩编码过程，既需要将信道、说话人的因素消除保留与内容相关的信息，又需要在不损失过多有用信息的情况下使用尽量低的参数维度，便于高效准确地进行模型的训练；最后需要考虑鲁棒性，即对环境噪声的抗干扰能力。

2. 建立声学模型

如今，主流语音识别系统常采用隐马尔科夫模型(HMM)和深度神经网络(DNN)作为声学模型。HMM 的状态跳转模型很适合人类语音的短时平稳特性，可以方便地对不断产生的观测值(语音信号)进行统计建模。

3. 语言模型与语言处理

语言模型包括由识别语音命令构成的语法网络或由统计方法构成的语言模型；语言处理可以进行语法、语义分析。

语音识别技术发展到今天，特别是当中小词汇量非特定人语音识别系统识别精度已经大于 98%时，对特定人语音识别系统的识别精度就更高。这些技术已经能够满足通常应用的要求。由于大规模集成电路技术的发展，这些复杂的语音识别系统也已经完全可以制成专用芯片，进行大量生产。现如今，语音识别在移动端上的应用最为火热，语音对话机器人、语音助手、互动工具等层出不穷，各互联网公司纷纷研究语音识别，力求用新颖的方式建立客户群。

同时也要看到，现在的语音识别技术还有许多缺点，仍需要引进新技术来突破壁垒。以 Siri 为代表的近场语音识别要求必须是低噪声、无混响、距离声源很近的场景，因为许多时候语音识别无法在喧闹噪音环境下清晰识别出人所说的话。此外，自然语义理解也还有很长的路要走。

3.2.5　生物识别技术

所谓生物识别技术，就是通过计算机与光学、声学、生物传感器和生物统计学原理等高科技手段密切结合，利用人体固有的生理特性(如指纹、指静脉、人脸、虹膜等)和行为特征(如笔迹、声音、步态等)来进行个人身份的鉴定。常见的生物识别技术有虹膜识别技术、指纹识别技术、人脸识别技术、声纹识别技术等。

1. 虹膜识别技术

虹膜是位于眼睛的白色巩膜和黑色瞳孔之间的圆环状部分，总体上呈现一种由内向外的放射状结构，由相当复杂的纤维组织构成。虹膜包含了最丰富的纹理信息，如很多类似于冠状、水晶体、细丝、斑点、凹点、射线、皱纹和条纹等细节特征结构，这些特征由遗传基因决定且终生不变。因此，没有任何两个虹膜是一样的。在所有生物识别技术中，虹膜识别是当前最为方便的一种应用，不需要用户与机器发生接触，而且精确度最高。

2. 指纹识别技术

指纹是指人的手指末端正面皮肤上凹凸不平的纹线。这些纹线有规律地排列成不同的形状。每个人的指纹不尽相同，就算同一个人的 10 个指头，指纹也存在明显的区别，因此可以将指纹作为识别生物的技术之一(见图 3-6)。随着信息技术的发展，在 20 世纪 60 年代指纹自动识别系统已经开始被美国联邦调查局和法国巴黎警察局用于刑事侦破。如今，指纹识别技术已经更广泛地融入日常生活中。指纹识别系统是一个典型的模式识别系统，包括图像采集、图像处理、特征提取、特征比较等模块。

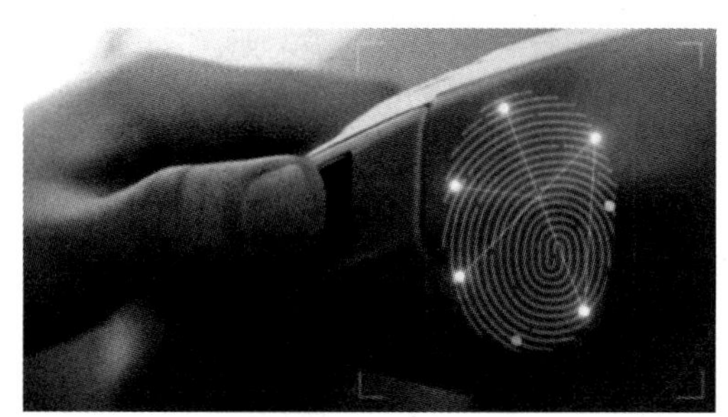

图 3-6　指纹识别

3. 人脸识别技术

人脸识别技术是近年来快速发展、传播、流行的一项生物识别技术。人脸识别技术是基于人的脸部特征，首先对输入的人脸图像或者视频流进行判断，其是否存在人脸，如果存在人脸，那么进一步给出每张脸的位置、大小和各个主要面部器官的位置信息；然后依据这些信息，进一步提取每张人脸中所蕴含的身份特征，并将其与已知的人脸进行对比，从而识别每张人脸的身份。人脸识别应用如图 3-7 所示。

图 3-7　人脸识别应用

4. 声纹识别技术

人类语言的产生是人体语言中枢与发音器官之间一个复杂的生理物理过程，人在讲话时使用的发声器官——舌、牙齿、喉头、肺、鼻腔等，在尺寸和形态方面每个人的差异很大，所以任何两个人的声纹图谱都有差异。每个人的语音声学特征既有相对稳定性，又有变异性，不是绝对的、一成不变的。这种变异可来自生理、病理、心理、模拟、伪装，也与环境干扰有关。尽管如此，由于每个人的发音器官都不尽相同，因此在一般情况下，人们仍能区别不同的人的声音或判断是否是同一人的声音。

声纹识别步骤主要包括语音信号处理、声纹特征提取、声纹建模、声纹比对和判别决策。目前这项技术逐渐成熟，但还没有找到一个特别强的应用场景，只应用在一些特殊场合，如在识别电信诈骗人时用来缩小嫌疑人范围等。

3.2.6　射频识别技术

射频识别(Radio Frequency Identification，RFID)是一种非接触式的自动识别技术，它利用无线射频方式对记录媒体(电子标签或射频卡)进行读写，从而达到识别目标和数据交换的目的。RFID 无需人工干预，即可完成物品信息的采集和传输，被称为 21 世纪十大重要技术之一。

射频识别技术通过无线电波不接触快速信息交换和存储技术，以及通过无线通信结合数据访问技术，然后连接数据库系统，实现非接触式的双向通信，从而达到识别的目的和用于数据交换，形成串联在一起的一个极其复杂的系统。在识别系统中，通过电磁波实现电子标签的读写与通信。根据通信距离，射频通信可分为近场和远场，为此读写设备和电子标签之间的数据交换方式也对应地被分为负载调制和反向散射调制。

RFID 可工作于各种恶劣环境，可识别高速运动物体，同时可以识别多个标签。相比于其他识别技术，RFID 具有无需接触并行识别、标签小型化、适应恶劣环境、可重复利用等优点。

3.3　条形码识别技术

3.3.1　条形码的组成结构

1. 条形码的结构

条形码的结构一般由五部分组成，即静区、起始符、数据符、校验符和终止符，如图 3-8 所示。

(1) 静区：不携带任何信息的空白区域，在条形码的起始和终止地区起提示作用。

(2) 起始符：一维码的第一位，具有特殊结构。当扫描器读取该字符时，便开始正式读取代码了。

(3) 数据符：条形码的主要信息内容。

(4) 校验符：用于检测数据是否正确。不同编码规则会用到不同的校验规则，有些编码规则没有设置校验符，如 Code128 码。

(5) 终止符：同起始符一样也具有特殊结构，用于告知代码扫描完毕，同时也起到检验计算的作用。

图 3-8　条形码组成结构

2. 条形码制

条形码是迄今为止使用最为广泛的一种自动识别技术。常见的条形码制大概有 20 多种，其中广泛使用的码制包括统一商品条码(Universal Product Code，UPC)、欧洲商品条码(European Article Number，EAN)、国际标准书号(International Standard Book Number，ISBN)、交叉 25 码、Code 39 码、Codabar 码、Code 128 码以及 Code 93 码等。不同的码制具有不同的特点，分别适用于特定的应用领域。下面介绍一些典型的码制。

(1) Code 39 码。在 Code 39 码的 9 个码素中一定有 3 个码素是粗线，所以 Code 39 码又被称为三九码。除数字 0～9 以外，Code 39 码还提供英文字母 A～Z 以及特殊的符号。它允许双向扫描，支持 44 组条码，主要应用于工业产品、商业资料、图书馆等。

(2) Codabar 码。Codabar 码可以支持数字、特殊符号及 4 个英文字母 A～D。由于 Codabar 自身有检测的功能，因此无需检查码，主要应用于工厂库存管理、血库管理、图书馆借阅书籍及照片冲洗方面。

(3) Code 128 码。Code 128 码是目前中国企业内部自定义的码制，可以根据需要来确定条码的长度和信息。这种编码包含的信息可以是数字，也可以是字母，主要应用于工业生产线领域、图书管理等。

(4) Code 93 码。这种码制类似于 Code 39 码，但是其密度更高，能够替代 Code 39 码。

(5) UPC 码。UPC 码在 1973 年由美国超市工会推行，是世界上第一套商用的条形码系统，主要应用在美国和加拿大。UPC 码包括 UPC-A 和 UPC-E 两种系统，UPC 只提供数字编码，限制位数(12 位和 7 位)，需要校验码，允许双向扫描，主要应用于超市和百货业。

(6) EAN 码。1977 年，欧洲 12 个工业国家在比利时签署草约，成立了国际商品条码协会，参考 UPC 码制定了与之兼容的 EAN 码。EAN 码仅有数字号码，通常为 13 位，允许双向扫描，缩短码为 8 位码，也主要应用于超市和百货业。

(7) ISBN 码。ISBN 码是因图书出版、管理的需要以及便于国际出版物的交流与统计而出现的一套国际统一的编码制度。每一个 ISBN 码由一组包含 ISBN 代号的 10 位数字所组成，用于识别出版物所属国别地区、出版机构、书名、版本以及装订方式。这组号码也可以说是图书的代表号码，大部分应用于出版社图书管理系统。

(8) 交叉 25 码。交叉 25 码的条码长度没有限定，但是其数字资料必须为偶数位，允许双向扫描。交叉 25 码在物流管理中应用较多，主要用于包装、运输、国际航空系统的机票顺序编号、汽车业及零售业。

3. 条形码优缺点

条形码具有以下优点：

(1) 输入速度快，是键盘读入速度的 5 倍，能实现即时数据输入。

(2) 可靠性高，灵活实用。条形码标识既可以作为一种识别手段单独使用，也可以和其他识别设备组成一个系统实现自动化识别，还可以和其他控制设备连接起来实现自动化管理。

(3) 制作简单，低成本。制作条形码对设备和材料没什么特殊要求，普通的打印机也能打印。

(4) 识别设备操作简单，不需要培训等。

条形码也具有以下缺点：

(1) 数据容量小，通常只含数十个字符。

(2) 数据类型单一，只能表示数字和字母。

(3) 空间利用率低，只利用了一个方向上的空间，而且一维条形码尺寸也较大。

(4) 安全性能低，使用寿命短。如一维码容易被磨损，被磨损后很难被识别等。

3.3.2　二维码识别技术

1. 二维码的分类

根据二维码的结构不同，二维码主要可以分为三种，即线性堆叠式二维码、矩阵式二维码和邮政码。

(1) 线性堆叠式二维码。线性堆叠式二维码是在一维码编码原理的基础上，降低条码行的高度，安排一个纵向比较大的窄长条码行，并将各行在顶上互相堆积，每行间都用一模块宽的厚黑条相分隔。典型的线性堆叠式二维码有 Code 16K、Code 49、PDF 417 等。以 PDF 417 为例，每个字符都由 4 个“条”和 4 个“空”构成，不需要连接数据库，本身能存储大量二进制或 ASCII 字符格式的数据(可容纳 1108 个字节)，主要用于医院、证件管理、物料管理和货物运输等方面。当这种条形码受到一定破坏后，纠错功能可以使其正确解码。

(2) 矩阵式二维码。矩阵式二维码利用黑、白像素在矩阵空间的不同分布进行编码，而不是不同宽度的条和空的组合。它有更高的信息密度，能存储更多的信息。与线性堆叠式二维码相比，矩阵式二维码有更高的纠错能力。矩阵式二维码没有标识起始和终止的模块，但有特殊的“定位符”，定位符包含了符号的大小、方向等信息。典型的矩阵式二维码包括 Aztec、Maxi Code、QR Code、Data Matrix 等。我们日常生活中最常见的是 QR Code。

QR Code (Quick Response Code，QR 码)是 1994 年由日本 Denso-Wave 公司发明的一种信息容量大、可靠性高、可表示汉字及图像多种文字信息、保密防伪性强的二维码，它是近几年来移动设备上最流行的二维码编码方式。

如图 3-9 所示，QR 码呈正方形，只有黑白两色，由编码区域和功能图形组成，符号的四周由空白区域包围。其中，功能图形不能用于数据编码，它包括位置探测图形、分隔符、定位图形和校正图形。在 4 个角落中，3 个印有像“回”字的正方图案就是位置探测图形。QR 码的这种设计可以让使用者不需要对准，无论以任何角度扫描，资料仍可正确被读取。随着应用范围的扩大，QR 码的版本也不断地更新，当前已经从最初版本(21 × 21 码元)发展到版本 40(177 × 177 码元)，最大的 QR 码可以在一个图形中存储 1000 多个汉字的信息。

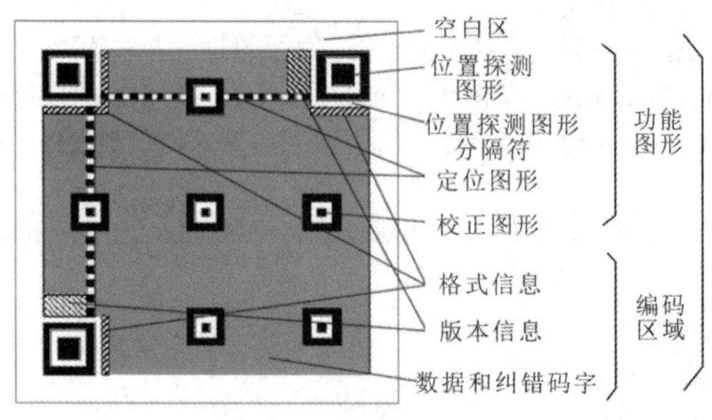

图 3-9　QR 码的结构说明

(3) 邮政码。利用不同长度的“条”进行编码，主要用于邮件编码，如Postnet、BPO 4-state。

2. 二维码的优缺点

相较于一维码，二维码具有显著优点：在二维上编码，数据存储量显著提高，数据容量大；增加了数据类型，超越了字母和数字的限制；利用平面上的二维，空间利用率更高；提高了保密性和抗损坏能力。

注意，二维码具有信息量大的特点，但这是一把双刃剑。我们通过二维码能够获得更多信息的同时，也有可能因为二维码而泄露自己的个人信息。二维码具有良好的加密性，所以对于有个人信息或者重要信息的二维码需要更加完善的加密措施，以保证二维码内信息的安全。

3.4　RFID技术

3.4.1　RFID技术原理

RFID 利用无线射频信号交变电磁场的空间耦合方式实现标签信息自动传输与识别。RFID标签进入天线磁场后，若收到阅读器发出的特殊射频信号，就能凭借感应电流所获得的能量发送出存储在芯片中的产品信息(无源标签)；或者由标签主动发送某一频率的信号(有源标签)，阅读器读取信息并解码后，送至中央信息系统进行有关数据处理。

3.4.2　RFID系统概述

典型的RFID系统主要由RFID标签、RFID阅读器和天线、RFID中间件和应用系统软件四部分构成。一般把中间件和应用系统软件统称为应用系统。

1. RFID标签(Tag)

RFID标签又称电子标签或射频标签，由耦合元件及芯片组成，每个标签具有唯一的电子编码。高容量电子标签有用户可写入的存储空间，附着在物体上标识目标对象。

根据供电方式不同，RFID标签可分为无源RFID标签和有源RFID标签，如图3-10所示；根据工作方式不同，RFID标签又可分为被动式、主动式和半主动式三类。

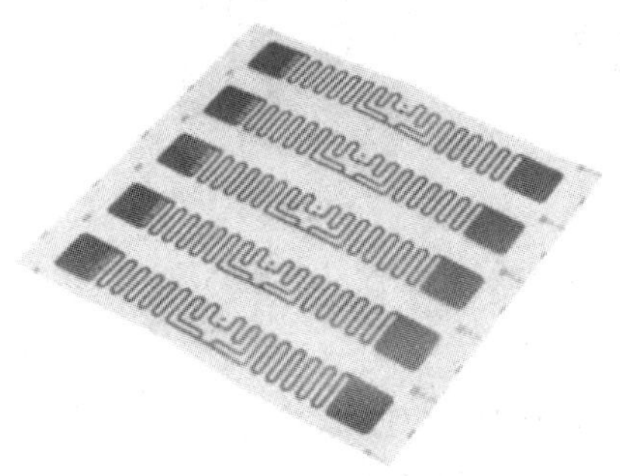

(a) 无源RFID标签

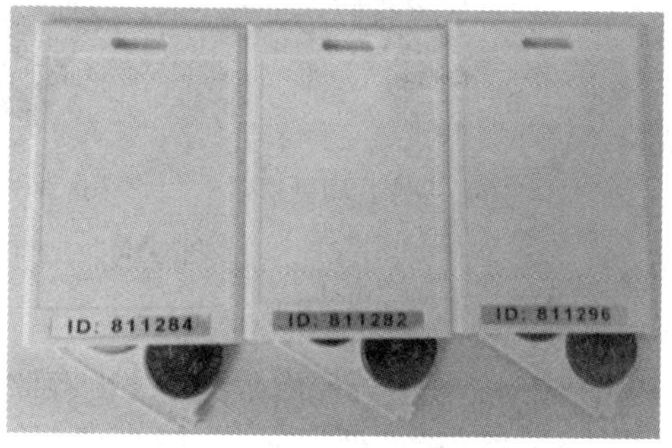

(b) 有源RFID标签

图3-10　RFID标签

1) 被动式 RFID 标签

被动式 RFID 标签也叫作“无源 RFID 标签”。对于无源 RFID 标签，当 RFID 标签接近阅读器时，标签处于阅读器天线辐射形成的近场范围内。RFID 标签天线通过电磁感应产生感应电流，感应电流驱动 RFID 芯片电路。芯片电路通过 RFID 标签天线将存储在标签中的标识信息发送给阅读器，阅读器天线再将收到的标识信息发送给主机。无源 RFID 标签的工作过程就是阅读器向标签传递能量，标签向阅读器发送标签信息的过程。

2) 主动式 RFID 标签

主动式 RFID 标签也叫作“有源 RFID 标签”。处于远场的有源 RFID 标签由内部配置的电池供电。从节约能源、延长标签工作寿命的角度来看，有源 RFID 标签可以不主动发送信息。当有源标签收到阅读器发送的读写指令时，标签才向阅读器发送存储的标识信息。有源 RFID 标签工作过程就是阅读器向标签发送读写指令，标签向阅读器发送标识信息的过程。

3) 半主动 RFID 标签

无源 RFID 标签体积小、重量轻、价格低、使用寿命长，但是读写距离短、存储数据较少，工作过程中容易受到周围电磁场的干扰，一般应用于商场货物、身份识别卡等运行环境中。有源 RFID 标签需要内置电池，标签的读写距离较远、存储数据较多、受到周围电磁场的干扰相对较小，但是标签的体积比较大、比较重，价格较高，维护成本较高，一般用于高价值物品的跟踪上。在比较两种基本的 RFID 标签优缺点的基础上，半主动式 RFID 标签应运而生。半主动式 RFID 标签继承了无源 RFID 标签体积小、重量轻、价格低、使用寿命长的优点，内置的电池在没有阅读器访问的时候，只为芯片内很少的电路提供电源。只有在阅读器访问时，内置电池才向 RFID 芯片供电，以增加标签的读写距离，提高通信的可靠性。半主动式 RFID 标签一般用于可重复使用的集装箱和物品的跟踪上。

2. RFID 阅读器(Reader)和天线

阅读器是指手持式或固定式读取标签信息的设备，部分设备还有将数据写入标签的功能，可称为读写器。天线(Antenna)常与阅读器相连，作用是在标签和阅读器间传递射频信号。RFID 阅读器与天线如图 3-11 所示。

(a) 手持式阅读器

(b) 多通道阅读器

(c) 天线

图 3-11　RFID 阅读器与天线

3. 应用系统

RFID 应用系统主要完成数据信息的存储、管理以及对 RFID 标签的读写控制，是独立于 RFID 硬件之上的软件部分，如图 3-12 所示。RFID 系统归根结底是为应用服务的，阅读器与应用系统之间的接口通常由软件组件来完成。一般，RFID 软件组件包含：① 边沿接口；② 中间件，即为实现所采集信息的传递与分发而开发的中间件；③ 企业应用接口，即企业前端软件，如设备供应商提供的系统演示软件、驱动软件、接口软件，以及集成商或者客户自行开发的 RFID 前端软件等；④ 应用软件，主要指企业后端软件，如后台应用软件、管理信息系统(MIS)软件等。

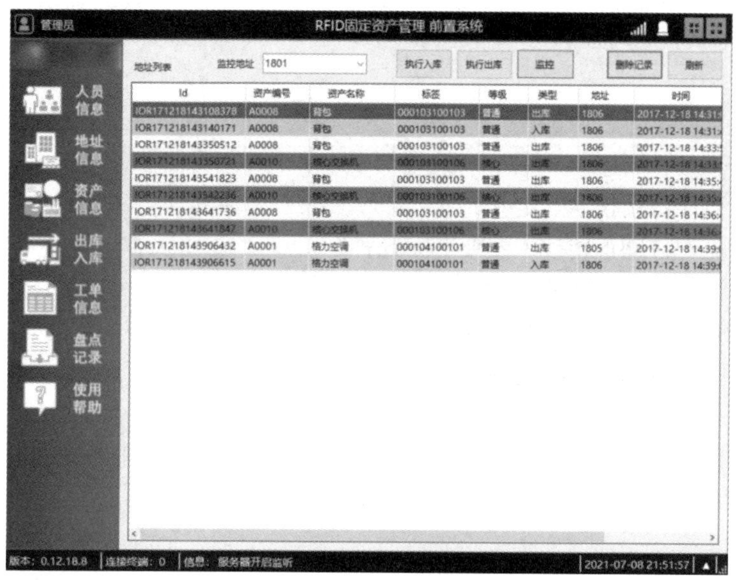

图 3-12　RFID 应用系统

3.4.3　RFID 与物联网

物联网与 RFID 技术关系紧密，RFID 技术的应用不只在物联网领域，但它却是物联网发展的关键部分，RFID 技术的飞速发展无疑对物联网领域的进步具有重要的意义。RFID 技术大规模应用之前，物联网的发展一直比较低迷，没有达到人们预期中的效果。物联网要求实现 M2M，而 RFID 标签对物体的唯一标识特性正好为每个物品赋予了名字，为物物相连提供了基础，极大地推进了物联网技术的发展。

20 世纪 60 年代后期，RFID 系统开始简单的商业使用，主要用于电子物品监控，如保证仓库、图书馆等的物品安全和被监视。在 70 年代，制造、运输、仓储等行业都试图研究和开发基于 IC 卡的 RFID 系统，应用于工业自动化、动物识别、车辆跟踪，等等。20 世纪 90 年代，道路电子收费系统在西方发达国家得到广泛应用，由于这些系统集成了支付功能，也成为综合性的集成 RFID 应用的开始。

直至 20 世纪 90 年代后期，在商业化应用的浪潮推动下 RFID 技术标准化问题得到重视。如今，RFID 产品种类更加丰富，有源电子标签、无源电子标签及半无源电子标签均得到发展，电子标签成本不断降低，应用行业规模进一步扩大。目前，RFID 技术已经成熟，并广泛应用于物流和供应管理、生产制造和装配、航空行李处理、快运包裹处理、文档追踪、图书馆管理、动物身份标识、运动计时、门禁控制/电子门票、道路自动收费等多场景中。

以图书馆管理为例，传统的图书馆管理书籍主要依靠押金来确保借书和还书，而这一手段明显存在珍贵书籍丢失、被窃取的风险。以 RFID 技术为支持的自助借还书系统，保证了书籍的安全，即对未办理完借出手续或禁止借出的图书，在出门时安检装置会报警，提醒管理人员及时阻止。RFID 系统的使用也减少了图书馆的管理人员数量，系统可以为读者提供自助借书、还书操作，无需图书馆管理人员干预。同时，RFID 系统还可以起到整理图书的作用，实现对馆藏资料的自动盘点、排架、顺架，从而达到通借通还的目的。总之，图书馆通过 RFID 技术的应用，有效地改善了服务形象，提升了管理效率。

习　题

1. 请简述自动识别技术的定义。
2. 现在常见的自动识别技术主要有哪几种？
3. 请说明语音识别技术的三大技术基础。
4. 生物识别技术主要有哪几种类型？
5. 条形码主要由哪几部分组成？
6. 请简单叙述 QR 码的优势。
7. 物联网的发展离不开 RFID 技术，请简要说说 RFID 技术对物联网发展的推动作用。

第4章　传感器网络

4.1　传感器概述

4.1.1　传感器定义与构成

传感器(Transducer/Sensor)是一种检测装置，能感受到被测量的信息，并能将感受到的信息按一定规律变换成为电信号或其他所需形式的信息输出，以满足信息的传输、处理、存储、显示、记录、控制等要求。在国标 GB7665—87 中，传感器的定义是：能感受规定的被测量并按照一定的规律转换成可用信号的器件或装置，通常由敏感元件和转换元件组成。

传感器组成一般由敏感元件、转换元件、信号调理转换电路三部分组成，有时还需要外加辅助电源。

- 敏感元件：能直接感受或响应被测量，并输出与被测量有确定关系的物理量信号。
- 转换元件：能将敏感元件感受或响应的被测量信息转换成适合于传输或测量的电信号或其他所需形式的信息。
- 信号调理转换电路：由于传感器输出信号一般都很微弱，因此传感器输出的信号一般需要进行信号调理与转换、放大、运算与调制之后才能显示和参与控制。
- 辅助电源：提供转换能量。

4.1.2　传感器的性能指标

传感器的性能指标主要包括线性度、灵敏度、迟滞、重复性、漂移、分辨力、阈值等特性。

- 线性度：传感器输出量与输入量之间的实际关系曲线偏离拟合直线的程度。
- 灵敏度：传感器静态特性的一个重要指标。其定义为输出量增量 Δy 与引起该增量的相应输入量增量 Δx 之比。它表示单位输入量的变化所引起传感器输出量的变化，显然，灵敏度 $S = \Delta y/\Delta x$ 值越大，表示传感器越灵敏。
- 迟滞：传感器在输入量由小到大(正行程)及输入量由大到小(反行程)变化期间，其输入、输出特性曲线不重合的现象。也就是说，对于同一大小的输入信号，传感器的正、反行程输出信号大小不相等，这个差值称为迟滞差值。

• 重复性：传感器在输入量按同一方向作全量程连续多次变化时，所得特性曲线不一致的程度。

• 漂移：在输入量不变的情况下，传感器输出量随着时间变化的现象。漂移的最主要原因有两点：一是传感器自身结构参数，二是周围环境的影响。

• 分辨力：当传感器的输入从非零值缓慢增加时，在超过某一增量后输出发生可观测的变化，这个输入增量称为传感器的分辨力，即最小输入增量。

• 阈值：当传感器的输入从零值开始缓慢增加时，在达到某一值后输出发生可观测的变化，这个输入值称为传感器的阈值电压。

然而，选用传感器不应该只选用指标高、性能好的传感器，一般应根据测试或控制的目的、使用环境、被测对象、允许的测量误差、信号处理等条件，在总观、全面、综合考虑的基础上兼顾经济因素，合理地选取传感器。在性能上，一般要求传感器：输出信号大，与输入信号成比例；迟滞与非线性误差小；内部噪声小，不易受外界干扰的影响；反应速度快；动作能量小；对被测状态的影响小；使用寿命长；工作稳定可靠；成本低；容易操作、使用、维修、校准等。由于有不少因素相互影响、相互制约，因此要全面考虑，提出合理要求。例如，因为灵敏度高，被测量只要有微小的变化，传感器就有较大的输出，这对保证测量精度有益。但还应注意到，要保证测量精度，传感器必须工作在非饱和区和线性段，而过高的灵敏度会影响其适用的测量范围。因为灵敏度越高，与测量信号无关的干扰信号越容易混入，干扰信号会被放大系统放大，从而影响测量精度。在通常情况下，传感器的精确度越高，价格越昂贵，维护越困难，所以在保证测量精度的前提下，不要随便选用高精度、高灵敏度的传感器。

4.1.3　传感器技术发展趋势

目前，传感器技术广泛应用于工业生产、日常生活、军事等各个领域。它是构成物联网的基本单元，是物联网获取信息的来源与渠道。在智能汽车生产中，目前普通轿车约需要安装几十到近百个传感器，而豪华轿车则安装多达两百多个，且这个数量仍在增加。

在医学中，古代的中医讲究的是望闻问切，而这往往只能关注到表象，并且人为观察总有失误，传感器能很好地解决许多问题，如智能手表能检测心率、监测睡眠等。在图像处理、临床化学检验、生命体征参数的监护监测、呼吸、神经、心血管疾病的诊断与治疗等方面，使用传感器也十分普及，传感器的应用变得越来越广泛。

在未来，随着各种新平台和新材料的应用，制造商可以制造更小的传感器，其性能可以与毫米级和微米级的电子元器件一样高，并且随着更少的硅的应用，成本将大幅降低。传感器的集成度也会变得越来越高，体积也会越来越小，可以满足许多场合的应用。同时，传感器会越来越像人的五官甚至超越，能检测出越来越多人类无法直接观察到的变化。为适应物联网的发展，传感器也会变得越智能，“传统传感器 + 微处理器”的组合必然会使得传感器的数据处理更及时、更高效、更安全。

4.2　传感器分类

人们常将传感器的功能与人类五大感觉器官相比拟，这是不太合理的，因为传感器不止包括视觉、听觉、嗅觉、味觉、触觉，还有磁性、湿度等人类无法准确识别的量。按照不同原理和不同结构，传感器可划分为物理传感器、化学传感器、生物传感器和新型智能传感器。

4.2.1　物理传感器

物理传感器主要是指基于力、热、光、电、磁、声等物理效应感知外界的传感器。以下介绍一些常见的物理传感器。

1. 温度传感器

温度传感器(Temperature Transducer)是指能感受温度并将其转换成可用输出信号的传感器。温度传感器是温度测量仪表的核心部分，品种繁多。按照测量方式，温度传感器可分为接触式和非接触式两大类；按照传感器材料及电子元器件特性，温度传感器可分为热电阻和热电偶两类。

1) 接触式温度传感器

接触式温度传感器是检测部分与被测对象有良好接触的温度传感器，又称温度计。温度计通过传导或对流达到热平衡，从而使温度计的示值能直接表示被测对象的温度，一般测量精度较高。在一定的测温范围内，温度计也可测量物体内部的温度分布。但对于运动体、小目标或热容量很小的对象则会产生较大的测量误差。

常用的温度计有双金属温度计、玻璃液体温度计、压力式温度计、电阻温度计、热敏电阻和温差电偶。双金属温度计、玻璃液体温度计、压力式温度计主要依靠物体的热胀冷缩来实现温度的测量，而电阻温度计、热敏电阻和温差电偶主要依靠电阻的冷热阻值的变化来实现温度的测量。例如，双金属温度计底部是不同的金属，当温度变化时，不同金属的热胀冷缩不同会产生形变，从而带动上方指针的转动。它们广泛应用于工业、农业、商业等部门。在日常生活中，人们也常常使用这些温度计。随着低温技术在国防工程、空间技术、冶金、电子、食品、医药、石油化工等部门的广泛应用和超导技术的研究，测量120 K(开尔文)以下温度的低温温度计得到了发展，如低温气体温度计、蒸汽压温度计、声学温度计、顺磁盐温度计、量子温度计、低温热电阻、低温温差电偶等。低温温度计要求感温元件体积小、准确度高、复现性和稳定性好。利用多孔高硅氧玻璃渗碳烧结而成的渗碳玻璃热电阻就是低温温度计的一种感温元件，可用于测量1.6～300 K范围内的温度。

2) 非接触式温度传感器

非接触式温度传感器(见图4-1)的敏感元件与被测对象互不接触，又称非接触式测温仪表。这种仪表可用来测量运动物体、小目标和热容量小或温度变化迅速(瞬变)对象的表面温度，也可用于测量温度场的温度分布。

图 4-1　非接触式传感器

最常用的非接触式测温仪表基于黑体辐射的基本定律，称为辐射测温仪表。辐射测温法包括亮度法(如光学高温计)、辐射法(如辐射高温计)和比色法(如比色温度计)。各类辐射测温方法只能测出对应的光度温度、辐射温度和比色温度。只有对黑体(吸收全部辐射并不反射光的物体)所测温度才是真实温度。若要测量物体的真实温度，则必须对材料表面发射率进行修正；而材料表面发射率不仅取决于温度和波长，还与表面状态、涂膜、微观组织等有关，因此很难精确测量。在自动化生产中往往需要利用辐射测温法来测量或控制某些物体的表面温度，如冶金中的钢带轧制温度、轧辊温度、锻件温度和各种熔融金属在冶炼炉或坩埚中的温度。在这些具体情况下，物体表面发射率的测量是相当困难的。对于固体表面温度自动测量和控制，可以采用附加的反射镜，使其与被测表面一起组成黑体空腔。附加辐射的影响能提高被测表面的有效辐射和有效发射系数。利用有效发射系数通过仪表对实测温度进行相应的修正，最终可得到被测表面的真实温度。最为典型的附加反射镜是半球反射镜。球中心附近被测表面的漫射辐射能受半球镜反射回到表面而形成附加辐射，从而提高有效发射系数。至于气体和液体介质真实温度的辐射测量，则可以用插入耐热材料管至一定深度以形成黑体空腔的方法，并通过计算求出与介质达到热平衡后的圆筒空腔的有效发射系数。在自动测量和控制中就可以用此值对所测腔底温度(即介质温度)进行修正而得到介质的真实温度。

对于 1800℃以上的高温，因为常人无法接近，所以主要采用非接触测温方法。随着红外技术的发展，辐射测温逐渐由可见光向红外线扩展，700℃以下直至常温都已采用，且分辨率很高。

2. 超声波传感器

超声波传感器是指利用超声波超声场中的物理特性而实现信息转换的装置，又称为超声波换能器或探测器。超声波传感器按其工作原理又可分为压电式、磁致伸缩式、电磁式等，其中压电式最为常用。

压电式超声波传感器的敏感元件多采用压电晶体和压电陶瓷，即利用压电效应进行工作。发射探头利用了逆压电效应，将高频电振动转换成高频机械振动，形成超声波发射；接收探头利用正压电效应，将超声波振动转换成电信号，即接收了超声波。

超声波探头按敏感元件结构分为两种，即只能发射或只能接收的单向敏感元件和既能发射又能接收的可逆敏感元件。

压电式超声波传感器结构如图 4-2 所示，它由压电晶片、吸收块(阻尼块)、保护膜等组成。超声波频率 f 与压电晶片厚度 δ 成反比，晶片两面镀银，作为导电极板。阻尼块的作用是吸收声能量，提高分辨率。

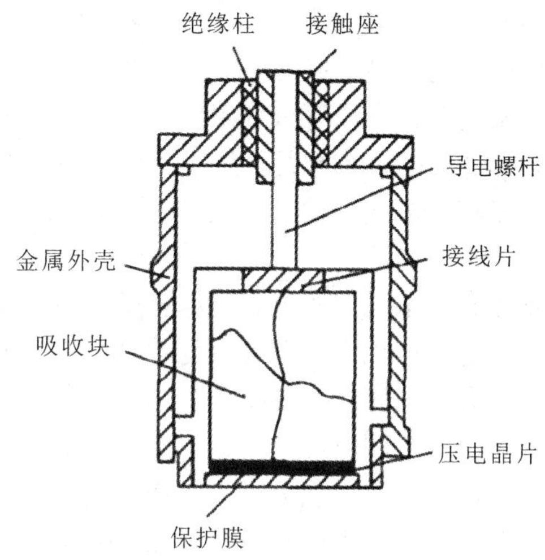

图 4-2　压电式超声波传感器结构

3. 红外传感器

红外技术是在最近几十年中发展起来的一门新兴技术，它已在科技、国防、工农业生产等领域中获得了广泛的应用。以下是其主要的几种应用：

(1) 红外辐射计：用于红外光谱辐射测量。

(2) 搜索和跟踪系统：用于搜索和跟踪红外目标，确定其空间位置，并对它的运动进行跟踪。

(3) 热成像系统：可产生整个目标红外辐射的分布图像，如红外图像仪、多光谱扫描仪等。

(4) 红外测距和通信系统：用于距离测量和通信，如红外测距仪、红外无线通信抄表系统等。

(5) 混合系统：红外辐射计、搜索和跟踪系统、热成像系统、红外测距和通信系统等各类系统中的两个或多个组合。

图 4-3 是一种热释电红外传感器，它已广泛应用于保险装置、防盗门、感应门等。

图 4-3　热释电红外传感器

4. 加速度传感器

加速度传感器是一种能够测量加速度的电子设备，又称加速度计。加速度可以是常量，也可以是变量。加速度计主要有两种：一种是角加速度计，是由陀螺仪(角速度传感器)改进的；另一种就是线加速度计。手机上常见的重力传感器也是一种特殊的加速度传感器，又称为重力加速度传感器。通过加速度的测量，可以了解物体的运动状态，可以应用在控制系统、报警系统、仪器仪表地震监测、振动分析等领域。

加速度传感器是以牛顿第二定律为原理进行工作的。当测量时，只需知道外力大小和被测物体质量就可获得物体加速度。其本质是通过作用力造成传感器敏感元件发生变形，通过测量变形量并由相关电路转化成电压输出，最终得到加速度信号。通常加速度传感器的主要技术指标包括量程、灵敏度和带宽。

目前，常见加速度传感器有压电式、压阻式、电容式和谐振式。压阻式加速度传感器具有加工工艺简单、测量方法易行等优点，但是温度效应严重、工作范围温度狭窄且灵敏度低；压电式加速度传感器具有信噪比高、灵敏度高、结构简单的优点，但是信号处理电路过于复杂，且零漂现象不可避免，回零慢，不适宜连续测试；电容式加速度传感器具有结构简单、灵敏度高、动态特性好、抗过载能力大、易于集成、不易受温度影响、功耗低的优点，但是存在输出非线性、寄生电容以及信号处理电路复杂等问题。近些年，谐振式微机械加速度传感器越来越得到各国重视，其数字化输出、高可靠性、高重复性等特点，不仅能大幅降低微弱信号的监测难度，简化处理电路，而且具有优良的低频特性。

4.2.2 化学传感器

化学传感器主要是指基于化学反应的原理感知外界的传感器，它是对各种化学物质敏感并将其浓度转换为电信号进行检测的传感器。

常见的化学传感器有湿度传感器和气敏传感器。

1. 湿度传感器

随着时代的发展，人们更加重视对不同的数据的测量。其中也包括湿度，对湿度的测量在农业、气象、航空航天等方面显得非常重要，而这都需要湿度传感器的支撑。较多的湿度传感器都与化学原理有关。

湿度通常由绝对湿度和相对湿度来表示，它们成正比关系。当温度不变时，绝对湿度越大，相对湿度就越大；反之，绝对湿度越小，相对湿度就越小。绝对湿度是空气中的每立方米所含的水蒸气的重量，单位为 kg/m^3；相对湿度是空气绝对湿度和当前温度下的饱和绝对湿度的比值。露点为水蒸气达到饱和蒸气压化为露珠的温度。

早在 18 世纪，人类就发明了干湿球和毛发湿度计。干湿球的准确度只有 5%～7%RH，不但低于电子湿度传感器，而且还取决于干球、湿球两支温度计本身的精度；毛发湿度计必须处于通风状态，即只有纱布水套、水质、风速都满足一定要求时，才能达到规定的准确度。

湿度传感器主要分为电解质类、陶瓷类、高分子类、单晶半导体类。

(1) 电解质类：以氯化锂为例，在绝缘基板上制作一对电极，涂上氯化锂盐胶膜。氯化锂潮解产生离子导电，湿度增高，电阻变小。

(2) 陶瓷类：由金属氧化物制成多孔陶瓷，即利用多孔陶瓷的阻值对空气中水蒸气的敏感特性而制成。

(3) 高分子类：在玻璃等绝缘基板上蒸发梳状电极，然后通过浸渍或涂抹，使基板上附着一层有机高分子感湿膜。

(4) 单晶半导体类：主要是利用硅单晶制成二极管湿敏器件，特点是易于和半导体电路集成。

2. 气敏传感器

气敏传感器是指感测气体的浓度和成分的传感器。气敏传感器的传感元件多为氧化物半导体，有时在其中加入微量贵金属作增敏剂，增加对气体的活化作用。对于电子给予性的还原性气体如氢、一氧化碳、烃等，用 N 型半导体；对接受电子性的氧化性气体如氧，用 P 型半导体。将半导体以膜状固定于绝缘基片或多孔烧结体上做成传感元件。气敏传感器又分为半导体气敏传感器、固体电解质气敏传感器、接触燃烧式气敏传感器、晶体振荡式气敏传感器和电化学式气敏传感器。气敏传感器在矿区、有天然气的地点、工厂使用广泛。

4.2.3　生物传感器

生物传感器主要是指基于酶、抗体、激素等分子识别功能识别外界的传感器，如图 4-4 所示。

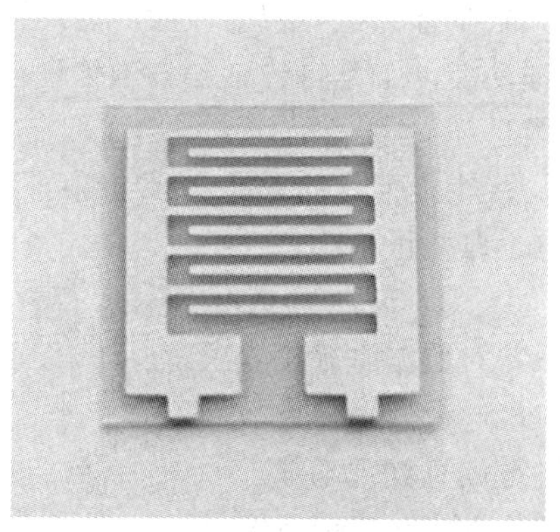

图 4-4　生物传感器

根据分子识别元件即敏感元件的不同，生物传感器可分为五类：酶传感器(Enzymesensor)、微生物传感器(Microbialsensor)、细胞传感器(Organallsensor)、组织传感器(Tis-suesensor)和免疫传感器(Immunolsensor)。显而易见，所应用的敏感材料依次为酶、微生物个体、细胞器、动植物组织、抗原和抗体。

相对于其他类型的传感器而言，生物传感器具有以下特点：

(1) 采用固定化生物活性物质作催化剂，价值昂贵的试剂可以重复多次使用。

(2) 专一性强，即只对特定的底物起反应，而且不受颜色、浊度的影响。

(3) 分析速度快，可以在一分钟得到结果。

(4) 准确度高，一般相对误差可以达到 1%。

(5) 操作系统比较简单，容易实现自动分析。

(6) 成本低，在连续使用时，每例测定仅需要几分钱人民币。

有的生物传感器能够可靠地指示微生物培养系统内的供氧状况和副产物的产生，并在生产控制中能得到许多复杂的物理、化学传感器综合作用才能获得的信息，同时它们还指明了增加产物得率的方向。

生物传感器主要在食品、环境检测、医学检测方面有着重要作用。例如，2020 年各国纷纷发明了识别新冠病毒的生物传感器。

4.2.4　新型智能传感器

智能传感器(Intelligent Sensor)是具有信息处理功能的传感器。图 4-5 是一种智能传感器。智能传感器带有微处理机，具有采集、处理、交换信息的能力，是传感器集成化与微处理机相结合的产物。与一般传感器相比，智能传感器具有以下三个优点：通过软件技术可实现高精度的信息采集且成本低；具有一定的编程自动化能力；功能多样化，更加智能化。

图 4-5　智能传感器

智能传感器概念最早由美国宇航局在研发宇宙飞船过程中提出来的，并于 1979 年形成产品。宇宙飞船上需要大量的传感器不断向地面或飞船上的处理器发送温度、位置、速度、姿态等数据信息，即便使用一台大型计算机也很难同时处理如此庞大的数据。何况飞船又限制计算机体积和重量，因此希望传感器本身具有信息处理功能，于是将传感器与微处理器结合，就出现了智能传感器。

相对于传统传感器而言，智能传感器扩展了以下功能：

(1) 具有自校零、自标定、自校正功能。

(2) 具有自动补偿功能。

(3) 能够自动采集数据，并对数据进行预处理。

(4) 能够自动进行检验、自选量程、自寻故障。

(5) 具有数据存储、记忆与信息处理功能。

(6) 具有双向通信、标准化数字输出或者符号输出功能。

(7) 具有判断、决策处理功能。

这些功能大大提升了智能传感器的能力。

1. 提高了传感器的精度

智能传感器具有信息处理功能，通过软件不仅可修正各种确定性系统误差(如传感器输入/输出的非线性误差、温度误差、零点误差、正反行程误差等)，而且还可适当地补偿随机误差、降低噪声，大大提高了传感器精度。

2. 提高了传感器的可靠性

集成传感器系统小型化，消除了传统结构的某些不可靠因素，改善了整个系统的抗干能力；同时它还有诊断、校准和数据存储功能(对于智能结构系统还有自适应功能)，具有良好的稳定性。

3. 提高了传感器的性能价格比

在相同精度的需求下，多功能智能传感器与单一功能的普通传感器相比，传感器本身价格不高，但是数据传输花费很高，变为能自处理的智能传感器后，性能价格比明显提高，尤其是在采用较便宜的单片机后更为明显。

4. 促成了传感器多功能化

智能传感器可以实现多传感器多参数综合测量，通过编程扩大测量与使用范围；有一定的自适应能力，根据检测对象或条件的改变，相应地改变量程反输出数据的形式；具有数字通信接口功能，可直接将数据送入远地计算机进行处理；具有多种数据输出形式(如RS232串行输出、PIO并行输出、IEEE-488总线输出以及经D/A转换后的模拟量输出等)，适配各种应用系统。

4.3 无线传感网

4.3.1 无线传感网概述

无线传感器网络(Wireless Sensor Network，WSN)是一项通过无线通信技术把数以万计的传感器节点以自由式进行组织与结合进而形成的网络形式，也称为无线传感网。构成传感器节点的单元分别为数据采集单元、数据传输单元、数据处理单元以及能量供应单元，也就是传感器、通信芯片、微处理器、供能装置。

传感器网络实现了数据的采集、处理和传输三种功能。它与通信技术和计算机技术共同构成信息技术的三大支柱。

2003年，美国《技术评论》杂志评选未来十大新兴技术时，无线传感网被列为十大新兴技术的第一项。2003年的美国《商业周刊》未来技术专版也把无线传感网技术列为四大新技术之一，美国自然科学基金委员会于2003年制订了传感器网络研究计划，支持相关基础理论研究。英特尔、微软等行业巨头也开始了无线传感网的研究工作，英国、德国、日本等也随即展开了无线传感网领域的研究工作。

为什么传感器连成一个网络就会带来这么大的冲击呢？这就好比个人和社会，社会中的人可以各有分工，而且可以通过交流使得人类的智慧快速发展。

无线传器网通常包括传感器节点、汇聚节点、管理节点。汇聚节点可以是一个具有增强功能的传感器节点，有足够的能量供给和更多内存与计算资源；也可以是没有检测功能，仅带无线通信接口的特殊网关设备。路由到汇聚节点的数据通过互联网或卫星到达管理节点，用户通过管理节点对传感器网络进行配置和管理，发布监测任务以及收集监测数据。

相较于传统式的网络和其他传感器，无线传感网具有以下特点：

(1) 组建方式自由。无线传感网的组建不受任何外界条件的限制，组建者无论在何时何地都可以快速地组建起一个功能完善的无线传感网，组建成功之后的维护管理工作也完全在网络内部进行。

(2) 网络拓扑结构具有不确定性。从网络层次的方向来看，无线传感网的拓扑结构是变化不定的，例如构成网络拓扑结构的传感器节点可以随时增加或者减少，网络拓扑结构图可以随时被分开或者合并。

(3) 控制方式不集中。虽然无线传感网把基站和传感器的节点集中控制了起来，但是各个传感器节点之间的控制方式还是分散式的。路由和主机的功能由网络的终端实现，各个主机独立运行，互不干涉，因此无线传感网的强度很高，很难被破坏。

(4) 安全性不高。无线传感网采用无线方式传递信息，因此传感器节点在传递信息的过程中很容易被外界入侵，从而导致信息的泄露和无线传感网的损坏；大部分无线传感网的节点都是暴露在外的，这大大降低了无线传感网的安全性。

正因为与传统网络不同，所以无线传感网面对的问题是需要新建立许多协议，需要许多技术的保证，这样才能快速地发展下去。

4.3.2　无线传感网的通信协议

无线传感网的通信协议类似于传统的 TCP/IP 协议，由物理层、数据链路层、网络层、传输层、应用层五个层次组成(见图 4-6)。

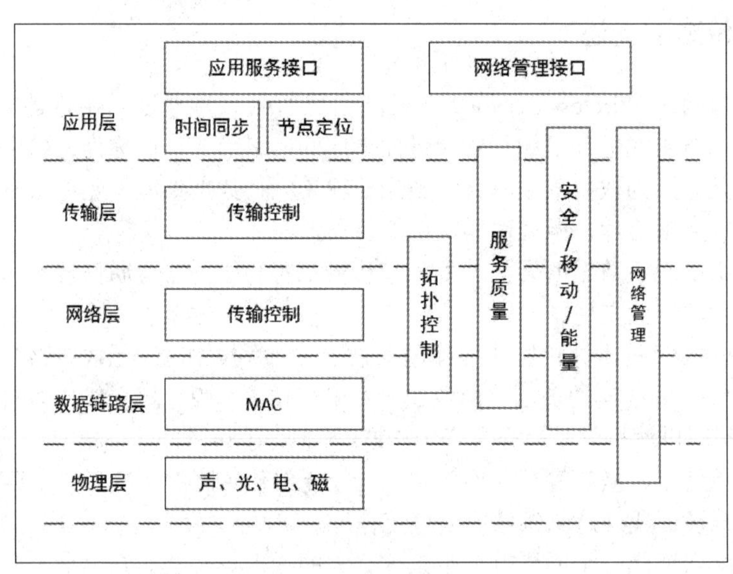

图 4-6　无线传感网的通信协议组成

1. 物理层

物理层负责数据的调制、发送和接收，规定了数据传输的介质规范(无线还是有线，主要传输媒体为无线电、红外线、光波)、工作频段、工作温度、数据调制、信道编码等标准。物理层的设计直接影响了电路的复杂度和传输能耗等问题，研究目标为设计低成本、低功耗、小体积的传感器节点。

2. 数据链路层

数据链路层负责数据成帧、帧检测、媒体访问和差错控制。目前对 DSN 数据链路层主要集中在媒体访问控制(Medium Access Control，MAC)层。媒体访问控制(MAC)层协议主要负责两个职能：一是网络结构的建立。因为成千上万个传感器节点高密度地分布于监测地域，MAC 层机制为数据传输提供有效的通信链路，并为无线通信的多跳传输和网络的自组织特性提供网络组织结构。二是为传感器节点有效合理地分配资源。数据链路层的重要功能是传输数据的差错控制。

3. 网络层

网络层负责实现数据融合、路由发现、路由维护、路由选择，使得传感器节点可以进行有效的相互通信。路由算法应有以下特点：

(1) 能量优先。传统的路由协议在选择最优路径时，很少考虑节点的能量消耗问题；而无线传感网中节点的能量有限，延长整个网络的生存周期成为传感网路由协议设计的重要目标，因此需要考虑节点的能量消耗以及网络能量均衡使用的问题。

(2) 基于局部拓扑信息。无线传感网为了节省通信能量，通常采用多跳的通信模式；而节点有限的存储资源和计算资源，使得节点不能存储大量的路由信息，不能进行太复杂的路由计算。

(3) 以数据为中心。传统的路由协议通常以地址作为节点的标识和路由的依据；而无线传感网中大量节点随机部署，所关注的是检测区域的感知数据，不是具体哪个节点获取的信息。

根据具体应用设计路由协议时，必须满足以下要求：

(1) 能量高效。路由过程中不仅要选择能量较小的数据传输路径，也要选择对于整个网络能量消耗均衡的路径。

(2) 可扩展性。能量限制、环境干扰、人为破坏的因素导致传感器节点损坏，加入新节点后，依旧能适应网络的动态变化。

(3) 鲁棒性。无线传感网中，由于环境和节点能量的耗尽造成传感器的失效、通信质量降低，使得网络不可靠，因此在设计路由方式的过程中必须考虑软硬件的高容错率，以保障网络的运行。

(4) 快速收敛性。传感器节点能量和带宽资源有限，网络拓扑结构动态结构变化等不确定因素要求路由机制能快速收敛，以提高节点能量和带宽的利用率与数据传输效率。

4. 传输层

WSN 的传输层负责数据流的传输控制，主要通过汇聚节点采集网络内的数据，并使用卫星、移动通信网络、Internet 或者其他链路与外部网络进行通信。

5. 应用层

应用层主要负责为无线传感网提供安全支持，即实现密钥管理和安全组播。

4.3.3　无线传感网的特点和结构

1. 无线传感网的特点

无线传感网的特点主要表现在以下几个方面。

1) 网络规模

无线传感网规模大小与它的应用目的相关。例如，如果将无线传感网应用于原始森林防火和环境监测，必须部署大量传感器以获取精确信息，节点数量可能达到成千上万甚至更多。同时，这些节点必须分布在所有被检测的地理区域内。因此，网络规模表现在节点的数量与分布的地理范围两个方面。

2) 自组织网络

在无线传感网的应用中，传感器节点的位置不能预先精确设定，节点之间的相互邻居关系预先也不知道，传感器节点通常被放置在没有电力基础设施的地方。例如，通过飞机在面积广阔的原始森林中播撒大量传感器节点，或随意放置到人类不可到达的区域，甚至是危险区域。这就要求传感器节点具有自组织能力，能够自动进行配置和管理，通过拓扑控制机制和网络协议，自动形成转发监测数据的多跳无线网络系统。因此，无线传感网是一种典型的无线自组织网络。

3) 拓扑结构的动态变化

对传感器节点最主要的限制是节点携带的电源能量有限。传感器节点作为一种微型嵌入式系统，节点的 CPU 处理器能力比较弱，存储器容量比较小，但是需要完成监测数据的采集和转换、数据的管理和处理、应答汇聚节点的任务请求、节点控制等多种工作。在使用过程中可能有部分节点因为能量耗尽或环境因素失效，这样就必须增加一些新的节点以补充失效节点。传感器网络中的节点数量的动态增减会带来网络拓扑结构的动态变化，这就要求无线传感网系统能适应这些变化，具有动态系统重构能力。

图 4-7 描述了人员队形的变化引起网络拓扑结构的动态变化，即描述了网络的物理结构和拓扑结构的对应关系。

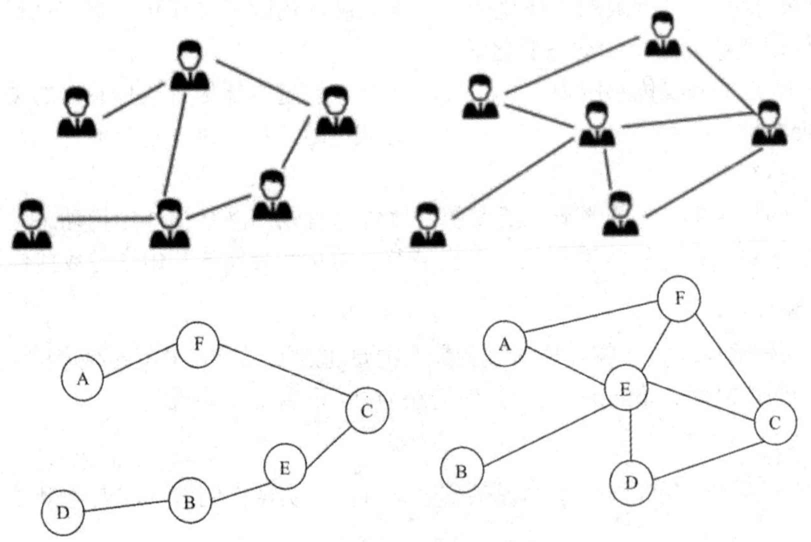

图 4-7　网络的物理结构和拓扑结构

4) 以数据为中心

传统的计算机网络设计关心节点的位置，设计工作的重点是：如何设计出最佳的拓扑构型，能将分布在不同地理位置的节点互联起来；如何分配 IP 地址，使用户可以方便地识别节点。而在无线传感网的设计中，无线传感网是一种自组织网络，网络拓扑有可能随时在变化，设计者更关心的是传感器节点感知的数据能够告诉我们什么样的信息。例如战场侦察用的无线传感网，我们关心的是能否根据声传感器传回的数据判断被观测的区域，包括有没有兵力调动、有没有坦克通过，我们并不关心目前无线传感网具体的拓扑构型。因此，无线传感网是"以数据为中心的网络(Data-Centric Network)"。这也说明物联网是在计算机网络技术的基础上研究更深层次的问题，也印证了"物联网与其说是网络，不如说是应用"论点的正确性。

2. 无线传感网的基本结构

无线传感网由三种节点组成：传感器节点(Sensor Node)、汇聚节点(Sink Node)和管理节点。大量传感器节点随机部署在监测区域(Sensor Field)内部或附近，这些节点通过自组织方式构成网络。传感器节点监测的数据通过中间传感器节点逐跳进行传输，在传输过程中可能被多个节点处理，并在经过多跳路由后到达汇聚节点，最后通过互联网或卫星通信网络传输到管理节点。无线传感网的组建者通过管理节点对传感器网络进行配置和管理，发布监测任务以及收集监测数据。

3. 电源能量对无线传感器节点设计的限制

无线传感器节点通常是一个微型的嵌入式系统，它的处理能力、存储能力和通信能力相对较弱，通过自身携带的能量有限的电池(纽扣电池或干电池)供电。从网络功能上来看，每个传感器节点兼有感知终端和路由器的双重功能，除了进行本地信息收集和数据处理之外，还要对其他节点转发来的数据进行存储、管理和融合，同时与其他节点协作完成一些特定任务。因此，传感器节点的软硬件技术是传感器网络研究的重点。

汇聚节点的处理能力、存储能力和通信能力相对较强，它连接传感器网络与互联网等外部网络，实现两种通信协议之间的转换，同时发布管理节点的监测任务，并将收集到的数据转发到外部网络上。汇聚节点既可以是一个具有增强功能的传感器节点，有足够的能量提供更多的内存与计算资源，也可以是没有监测功能仅带有无线通信接口的特殊网关设备。

4.3.4　无线传感网组网技术

1. 自组织性

无线传感网是一个自组织网络，它没有绝对的控制中心，所有节点地位平等，网络中的节点通过分布式算法来调节彼此的行为，无需人工干预和任何其他预置的网络设施，可以在任何时刻、任何地方快速组网。由于无线传感网具有网络的分布式特征、节点的冗余性和不存在单点故障点，使得网络的健壮性和抗毁性较好。

2. 动态变化的网络拓扑

自组织网络中，移动终端能够以任意速度和方向在网上移动，并且可以关闭网络。再加上无线发送终端的天线类型多种多样、发射功率的变化、天气的影响、信道的干扰等，使得网络拓扑结构随时随地都在变化，难以预测。

3. 多跳路由技术

由于节点发射功率的限制和节点的覆盖范围有限，当它要与其覆盖范围之外的节点进行通信时，需要中间节点的转发。此外，自组织网络的多跳路由是由多个普通节点协作完成的，不是由专属路由设备完成的。

4. 拓扑控制技术

组网模式决定了网络的总体拓扑结构，但为了实现无线网络的低能耗运行，还需要对节点连接关系的时变规律进行细粒度的控制。目前，控制技术有逻辑控制、时间控制、空间控制三种。

逻辑控制是通过邻居表将“不理想”的节点排除在外，从而形成更稳固的拓扑结构；时间控制是通过每个节点睡眠、工作的占空比，节点间起始睡眠时间的调度，让节点交替工作，使拓扑结构有规律地变化；空间控制通过控制节点发射功率改变节点的连通区域，使网络呈现不同的联通状态，从而获得控制能耗、提高网络能量的效果。

5. 跨层传输技术

无线传感网的数据流与互联网相反，互联网中终端主要从网上获取信息，而在无线传感网中传感器节点需要向高层汇报实时信息。一方面，由于对能量效率的苛刻要求，无线传感节点需要跨层服务协议；另一方面，高层网络也需要将控制任务信息及节点控制信息传送到无线传感网中的特定节点。高效能的跨层数据传输是无线传感器网络的核心技术。

6. 无线传感网可靠性测评技术

传感网可靠性测评技术是无线传感网推广应用的关键技术。传感网可靠性测评技术需要对无线传感网中数据传输的可靠性和信息服务的可信性进行测试与评估。无线传感网中存在大量的无线传感器节点，每个传感器节点都需要在恶劣工作环境和长时间的工作条件下完成监测与数据采集任务。无线传感网中普遍存在传感器的数据采集误差或功能失效，节点计算和网络通信传输的误差、畸变等故障或错误，这些故障或错误的发生可能造成大量人身伤害或财务损失。因此，如何对无线传感网的可靠性进行检测与评估也是该领域研究的核心技术。

习　　题

1. 传感器通常是由哪几部分组成的？请列举常见的几种传感器并简述其原理。
2. 传感器有哪些性能指标？请列举并说明这些指标的作用。
3. 请描述传感器技术的发展趋势。
4. 什么是无线传感网？请说明无线传感网有哪些特点。
5. 请描述无线传感网的通信协议的构成。

第5章　嵌入式系统与智能硬件

5.1　嵌入式系统

5.1.1　嵌入式系统概述

1. 嵌入式系统的概念

嵌入式系统(Embedded System)也称作“嵌入式计算机系统(Embedded Computer System)”。根据 IEEE(国际电气和电子工程师协会)的定义，嵌入式系统是“用于控制、监视或者辅助操作机器和设备的装置”。所谓“嵌入”，就是将计算机的硬件或软件嵌入其他机电设备中，构成一种新的系统，即嵌入式系统。

嵌入式系统是指以应用为中心，以计算机技术为基础，软硬件可裁剪，面向特定应用，并对功能、可靠性、成本、体积、功耗有严格要求的专用计算机系统。它一般由嵌入式微处理器、外围硬件设备、嵌入式操作系统以及用户的应用程序四个部分组成，用于实现对其他设备的控制、监视或管理等功能。

各种形式的掌上电脑(Personal Digital Assistant，PDA)、GPS 接收机、智能手机、电视机机顶盒、智能家电、路由器、机器人、传感器节点、RFID 阅读器、数字标牌(Digital Signage)等都是典型的嵌入式系统。嵌入式系统被广泛应用于工业控制、智能监控、智能家居、机器人等领域，并在微控制系统中发挥着重要作用。物联网感知层的设备很多都属于嵌入式设备，这些设备基本上都安装有嵌入式操作系统(Embedded Operating System，EOS)，可以对设备进行统一的管理和控制，并提供通信与组网的功能。

2. 嵌入式系统的特点

嵌入式系统主要有以下特点：

(1) 面向特定应用。嵌入式 CPU 与通用型 CPU 最大不同就是嵌入式 CPU 大多工作在为特定用户群设计的系统中，它通常都具有低功耗、体积小、集成度高等特点。嵌入式系统和具体应用有机地结合在一起，它的升级换代也是和具体产品同步进行的，因此嵌入式系统产品一旦进入市场，就具有较长的生命周期。

(2) 多学科交叉融合。嵌入式系统是将先进的计算机技术、半导体技术和电子技术与各个行业的具体应用相结合后的产物。微型机应用和微处理器芯片技术的发展为嵌入式系统研究奠定了基础。

(3) 具有固化、可靠的软件。为了提高执行速度和系统可靠性，嵌入式系统中的软件一般固化在存储器芯片或微控制器中，而不是存储于磁盘等载体中；同时要求软件代码具有高质量、高可靠性和高实时性。

(4) 需要开发工具和环境。嵌入式系统本身不具备自主开发能力，即使设计完成以后用户通常也不能对其中的程序功能进行修改，必须有一套开发工具和环境才能进行开发。

3. 嵌入式系统的发展过程

嵌入式系统的发展主要体现在以控制器为核心的硬件部分和以嵌入式操作系统为主的软件部分。嵌入式操作系统的发展过程可以划分为四个阶段。

第一阶段：无操作系统的嵌入式算法阶段。此阶段以可编程程序控制器系统为核心。这种系统大部分应用于一些专业性极强的工业控制系统中，一般没有操作系统的支持，而是通过汇编语言编程对系统进行直接控制，运行结束后会清除内存。其特点是系统结构和功能都相对单一，处理效率低，存储容量较小，几乎没有用户接口。

第二阶段：以嵌入式 CPU 为基础、简单操作系统为核心的阶段。这一阶段系统的主要特点是：CPU 种类繁多，通用性比较差；系统开销小，效率高；一般配备系统仿真器，操作系统具有一定的兼容性和扩展性；应用软件较专业，用户界面不够友好；系统主要用来控制负载以及监控应用程序运行。

第三阶段：以通用的嵌入式实时操作系统为标志的阶段。这一阶段系统的主要特点是：嵌入式操作系统能运行于各种不同类型的微处理器上，兼容性好；操作系统内核精小，效率高，并且具有高度的模块化和扩展性；具备文件和目录管理、设备支持、多任务支持、网络支持、图形窗口以及用户界面等功能；具有大量的应用程序接口(API)，开发应用程序简单；嵌入式应用软件丰富。

第四阶段：基于网络操作的嵌入式系统发展阶段。这一阶段以基于 Internet 为标志，是一个正在迅速发展的阶段。这一阶段系统能通过各种有线接入技术和无线接入技术，随时接入互联网，能执行以前不能执行的复杂运算，具备全联通、智能化、信息实时共享等特点。嵌入式设备与 Internet 的结合代表着嵌入式技术的真正未来。

5.1.2 嵌入式系统的结构

嵌入式系统是一种专用的计算机应用系统，包括硬件和软件两大部分。硬件包括微处理器、存储器、外设器件、I/O 端口、图形控制器等；软件包含负责硬件初始化的代码及驱动程序、负责软硬件资源分配的嵌入式操作系统和运行在嵌入式操作系统上面的应用软件。这些软件有机地集合在一起，形成系统特定的一体化设计。因此，可以把嵌入式系统的结构分为硬件层、硬件抽象层、系统软件层和应用软件层四层。

1. 硬件层

嵌入式系统的硬件层由电源管理模块、时钟控制模块、存储器模块、总线模块、数据通信接口模块、可编程开发调试模块、处理器模块、各种控制电路以及外部执行设备模块等组成。对于不同性能、不同厂家的嵌入式微处理器，与其兼容的嵌入式系统内部的结构差异很大。典型的嵌入式系统的硬件体系结构如图 5-1 所示。

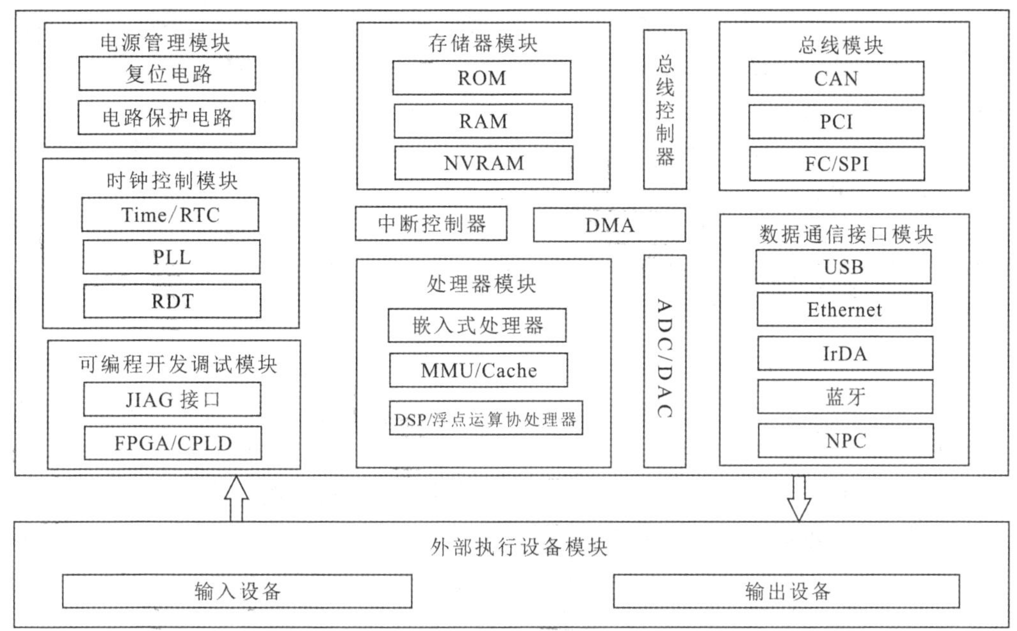

图 5-1　嵌入式系统的硬件体系结构

图 5-1 给出了嵌入式系统的硬件结构模型的基本模块。具体的嵌入式设备并不包含所有的电路和接口，要根据实际应用进行选择或裁剪，以便降低产品的成本和功耗。例如，有些应用场合要求具有 USB 接口，而有些应用仅仅需要红外数据传输接口等。

2. 硬件抽象层

硬件抽象层(Hardware Abstract Layer，HAL)也称为中间层或板级支持包(Board Support Package，BSP)，它在操作系统与硬件电路之间提供软件接口，用于将硬件抽象化。也就是说，用户可以通过程序来控制处理器、I/O 接口、存储器等硬件，使上层的设备驱动程序与下层的硬件设备无关，从而提高上层软件系统的可移植性。

硬件抽象层包含系统启动时对指定硬件的初始化、硬件设备的配置、数据的输入或输出操作等，为驱动程序提供访问硬件的手段，同时引导、装载系统软件或嵌入式操作系统。

3. 系统软件层

根据嵌入式设备类型及应用的不同，系统软件层的划分略有不同。部分嵌入式设备由于功耗、应用环境不同，不需具备嵌入式操作系统。这种系统通过设备内部的可编程拓展模块，同样可以为用户提供基于底层驱动的文件系统和图形用户接口，如电子词典以及带有液晶屏幕的 MP3、MP4 等设备。这些系统上的图形界面软件以及文件系统软件同样属于系统软件的范围。对于装载有嵌入式操作系统(EOS)的嵌入式设备来说，系统软件层自然就是 EOS。在 EOS 中包含图形用户界面、文件存储系统等多种系统层的软件支持接口。

EOS 是嵌入式应用软件的开发平台，它是保存在非易失性存储器中的系统软件，用户的其他应用程序都建立在 EOS 之上。EOS 使得嵌入式应用软件的开发效率大大提高，减少了嵌入式系统应用开发的周期和工作量，并且极大地提高了嵌入式系统软件的可移植性。为了满足嵌入式系统的要求，EOS 必须包含操作系统的一些最基本的功能，并为用户提供 API(应用程序编程接口) 函数，使应用程序能够调用操作系统提供的各种功能。

EOS 通常包括与硬件相关的底层驱动程序软件、系统内核、设备驱动接口、通信协议、图形界面、标准化浏览器等。设备驱动程序用于对系统安装的硬件设备进行底层驱动，为上层软件提供调用的 API 接口；上层软件只需调用驱动程序提供的 API 方法，而不必关心设备的具体操作，便可以控制硬件设备。此外，驱动程序还具备完善的错误处理函数，对程序的运行安全进行保障和调试。

典型的 EOS 都具有编码体积小、面向应用、实时性强、可移植性好、可靠性高以及专用性强等特点。随着嵌入式系统的处理和存储能力的增强，EOS 与通用操作系统的差别将越来越小。

4. 应用软件层

应用软件层是嵌入式系统为解决各种具体应用而开发出的软件，如便携式移动设备上面的电量监控程序、绘图程序等。

针对嵌入式设备的区别，应用软件层可以分为两类：一类是在不具有 EOS 的嵌入式设备上，应用软件层包括使用汇编程序或 C 语言程序针对指定的应用开发出来的各种可执行程序；另一类就是在目前广泛流行的搭载 EOS 的嵌入式设备上，用户使用 EOS 提供的 API 函数，通过操作和调用系统资源开发出来的各种可执行程序。

5.1.3 嵌入式操作系统

1. 嵌入式操作系统概述

嵌入式操作系统(EOS)是一种支持嵌入式系统应用的操作系统软件，它是嵌入式系统的重要组成部分。EOS 具有通用操作系统的基本特点，能够有效管理复杂的系统资源，并且把硬件虚拟化。

从应用角度可将嵌入式操作系统分为通用型嵌入式操作系统和专用型嵌入式操作系统。常见的通用型嵌入式操作系统有 Linux、VxWorks、Windows CE 等；常用的专用型嵌入式操作系统有 Smart Phone、Pocket PC、Symbian 等。

按实时性可将嵌入式操作系统分为实时嵌入式操作系统和非实时嵌入式操作系统两类。实时嵌入式操作系统主要面向控制、通信等领域，如 WindRiver 公司的 VxWorks、ISI 的 pSOS、QNX 系统软件公司的 QNX、ATI 的 Nucleus 等；非实时嵌入式操作系统主要面向消费类电子产品，这类产品包括 PDA、移动电话、机顶盒、电子书、WebPhone 等，如微软公司面向手机应用的 Smart Phone 操作系统。

2. 嵌入式操作系统的特点

EOS 是一种用途广泛的系统软件，过去它主要应用于工业控制和国防领域。EOS 负责嵌入系统的全部软、硬件资源的分配、调度工作，控制、协调并发活动；它必须体现其所在系统的特征，能够通过装卸某些模块来达到系统所要求的功能。目前，已推出一些应用比较成功的 EOS 产品系列。随着 Internet 技术的发展、智能设备的普及应用及 EOS 的微型化和专业化，EOS 开始从单一的弱功能向高专业化的强功能方向发展。EOS 在系统实时高效性、硬件的相关依赖性、软件固态化以及应用的专用性等方面具有较为突出的特点。相对于一般操作系统而言，EOS 除具备一般操作系统最基本的功能如任务调度、同步机制、中断处理、文件功能等外，还具有以下特点：

(1) 可装卸性。支持开放性、可伸缩性的体系结构。

(2) 强实时性。大多数嵌入式系统为实时系统，而且多是强实时多任务系统，要求相应的 EOS 也必须是实时操作系统(Real Time Operating System，RTOS)。RTOS 作为操作系统的一个重要分支，已成为研究的一个热点，主要探讨实时多任务调度算法和可调度性、死锁解除等问题。

(3) 统一的接口，即提供各种设备驱动统一接口。

(4) 操作方便、简单，提供友好的图形用户界面，追求易学、易用。

(5) 提供强大的网络功能，支持 TCP/IP 协议及其他协议，并提供 TCP/UDP/IP/PPP 协议支持及统一的 MAC 访问层接口，为各种移动计算设备预留接口。

(6) 强稳定性，弱交换性。嵌入式系统一旦开始运行就不需要用户过多的干预，这就要求管理复杂系统的 EOS 具有较强的稳定性。EOS 的用户接口一般不提供操作命令，它通过系统调用命令向用户程序提供服务。

(7) 固化代码。大多数情况下，EOS 和应用软件被固化在嵌入式系统计算机的 ROM 中。这就要求 EOS 只能运行在有限的内存中，不能使用虚拟内存，中断的使用也受到限制。因此，EOS 必须结构紧凑，体积微小。

(8) 更好的硬件适应性，也就是良好的移植性。

(9) 特殊的开发调试环境。提供完整的集成开发环境是每一个嵌入式系统开发人员所期待的。一个完整的嵌入式系统的集成开发环境，一般需要提供的工具是编译/连接器、内核调试/跟踪器和集成图形界面开发平台，其中的集成图形界面开发平台包括编辑器、调试器、软件仿真器和监视器等。

3. 嵌入式操作系统的发展

早期的嵌入式系统硬件设备很简单，软件的编程和调试工具也很原始，与硬件系统配套的软件都必须从头编写。程序大都采用宏汇编语言，因而调试是一件很麻烦的事情。随着系统越来越复杂，操作系统就显得很有必要。一方面操作系统能有效管理越来越复杂的系统资源，能够把硬件虚拟化，从而使开发人员从繁忙的驱动程序移植和维护中解脱出来；另一方面操作系统能够提供库函数、驱动程序、工具集以及应用程序。

20 世纪 70 年代后期，出现了嵌入式系统的操作系统。到 80 年代末，市场上出现了几个著名的商业嵌入式操作系统，包括 Windows CE、Neculeus、QNX、VxWorks 等。这些系统提供性能良好的开发环境，提高了应用系统的开发效率。

目前，国外 EOS 已经从简单走向成熟，主要有 Windows CE、Palm OS、QNX、VxWorks。国内的嵌入式操作系统研究开发有两种类型：一类是基于国外操作系统二次开发完成的，如海信基于 Windows CE 的机顶盒系统；另一类是中国自主开发的嵌入式操作系统，如凯思集团自主研制开发的嵌入式操作系统 Hopen OS (“女娲计划”)。

(1) Windows CE 内核较小，能作为一种嵌入式操作系统应用到工业控制等领域。其优点在于具有便携性、提供对微处理器的选择以及非强行的电源管理功能。内置的标准通信能力使 Windows CE 能够访问 Internet 并收发 E-mail 或浏览 Web。除此之外，Windows CE 特有的、与 Windows 类似的用户界面使最终用户易于使用。Windows CE 的缺点是速度慢、效率低、价格偏高、开发应用程序相对较难。

(2) 3Com 公司的 Palm OS 在 PDA 市场上独占霸主地位，它有开放的操作系统应用程序接口(API)，开发商可根据需要自行开发所需的应用程序。

(3) QNX 是由加拿大 QSSL 公司开发的分布式实时操作系统，它由微内核和一组共操作的进程组成，具有较高的伸缩性，可灵活地裁剪，最小配置只占用几十千字节内存。因此，QNX 可以广泛地嵌入智能机器、智能仪器仪表、机顶盒、通信设备、PDA 等应用中。

(4) Hopen OS 是凯思集团自主研制开发的嵌入式操作系统，它由一个体积很小的内核及一些可以根据需要进行定制的系统模块组成。其核心 Hopen Kernel 一般为 10 KB 左右，占用空间小，并具有实时、多任务、多线程的系统特征。

(5) 在众多的实时操作系统和嵌入式操作系统产品中，WindRiver(风河)公司的 VxWorks 是较有特色的一种实时操作系统。VxWorks 支持各种工业标准，包括 POSIX、ANSI C 和 TCP/IP 协议。VxWorks 运行系统的核心是一个高效率的微内核，该微内核支持各种实时功能，包括快速多任务处理、中断支持、抢占式和轮转式调度。微内核设计减轻了系统负载并可快速响应外部事件。在美国宇航局的“极地登陆者”“深空二号”和火星气候轨道器等火星探测器上就采用了 VxWorks，负责火星探测器全部飞行控制，包括飞行纠正、载体自旋、降落时的高度控制等，而且还负责数据收集和与地球的通信工作。目前，全世界装有 VxWorks 系统的智能设备数以百万计，其应用范围遍及互联网、电信和数据通信、数字影像、网络、医学、计算机外设、汽车、火控、导航与制导、航空、指挥、控制、通信和情报、声呐与雷达、空间与导弹系统、模拟和测试等众多领域。

4. 典型的嵌入式操作系统

1) Linux

Linux 是一套以 UNIX 为基础发展而成的操作系统，成熟而且稳定。Linux 是源代码开放软件，不存在黑箱技术，任何人都可以修改它，或者用它开发自己的产品。Linux 系统是可以定制的，系统内核目前已经可以做得很小，一个带有中文系统及图形化界面的核心程序也可以做到不足 1MB，并且同样稳定。Linux 作为一种可裁剪的软件平台系统，是发展未来嵌入式设备产品的绝佳资源，遍布全球的众多 Linux 爱好者又能给予 Linux 开发者强大的技术支持。因此，Linux 作为嵌入式系统的新选择是非常有发展前途的。

后 PC 时代的智能设备已经逐渐模糊了硬件与软件的界限，SoC 系统(片上系统)的发展就是这种软硬件无缝结合趋势的证明。随着处理器片内微码的发展，将来可能出现内嵌进操作系统的代码模块。

嵌入式 Linux 的一大特点是与硬件芯片(如 SoC)的紧密结合。它不是一个纯软件的 Linux 系统，它比一般操作系统更加接近于硬件。嵌入式 Linux 的进一步发展，逐步具备了嵌入式 RTOS 的一切特征，即实时性以及与嵌入式处理器的紧密结合。

嵌入式 Linux 的另一大特点是代码的开放性。代码的开放性是与后 PC 时代的智能设备的多样性相适应的。代码的开放性主要体现在源代码可获得上，Linux 代码开发就像是“集市式”开发，可以任意选择并按自己的意愿整合出新的产品。

由美国新墨西哥理工学院开发的基于标准 Linux 的嵌入式操作系统 RTLinux，已成功地应用于航天飞机的空间数据采集、科学仪器测控、电影特技图像处理等领域。RTLinux

开发者并没有针对实时操作系统的特性重写 Linux 的内核，而是提供了一个精巧的实时内核，并把标准的 Linux 核心作为实时核心的一个进程一起调度，这样做的好处是对 Linux 的改动量最小，且充分利用了 Linux 平台下丰富的软件资源。由美国网虎公司推出的 XLinux，号称是世界上最小的嵌入式 Linux 系统，核心只有 143 KB，而且还在不断减小。

致力于国产嵌入式 Linux 操作系统和应用软件开发的广州博利思软件公司推出的嵌入式 Linux 中文操作系统 POCKETIX，基于标准的 Linux 内核，包括一些可以根据需要进行定制的系统模块；支持标准以太网和 TCP/IP 协议，支持标准的 X Windows；中文支持采用国际化标准，提供桌面和窗口管理功能，带 Web 浏览器和文件管理器，并支持智能拼音和五笔字型输入；可适用于个人 PDA、WAP 手机、机顶盒等广泛的智能信息产品。

2) μC/OS-Ⅱ

μC/OS-Ⅱ是一个可裁剪、源代码开放、结构小巧、抢先式的实时嵌入式操作系统(RTOS)，主要用于中小型嵌入式系统。该系统专门为计算机的嵌入式应用设计，绝大部分代码使用 C 语言编写，CPU 硬件相关部分使用汇编语言编写，总量约 200 行的汇编语言部分被压缩到最低限度，便于移植到其他任何一种 CPU 上。

μC/OS-Ⅱ具有执行效率高、占用空间小、可移植性强、实时性能好、可扩展性强等优点，可支持多达 64 个任务，支持大多数的嵌入式微处理器，商业应用需要付费。

μC/OS-Ⅱ的前身是μC/OS，最早出自 1992 年美国嵌入式系统专家 Jean J. Labrosse 在《嵌入式系统编程》杂志上的文章连载，μC/OS 的源码也同时发布在该杂志的 BBS 上。

用户只要有标准的 ANSI 的 C 交叉编译器，同时有汇编器、连接器等软件工具，就可以将 μC/OS-Ⅱ嵌入开发的产品中。μC/OS-Ⅱ最小内核可编译至 2 KB，经测试，可被成功移植到几乎所有知名的 CPU 上。

严格来说，μC/OS-Ⅱ只是一个实时操作系统内核，仅仅包含了任务调度、任务管理、时间管理、内存管理以及任务间的通信和同步等基本功能，没有提供输入/输出管理、文件系统、网络等额外的服务。但由于 μC/OS-Ⅱ具有良好的可扩展性和源码开放，上述那些非必需的功能完全可以由用户自己根据需要分别实现。

μC/OS-Ⅱ的目标是实现一个基于优先级调度的抢占式的实时内核，并在这个内核之上提供最基本的系统服务，如信号量、邮箱、消息队列、内存管程、中断管理等。

3) TRON

TRON (实时操作系统内核) 是 1984 年由日本东京大学开发的一种开放式的实时操作系统，其目的是建立一种泛在的计算环境。泛在计算(普适计算) 就是将无数嵌入式系统用开放式网络连接在一起协同工作，它是未来嵌入式技术的终极应用。TRON 广泛应用在手机、数码相机、传真机、汽车引擎控制、无线传感器节点等领域，成为实现普适计算环境重要的嵌入式操作系统之一。

以 TRON 为基础的 T-Engine/T-Kernel 为开发人员提供了一个嵌入式系统的开放式标准平台，即 T-Engine 提供标准化的软硬件结构，T-Kernel 提供标准化的开源实时操作系统内核。

T-Engine 由硬件和软件环境组成，其中软件环境包括设备驱动、中间件、开发环境、系统安全等部分，是一个完整的嵌入式计算平台。硬件环境包括四种系列产品：便携式计算机和手机；家电和计量测绘机器；照明器具、开关、锁具等所用的硬币大小的嵌入式平台；传感器节点和静止物体控制所用的单芯片平台。

T-Kernel 是在 T-Engine 标准上运行的准实时嵌入式操作系统软件，具有实时性高、动态资源管理等特点。

4) IOS

IOS 是由苹果公司为智能便携式设备开发的操作系统，主要用于 iPhone 手机、iPad 平板计算机等。IOS 源于苹果计算机的 Mac OS X 操作系统，它们都以 Darwin 为基础。Darwin 是由苹果公司于 2000 年发布的一个开源操作系统。IOS 原名为 iPhone OS，直到 2010 年 6 月的 WWDC(苹果计算机全球研发者大会)上才宣布改名为 IOS。IOS 的系统架构分为四个层次，即核心操作系统层、核心服务层、媒体层和可轻触层，如图 5-2 所示。

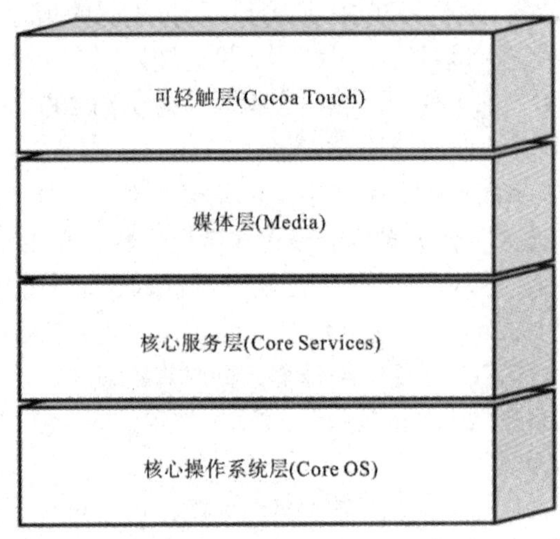

图 5-2　IOS 系统架构

核心操作系统层是 IOS 的最底层。该层包含了很多基础性的类库，如底层数据类型 Bonjour 服务(Bonjour 服务是用于提供设备和计算机通信的服务)和网络套接字(套接字提供网络通信编程的接口)类库。

核心服务层为应用软件的开发提供 API(应用程序可编程接口)、核心类库(包含基础框架支持类)、CFNetwork 类库(网络应用支持类)、SQLite 访问类库(嵌入式设备中使用的一种轻量级数据库)、POSIX 线程类库(可移植操作系统接口)、UNIX sockets 通信类库(套接字)等。

媒体层包含了基本的类库来支持 2D 和 3D 的界面绘制、音频和视频的播放，当然也包括较高层次的动画引擎。

可轻触层提供了面向对象的集合类、文件管理类和网络操作类等。该层中的 UIKit(用户界面开发包)框架提供了可视化的编程方式，能提供一些非常实用的功能，如访问用户的通讯录和照片集、支持重力感应器或其他硬件设备。

5) Android

Android 作为便携式移动设备的主流操作系统之一，其发展速度超过了以往任何一种移动设备操作系统。Android 的最初部署目标是手机领域，包括智能手机和更廉价的翻盖手机。

由于其全面的计算机服务和丰富的功能支持，Android 系统目前已经扩展到手机市场以外。某些智能电表、云电视、智能冰箱、智能电视等采用的就是 Android 系统。

Android 是基于 Linux 内核的开源嵌入式操作系统。Android 系统形成一个软件栈，其软件系统主要分为操作系统核心、中间层和应用程序三层。具体来说，Android 体系结构从底层向上主要分为 Linux 内核、Android 实时运行库、支持库、应用程序框架和应用程序五个部分。

(1) Linux 内核。Android 基于 Linux 提供核心系统服务，如安全管理、内存管理、进程管理、网络堆栈和驱动模型。核心层也作为硬件和软件之间的抽象层，用于隐藏具体硬件细节，从而为上层提供统一的服务。

(2) Android 实时运行库。Android 实时运行库(Runtime)包含一个核心库的集合和 Dalvik 虚拟机，核心库为 Java 语言提供核心类库中可用的功能。Dalvik 虚拟机是 Android 应用程序的运行环境，每一个 Android 应用程序都是 Dalvik 虚拟机中的实例，运行在对应的进程中。Dalvik 虚拟机的可执行文件格式是 .dex，该格式是专为 Dalvik 设计的一种压缩格式，适合内存和处理器速度有限的系统。大多数虚拟机包括 JVM(Java 虚拟机)都是基于栈的，而 Dalvik 虚拟机则是基于寄存器的。两种架构各有优劣，一般而言，基于栈的机器需要更多的指令数目，而基于寄存器的机器指令需要占用更多的内存空间。Dalvik 虚拟机需要依赖 Linux 内核提供的基本功能，如线程、底层内存管理等。

(3) 支持库。Android 包含了一个 C/C++ 库的集合，供 Android 系统的各个组件使用。这些功能通过 Android 的应用程序框架提供给开发者。

(4) 应用程序框架。通过提供开放的开发平台，Android 使开发者能够编写极其丰富和新颖的应用程序。开发者可以自由地利用设备硬件优势、访问位置信息、运行后台服务、设置闹钟以及向状态栏添加通知等。开发者还可以安全使用核心应用程序所使用的框架 API。应用程序框架旨在简化组件的重用，任何应用程序都能发布它的功能且任何其他应用程序都可以使用这些功能(需要服从框架执行的安全限制)，这一机制允许用户替换组件。

(5) 应用程序。Android 装配一组核心应用程序集合，包括电子邮件客户端、SMS 程序、日历、地图、浏览器、联系人和其他设置。

6) VxWorks

VxWorks 操作系统是美国风河公司于 1983 年设计开发的一种嵌入式实时操作系统。VxWorks 具有良好的持续发展能力、高性能的内核以及友好的用户开发环境，在嵌入式实时操作系统领域占有一席之地。VxWorks 以其良好的可靠性和卓越的实时性被广泛应用在通信、军事、航空、航天等高精尖技术以及实时性要求极高的领域中。在美国的 F-16 战斗机、FA -18 战斗机、B-2 隐形轰炸机和爱国者导弹上，甚至连 1997 年 4 月在火星表面登陆的火星探测器上都使用了 VxWorks。

VxWorks 支持多种处理器，如 X86、i960、Sun Sparc、Motorola MC68000、MIPS RX000、PowerPC、Strong ARM、XScale 等；其主要缺点是价格昂贵，大多数 VxWorks 的 API 都是专用的。

7) Windows Phone 7

Windows Phone 7 是微软公司推出的便携式设备操作系统，是对 Windows Mobile 系统的重大突破。Windows Mobile 采用 Windows CE 架构，致力于智能手机和移动设备的开发。Windows CE 操作系统是一个 32 位、多任务、多线程，具有很好的可扩展性和开放性的嵌入式操作系统。它集成了电源管理功能，有效延长了移动设备的待机时间，支持 Internet 接入、收发电子邮件、浏览互联网等功能。

Windows Phone 7 对硬件配置的要求比较高，支持多点触控、3G、蓝牙、Wi-Fi 等技术，完全兼容 Silverlight 应用以及 XNA 框架游戏开发，与微软公司的其他产品与服务紧密相连。2011 年 2 月，诺基亚公司与微软公司合作，共同促进 Windows Phone 7 的推广。

Windows Phone 7 注重对多媒体、游戏、互联网和办公软件的支持，越来越具备通用计算机操作系统的功能。这说明随着处理器的微型化和处理能力的增强，嵌入式系统与通用计算机之间的界限越来越模糊，如智能手机已经与手持式计算机没有多大区别了，而且其功能更强。

5.2　物联网智能硬件

5.2.1　智能硬件概念

智能硬件主要指以人机交互、设备传感互联、大数据、人工智能等新一代信息技术为特征的智能终端产品与服务。随着物联网基础设施持续完善、智能算法迭代升级、应用服务市场不断成熟，智能硬件行业正在以智能手机为核心向智能家居、智能车载、智能可穿戴、健康医疗、无人机等新兴领域不断拓展。

2012 年 6 月，谷歌智能眼镜的问世将人们的注意力吸引到可穿戴计算设备与智能硬件的应用上来。之后出现了大量可穿戴计算产品与智能硬件产品，小到智能手环、智能手表、智能衣、智能鞋、智能水杯，大到智能机器人、无人机、无人驾驶汽车。它们的共同特点是：实现了“互联网 + 传感器 + 计算 + 通信 + 智能 + 控制 + 大数据 + 云计算”等多项技术的融合，其核心是智能技术。

这类产品的出现标志着硬件技术更加智能化、交互方式更加人性化，以及向着“云+端”融合方向发展的趋势，划出了传统的智能设备、可穿戴计算设备与新一代智能硬件的界限，预示着智能硬件(Intelligent Hardware)将成为物联网产业发展的新热点。

2016 年 9 月，我国政府发布《智能硬件产业创新发展专项行动(2016—2018 年)》，其中明确了我国将重点发展的五类智能硬件产品：智能穿戴设备、智能车载设备、智能医疗健康设备、智能服务机器人、工业级智能硬件设备；同时也明确了重点研究的六项关键技术：低功耗轻量级底层软硬件技术、虚拟现实/增强现实技术、高性能智能感知技术、高精度运动与姿态控制技术、低功耗广域智能物联技术、“云 + 端”一体化协同技术。

智能硬件的技术水平取决于智能技术应用的深度，支撑它的是集成电路、嵌入式、大数据与云计算技术。智能硬件已经从民用的可穿戴计算设备延伸到物联网的智能工业、智能农业、智能医疗、智能家居、智能交通等领域。

物联网智能设备的研究与应用，推动了智能硬件产业的发展；智能硬件产业的发展又将为物联网应用的快速拓展奠定坚实的基础。

5.2.2　智能硬件平台

智能硬件平台主要指搭载、集成一个或多个智能硬件以满足目前用户多样化需求的智能终端设备。其中，智能手机就是最典型的智能硬件平台。本节就以智能手机作为模板阐述智能硬件平台的概念。

智能手机可以被看作袖珍的计算机，它有处理器、存储器、输入/输出设备(键盘、显示屏、USB 接口、耳机接口、摄像头等)及 I/O 通道。智能手机硬件拆分图如图 5-3 所示。手机通过空中接口协议(例如 GSM、CDMA、PHS 等)和基站通信，既可以传输语音，也可以传输数据。

图 5-3　智能手机硬件拆分图

1. CPU

在 CPU 方面，主流智能手机主要有苹果的 A 系列、高通骁龙系列、联发科 mtk X 系列和 p 系列、麒麟 950、三星猎户座 8890 等。国内最近几年崛起的华为海思系列、小米澎湃系列，也都有着不错的表现。

1) 苹果 A 系列处理器

苹果系列的处理器算是手机 CPU 中的佼佼者，A 系列处理器以 A4 处理器开头，应用于 iPhone 4，这也是史蒂夫·乔布斯发布的最后一款手机的处理器。苹果推出 A4 处理器之后，又推出了 A5、A6、A7……一直到最近最新的仿生处理器 A14。

A14 处理器是业界第一个批量生产 5 nm 制程工艺的芯片，其晶体管的尺寸以原子为单位，拥有 118 亿个晶体管，每秒钟可运行 11 万亿次神经网络运算，比 7 nm 芯片性能提高了 40%，芯片的 CPU 性能提高了 40%，图形处理能力提高了 30%。

2) 高通骁龙系列处理器

高通骁龙是高通公司的产品。骁龙是业界领先的全合一、全系列智能移动平台，具有高性能、低功耗、智能化以及全面的连接性能表现。骁龙移动平台、调制解调器等解决方案采用了面向人工智能(AI)和沉浸体验的全新架构，致力于满足下一代移动计算所需的智能、功效、连接等性能。骁龙可以带来高速连接、更长续航、更智能的计算、更逼真的图像效果、更好的体验以及更全面的安全保护，满足智能手机、平板、AR/VR 终端、笔记本电脑、汽车以及可穿戴设备的需求。

高通公司率先把手机连接到互联网，开启了移动互联时代；高通公司率先推出全球首款支持5G的移动产品，宣告5G时代的真正到来。

2019年12月3日，在骁龙年度技术峰会首日，高通公司总裁安蒙(Cristiano Amon)与来自全球生态系统领军企业的嘉宾一同登台，宣布5G将在2020年扩展至主流层级，让全球更多消费者享受到5G数千兆比特的连接速度。

3) 华为麒麟系列处理器

华为麒麟芯片(HUAWEI Kirin)是华为公司于2019年9月6日在德国柏林和北京同时发布的一款新一代旗舰芯片。

海思麒麟990处理器使用台积电二代的7 nm工艺制造。虽然整体架构没有变化，但是由于工艺有所提升，加上光刻录机的使用，使得海思麒麟990处理器在整体性能表现上比上一代海思麒麟980提升了10%左右。其最大的亮点在于内置巴龙5000基带，也就是内置5G，可以实现真正的5G上网，在性能上领先高通骁龙845处理器。

2. 屏幕

目前，市面上的手机大多使用TFT-LCD或OLED屏幕。从2018年全球主要手机品牌出货量及屏幕技术可以看到OLED已经逐渐发展成为主流。

1) TFT-LCD

TFT-LCD(Thin Film Transistor Liquid Crystal Display，薄膜晶体管液晶显示器)是多数液晶显示器的一种，它使用薄膜晶体管技术改善影像品质。虽然TFT-LCD被统称为LCD，不过它是一种主动式矩阵LCD。

简单来说，TFT-LCD屏幕可视为两片玻璃基板中间夹着一层液晶，上层的玻璃基板是与彩色滤光片(Color Filter)贴合的，而下层的玻璃则有晶体管镶嵌于上。电流通过晶体管产生电场变化，造成液晶分子偏转，得以改变光线的偏极性，再利用偏光板决定像素(Pixel)的明暗状态。此外，上层玻璃因与彩色滤光片贴合，每个像素各包含红、蓝、绿三种颜色，这些发出红、蓝、绿色彩的像素便构成了屏幕上的图像画面。TFT-LCD的工作原理图如图5-4所示。

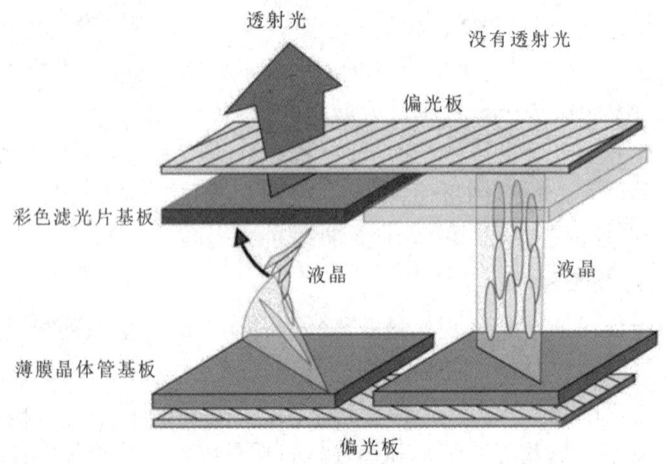

图5-4　TFT-LCD的工作原理图

2) OLED

OLED(Organic Light-Emitting Diode)又称为有机电激光显示或有机发光半导体(Organic Electroluminescence Display)。OLED 属于一种电流型的有机发光器件，是通过载流子的注入和复合而发光的，发光强度与注入的电流成正比。OLED 在电场的作用下，阳极产生的空穴和阴极产生的电子就会发生移动，分别向空穴传输层和电子传输层注入，迁移到发光层。当二者在发光层相遇时，产生能量激子，从而激发发光分子最终产生可见光。

3. 摄像头

1) CCD

在安全防范系统中，图像的生成主要是来自 CCD 相机。CCD (Charge Coupled Device，电荷耦合器件)能够将光线变为电荷并将电荷存储及转移，也可将存储的电荷取出使电压发生变化，因此是理想的 CCD 相机元件。由其构成的 CCD 相机因具有体积小、重量轻、不受磁场影响、抗震动和抗撞击的特性而被广泛应用。

2) CMOS

CMOS(Complementary Metal-Oxide-Semiconductor，互补金属氧化物半导体)的制造技术和一般计算机芯片的制造技术没什么差别。CMOS 是由电压控制的一种放大器件，主要利用硅和锗这两种元素制成，其上共存着带 N(带负电)和 P(带正电)的电子和空穴，其互补效应所产生的电流即可被处理芯片记录和解读成影像。

CMOS 价格比 CCD 便宜，但是 CMOS 器件产生的图像质量相比 CCD 来说要低一些。到目前为止，市面上绝大多数的消费级别以及高端数码相机都使用 CCD 作为感应器；CMOS 感应器则作为低端产品应用于一些摄像头上。

5.2.3 智能硬件的人机交互技术

1. 虚拟键盘

虚拟人机交互是很有发展前景的一种人机交互方式，而虚拟键盘(Virtual Keyboad，VK)技术很好地体现出虚拟交互技术的设计思想。

实际上，MIT 研究人员在研究“第六感”问题时已经提出了虚拟键盘的概念。在真实世界里，我们利用“看、听、触、嗅、尝”五种感觉收集有关周围环境与事物的信息，并对它作出反应。但是，很多帮助我们了解这个世界并对之作出反应的信息不是来自这些感觉，这些信息可以来自计算机与网络世界。MIT 研究人员一直在思考一个人如何更好地与周围环境融为一体，如何便捷地获得信息。因此，他们确定该项研究的目标是：像利用人类的视觉、听觉、触觉、嗅觉、味觉一样地利用计算机，以一种第六感的方式去获取信息。这个可穿戴计算机系统由软件控制的具有特殊功能的颜色标志物(Color Marker)、数字相机和投影仪组成，硬件设备通过无线网络互联。

这个系统可以在任何物体的表面形成一个交互式显示屏。研究人员做了很多非常有趣的实例。例如：他们制作了一个可以阅读 RFID 标签的表带，利用这种表带，可以获知使用者正在书店里翻阅什么书籍；他们还研究了一种利用红外线与超市的智能货架进行沟通的戒指，使用者利用这种戒指可以及时获知产品的相关信息；在另一幅画面中，使用的登机牌可以显示航班当前的飞行情况及登机口。还有一个实验是使用者利用四个手指上分别佩戴的红、蓝、绿和黄四种颜色特殊标志物发出命令，系统软件会识别四个手指手势表示的指令。如果使用者双手的拇指与食指分别戴上了四种颜色的特殊标志物，那么使用者用拇指和食指组成一个画框，相机就知道使用者打算拍摄照片的取景角度，并自动将拍好的照片保存在手机中，使用者回办公室后可以在墙壁上放映这些照片。如果使用者需要知道现在是什么时间，只要在自己的胳膊上画一个手表，软件就可以在使用者的胳膊上显示一个表盘，并显示现在的时间。如果使用者希望查阅电子邮件，那么只需要用手指在空中画一个@符号，就可以在任何物体的表面显示的屏幕中选择适当的按键，然后选择在手机上阅读电子邮件。如果使用者希望打电话，系统可以在使用者的手掌上显示一个手机按键，使用者无需从口袋中取出手机就能拨号。如果使用者在汽车里阅读报纸，也可以选择在报纸上放映与报纸相关的视频。当使用者面对墙上的地图时，可以在地图上用手指出想去的海滩的位置，系统便会“心领神会”地显示出使用者希望看到的海滩的场景，以便使用者决定是不是现在就去那里。

总之，这些应用功能好像都成为了人的“第六感”，可以极大地丰富人的感知能力、学习能力与工作能力，使人能够更方便地使用计算机，更好地与周围的环境融为一体。图5-5给出了虚拟键盘示意图。

图 5-5　虚拟键盘示意图

虚拟人机交互方法的出现引起了学术界与产业界的极大兴趣，也为物联网智能硬件人机交互研究开辟了一种新思路。

2. 虚拟现实与增强现实技术

2014 年 7 月，Facebook 宣布以 20 亿美元的价格收购虚拟现实头戴设备制造商 Oculus；2014 年 12 月，Oculus 公司又宣布收购了虚拟现实手势和 3D 技术公司 Nimble VR 和 13th Lab。这一系列的举措使得虚拟现实(Virtual Reality，VR)、增强现实(Augmented Reality，AR)技术再一次高调进入人们的视野，引发大量的风险投资者涌入虚拟现实与增强现实产业。

1) 虚拟现实的概念

虚拟现实又叫作“灵镜技术”。“虚拟”有假的、构造的内涵；“现实”则有真实的、存在的意义。要理解虚拟现实技术的内涵，需要注意以下两点：

(1) 一般意义上的“现实”是指自然和社会中任何真实的、确定的事物与环境；而虚拟现实中的“现实”具有不确定性，它可以是真实世界的反映，也可能在真实世界中根本不存在，是由技术手段“虚拟”的。虚拟现实中的“虚拟”是指由计算机技术生成的一个特殊的环境。

(2) “交互”是指人们在这个特殊的虚拟环境中，通过多种特殊的设备(如虚拟现实的头盔、数据手套、数字衣或智能眼镜等)，将自己“融入”到这个环境之中，并能够操作、控制环境或事物，达到人们的某些目的。

虚拟现实是指要从真实的社会环境中采集必要的数据，并利用计算机模拟产生一个三维空间的虚拟世界，模拟生成符合人们心智认识的、逼真的、新的虚拟环境，为使用者提供视觉、听觉等感官的模拟，从而让使用者如同身临其境一般，可以实时、不受限制地观察维度空间内的事物，并且能够虚拟地与虚拟世界的对象进行互动。图 5-6 给出了虚拟现实的各种应用。

图 5-6　虚拟现实的应用

事实上，虚拟现实技术的研究可以追溯到 20 世纪 60 年代。20 世纪 70 年代，虚拟现实技术已经应用于宇航员的培训之中。虚拟现实技术的研究涉及数字图像处理、计算机图形学、多媒体技术、计算机仿真、传感器技术、显示技术与并行计算技术，属于交叉学科研究的范畴。

2) 虚拟现实的特征

虚拟现实的特征主要表现在沉浸感、交互性和想象力三个方面。

(1) 沉浸感。沉浸感是指使用者借助交互设备和自身的感知能力，对虚拟环境的真实程度的认同感。除了一般计算机屏幕所具有的视觉感知之外，使用者还可以通过听觉、力觉、触觉、运动，甚至是味觉与嗅觉去感知虚拟环境。在虚拟现实系统中，视觉显示覆盖人眼的整个视场的立体图形；听觉可以模拟出自然声、碰撞声等立体声效果；触觉能够让使用者体验抓、握等操作的感觉，并根据力反馈，感觉到力的大小与方向；运动感知能够让使用者感到周边的环境在改变，自身处于运动状态。理想的虚拟现实系统会让使用者感觉到虚拟环境中一切都非常逼真，有种“身临其境”的感觉。

(2) 交互性。交互性是指使用者利用专用的输入/输出设备，通过语言、手势、姿态与动作来实时调整虚拟现实系统呈现的动态图像与声音，移动虚拟物体的位置，改变对象的颜色与形状，创建新的环境和对象的能力。

(3) 想象力。想象力是指虚拟现实系统的设计者试图为使用者发挥想象力和创造性提供的一种虚拟环境。在飞行训练系统中，飞行员可以像驾驶真的飞机一样去做各种训练；在骑车游戏系统中，使用者戴上头盔，骑在一辆自行车上，做各种骑车的动作，通过头盔就可以“看到”房屋、街道从自己的周围移动，“听到”汽车在自己的身边快速掠过。利用虚拟现实技术，可以为患有自闭症的儿童创造一个安全的虚拟教育环境，激发儿童学习的兴趣，达到治疗的效果；利用虚拟现实技术建立网上实体商店、网上试衣间的虚拟环境，可以提升购买者购买商品之前的用户体验，增加网上购物的成功率和愉悦感。

因此，虚拟现实系统的特征体现出的价值是：拓宽使用者对外部环境的视野，拓展对外部世界的感知能力，激发使用者改变周边环境、外部事物的创造激情与创造力。

3) 虚拟现实的分类

虚拟现实系统研究的目标是达到真实体验与自然的人机交互。因此，从沉浸感的程度、交互性方式以及体验范围的大小三个方面，可以将虚拟现实系统分为四大类：桌面虚拟现实系统、沉浸式虚拟现实系统、增强现实系统与分布式虚拟现实系统。

桌面虚拟现实系统是一种基于 PC 的小型模拟现实系统。它利用图形工作站与立体显示器生成虚拟场景(见图 5-7)，使用者通过位置跟踪器、数据手套、力反馈器、三维鼠标或其他手控输入设备实现对虚拟环境的操控和体验。

图 5-7　桌面虚拟现实应用的场景

沉浸式虚拟现实系统为参与者提供完全沉浸的体验，让参与者有一种置身于虚拟世界的感觉。图 5-8 给出了沉浸式虚拟现实应用的场景。

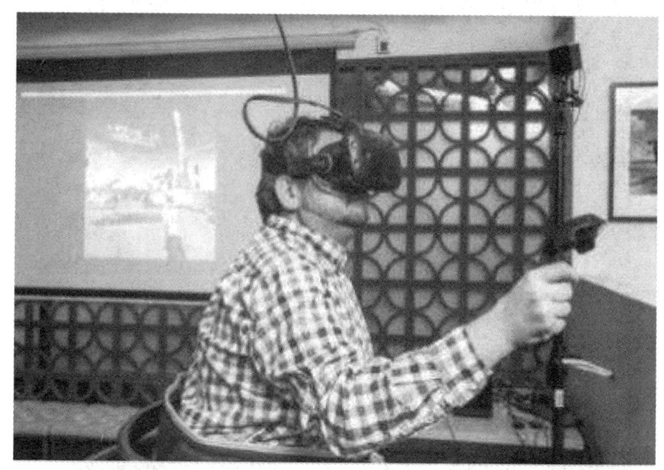

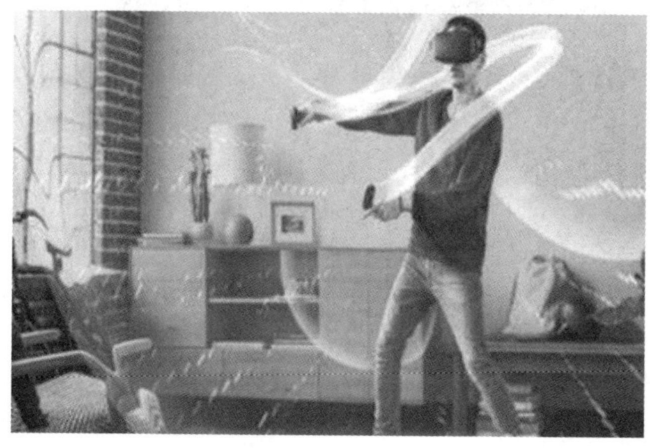

图 5-8　沉浸式虚拟现实应用的场景

沉浸式虚拟现实系统利用头盔将参与者的视觉、听觉封闭起来，产生虚拟感觉；利用数据手套将参与者的头部感觉通道封闭起来，产生虚拟的触觉感；利用语音识别器接收参与者的命令；用头部跟踪器、手部跟踪器、视觉跟踪器感知参与者的各种姿态与动作，使系统与人达到实时的协同。沉浸式虚拟现实系统又分为头盔显示系统与投影式系统。

大量的实际应用需求正在推动着分布式虚拟现实技术的发展。例如，在大规模军事训练中，需要处于不同地理位置的陆军、空军、导弹部队、空降兵、装甲部队、后勤部队的多兵种部队的协同作战。传统的实战训练耗资大、组织难度大、安全性差，并且无法针对不同的作战态势的变化开展多次的演练。因此催生了多个虚拟环境通过网络连接起来，共享同一个虚拟现实环境的需求。于是，一种基于网络、可让异地多人同时处于一个虚拟环境的分布式虚拟现实系统应运而生。分布式虚拟现实系统用于军事训练和演习时，不需要移动任何实际装备就能使参与演习的部队有身临其境之感，而且可以任意变化战场环境，对演习部队进行不同作战预案的多次训练。分布式虚拟现实系统的使用可以在节省经费、保证安全的前提下，提高部队训练水平。图 5-9 给出了分布式虚拟现实系统应用场景。

图 5-9　分布式虚拟现实系统应用场景

智能工业中产品的虚拟设计与制造、大型建筑的协同设计、智能医疗中的远程手术培训、智能家居、智能环保、远程教育与大型网络游戏，都会产生与大规模军事训练同样的需求，所以分布式虚拟现实系统已经成为当前虚拟现实系统研究的重要课题。

4) 增强现实技术

增强现实(Augmented Reality，AR)属于虚拟现实研究的范畴，同时也是在虚拟现实技术基础上发展起来的一个全新的研究方向。

增强现实技术可以实时地计算摄像机影像的位置、角度，将计算机产生的虚拟信息准确地叠加到真实世界中，使真实环境与虚拟对象结合起来，构成一种虚实结合的虚拟空间，让参与者看到一个叠加了虚拟物体的真实世界。这样不仅能够展示真实世界的信息，还能够显示虚拟世界的信息，两种信息相互叠加、相互补充，因此增强现实是介于现实环境与虚拟环境之间的混合环境(见图 5-10)。增强现实技术能够达到超越现实的感官体验，增加参与者对现实世界感知的效果。

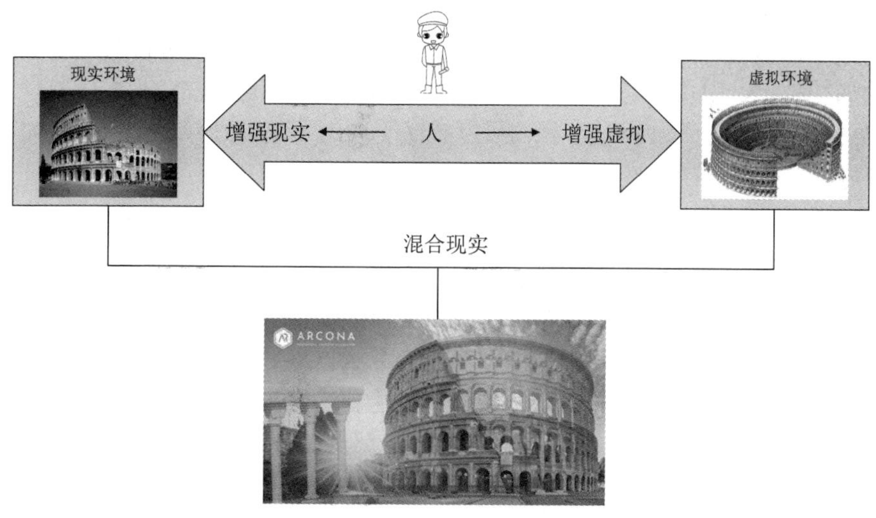

图 5-10　现实环境与虚拟环境的统一体

人们最初是通过美国的科幻电影见识到增强现实的效果的。1984 年的《终结者》与 1987 年的《机械战警》两部电影的主角是半机器人，他们的视觉系统就是在实景中叠加了很多注解与图形，以强调他们具有比人类更强的观察现实世界的能力。而“增强现实”这个术语是由波音公司的研究人员在 1990 年首先提出的。波音公司的研究人员开发了头戴式显示系统，组装复杂设备中电路板的工程师可以使用头戴式显示系统“看到”叠加在电路板上的数字化增强现实图解，从而组装和整理这块电路板上复杂的导线束。这样做的效果是简化了复杂电路板安装的工序，提高了效率，关键是减少了差错。20 世纪 90 年代，应用于工业与军事的增强现实技术由于要用到昂贵和笨重的头盔系统，因此离民用差距较远。1994 年，第一个增强现实的艺术作品“Dancing in Cyberspace”问世，为增强现实技术的应用另辟蹊径。在这部作品中，舞者与投影到舞台上的虚拟内容互动，产生了很强的艺术效果。

目前，增强现实技术已经广泛应用于各行各业。例如：根据特定的应用场景，利用增强现实技术可以在汽车、飞机的仪表盘上增加虚拟的内容；可以使用在线、基于浏览器的增强现实应用，为网站的访问者提供有趣的和交互的亲身体验，增加网站访问的趣味性；通过增强现实的方法，在手术现场直播的画面上增加场外教授的讲解与虚拟的教学资料，提高医学的教学效果。在智能医疗领域应用中，医生可以利用增强现实技术对手术部位进行精确定位。在古迹复原和数字文化遗产保护应用中，游客可以在博物馆或考古现场“看到”古迹的文字解说，可以在遗址上对古迹进行“修复”。在转播体育比赛时，可以实时地将辅助信息叠加到画面中，使观众得到更多的比赛信息。

在娱乐、游戏应用时，可以让位于全球不同地点的玩家共同进入一个虚拟的自然场景之中，以虚拟替身的形式进行网络对战，让玩家的感受更真实、更刺激。在社交网络应用中，可以将社交软件、3D 透视融合到一起以增强现实。只要把摄像头指向某场景，它就能找出对应的社交软件接口，我们很快就知道附近有一位好朋友、某个餐馆可以“Check in”、前面有一家新的餐馆开张或有打折信息等。在公司产品广告中，可以使用智能手机对准我们感兴趣的产品，通过视频短片、互动体验与欣赏图片来进一步了解产品的性能。在开车和骑自行车的过程中，我们可以从增强现实头盔中看到路线图，了解前方道路是否畅通，以及加油站和餐厅的位置。

在移动通信应用中，利用增强现实和人脸跟踪技术，在通话的同时可以在通话者的面部实时叠加如帽子、眼镜等虚拟物体，从而提高视频对话的趣味性，也可以将谈话内容由声音转化为文字。在开发游戏时，我们可以扮演不同的角色，直观地修改和观察游戏软件的效果。

习　　题

1. 嵌入式系统是什么？它与传统的计算机有什么区别？
2. 请简述嵌入式系统的结构以及每层结构的主要功能。
3. 嵌入式操作系统是嵌入式系统的重要组成部分，请列举几个常见的嵌入式操作系统。
4. 请简要说明智能手机所搭载的智能硬件及其主要特点。
5. 请简述虚拟现实的分类及其特点。

第6章　定位技术与位置服务

6.1　定位技术概述

位置信息是各种物联网应用系统能够实现服务功能的基础，它涵盖了空间、时间与对象三要素。通过定位技术获取位置信息是物联网应用系统研究的一个重要问题。

6.1.1　定位技术分类与性能

实现导航与定位的技术手段很多，按照用户使用时相对依存关系和按照其工作原理或主要应用，可以分为下述类别。

1. 按照用户使用时相对依从关系分类

(1) 自备式(自主式)导航系统。这类导航系统仅依靠装载运行体上的导航设备，就能独立自主地为该运行体提供导航服务。

(2) 他备式(非自主式)导航系统。这类导航系统必须与运行体以外且安装位置已知的导航设备相配合，才能实现对该运行体的导航。这些居于运行体之外的、配合实现导航功能的设备通常称为该导航系统的导航台站，而装在运行体上的导航设备通常称为该导航系统的用户设备或载体设备。可见，非自主式导航系统是由导航台站和用户设备共同组成的，用户设备必须依赖于导航台站。

2. 按照工作原理或主要应用分类

(1) 地磁导航。利用地球磁场或磁敏器件实现的导航称为地磁导航。地磁导航的优点是无源、无辐射、全天候、全地域、低能耗。

地磁导航的原理是：通过地磁传感器测得的实时地磁数据与存储在计算机中的地磁基准图进行匹配来定位。由于地磁场为矢量场，因此在近地空间任意一点的地磁矢量都是不同的，且地磁矢量与该点的经纬度是一一对应的。

(2) 声呐导航。利用声波或超声波实现的导航称为声呐导航。电磁波在水中传播能量消耗很快，而声波在水中传播几乎不损失能量，因此可以采用声波在水中引导载体的航行。

声呐导航原理是：事先在海域摆放换能器或者换能器阵，换能器发出的脉冲被一个或者多个设置在母船上的声学传感器接收，然后经过处理并按照预定的数学模型进行计算，就可以得到声源的位置，以此实现声学导航。

(3) 惯性导航。利用牛顿力学中的惯性原理实现的导航称为惯性导航。惯性导航的优点是依靠自身测量的加速度推算位置，不需要接收外界信息，隐蔽性好；缺点是位置由加速度二次积分而得，误差随时间积累，对元件精度要求高，相应的成本也高。

惯性导航的基本原理是：根据牛顿提出的相对惯性空间的力学定律，利用陀螺仪、加速度计等惯性元件感受运行体在运动过程中的加速度，然后通过计算机进行积分运算得出运行体的位置和速度等参数。由于放在平台上的加速度计测量加速度时，陀螺仪用来保持平台的方向，因此加速度计和陀螺仪是该系统的核心。

(4) 光学导航。光学导航包括观测空中星体的天文导航，以及利用激光和红外的导航。天文导航是通过观测星体相对于地球的位置参数(如仰角)以及观测时间，确定观测者在地球上的位置，从而进行定位和引导运行体。激光导航的基本原理与激光测距相同，通过测量激光从发出到接收的时间，计算出自身与前方障碍物的距离，只不过激光测距测量一次即可，而激光导航则需要进行更多点位的测距，以此标定运行体的位置。

(5) 无线电导航。依据电磁波的传播特性，利用无线电技术实现的导航称为无线电导航。电磁波传播有三个基本特性：电磁波在均匀介质中直线传播；电磁波在自由空间的传播速度是恒定的；电磁波遇到障碍物或不连续介质的界面会发生反射。

无线电导航主要就是利用上述三个特性，通过无线电波的发射、处理和接收，测量出运行体相对于导航台的方向、距离、距离差、速度等导航参量。

6.1.2　定位技术与物联网

导航与定位系统的基本任务就是以某种手段或方式，引导运行体安全、准确、便捷、经济地在规定时间内按一定的路线到达目的地。在导航过程中，系统要实时、连续地给出运行体的位置、速度、加速度、航向等参数。

早在远古时代，人类就利用星历来导航。后来，英国发明了航海表，综合利用星历知识、指南针、航海表等进行导航。随着科技的发展，导航定位技术也逐渐成熟，出现了惯性导航、无线电导航等。导航定位广泛应用于海、空、天等高科技武器和各种应用平台中。

现在，物联网时代正在开启，各种定位技术的应用场景和市场需求正处于快速发展与探索的阶段。工业制造、仓储物流、健康管理、智慧交通、无人驾驶等的位置需求和位置服务无处不在，定位技术已经是物联网不可或缺的重要技术。

6.2　定 位 技 术

6.2.1　卫星导航系统定位技术

随着 1957 年苏联第一颗人造地球卫星的发射和 20 世纪 60 年代空间技术的发展，各种卫星相继升空，人们很自然地想到如果能从卫星上发射无线电信号，组成一个卫星导航定位系统，就能比较好地解决定位精度与作用距离之间的矛盾。于是出现了卫星导航定位系统。

卫星导航系统的基本原理是先测量出已知位置的卫星到用户接收机之间的距离，然后综合多颗卫星的数据就可知道接收机的具体位置。要达到这一目的，卫星的位置可以根据星载时钟所记录的时间在卫星星历中查出。用户到卫星的距离则通过记录卫星信号传播到用户所经历的时间，再将其乘以光速得到(由于大气层中电离层的干扰，这一距离并不是用户与卫星之间的真实距离，而是伪距(Pseudorange，PR))：当卫星正常工作时，会不断地用1和0二进制码元组成的伪随机码(简称伪码)发射导航电文。

1. 子午仪卫星导航系统(Transit)

Transit是美国的导航定位卫星系统，又称海军卫星导航系统(GNSS)。这是全球首个卫星导航系统，1964年研制成功并投入使用，1996年退出历史舞台。

Transit系统由6颗卫星组成，部署在6个轨道面，卫星运行于距地面1100 km的圆形极轨道。为了消除电离层产生的误差，在150 MHz和400 MHz两个频率播发导航信号，定位精度为50 m。由于卫星轨道面与地球子午面平行，因此该系统被命名为子午仪。Transit系统运行工作时间长达32年，后为GPS系统取代。

2. 全球定位系统(GPS)

GPS是20世纪70年代由美国研制的新一代空间卫星导航定位系统。1994年3月，全球覆盖率高达98%的24颗GPS卫星星座布设完成。GPS能连续地为用户提供三维位置、三维速度和时间信息，定位精度优于10 m，测速精度优于0.1 m/s，计时精度优于10 ns。GPS是目前全球使用最多的卫星导航定位系统。

GPS系统使用的伪码一共有两种，分别是民用的C/A码和军用的P(Y)码。C/A码频率为1.023 MHz，重复周期为1 μs，码间距为1 μs，相当于300 m；P码频率为10.23 MHz，重复周期为266.4天，码间距为0.1 μs，相当于30 m；而Y码是在P码的基础上形成的，保密性能更佳。导航电文包括卫星星历、工作状况、时钟改正、电离层时延修正、大气折射修正等信息。它是从卫星信号中解调制出来，以50 b/s调制在载频上发射的。导航电文每个主帧中包含5个子帧，每帧长6 s。前3帧各10个字码；每30 s重复一次，每小时更新一次；后两帧共15 000 b。导航电文中的内容主要有遥测码，转换码，第1、2、3数据块，其中最重要的为星历数据。当用户收到导航电文时，提取出卫星时间并将其与自己的时钟作对比便可得知卫星与用户的距离，再利用导航电文中的卫星星历数据推算出卫星发射电文时所处位置，用户在WGS-84大地坐标系中的位置速度等信息便可得知。

GPS的发展可以分为以下几个阶段：

(1) 方案论证阶段。

1973年12月，美国国防部批准研制GPS。1978年2月22日，第1颗GPS试验卫星发射成功。从1973年到1979年，共发射了4颗试验卫星，研制了地面接收机及建立地面跟踪网。

(2) 全面研制和试验阶段。

从1979年到1987年，又陆续发射了7颗试验卫星，研制了各种用途的接收机。实验表明，GPS定位精度远远超过设计标准。

(3) 实用组网阶段。

1989年2月14日，第1颗GPS工作卫星发射成功。1991年，在海湾战争中GPS首次大规模用于实战。1993年年底，实用的GPS网即(21 + 3)GPS星座建成。1995年7月17日，GPS达到完全运行能力。

(4) GPS 现代化。

1999 年 1 月 25 日，美国宣布斥资 40 亿美元进行 GPS 现代化。GPS 现代化的实质是要加强 GPS 对美军现代化战争的支撑和保持全球民用导航领域的领导地位。

3. 格洛纳斯卫星导航系统(GLONASS)

GLONASS 最早由苏联开发，后由俄罗斯继续该计划。GLONASS 于 2007 年开始运营，当时只开放俄罗斯境内卫星定位及导航服务，2009 年其服务范围拓展到全球，作用类似于美国的 GPS。

4. 伽利略卫星导航系统(GALILEO)

GALILEO 是由欧盟研制和建立的全球卫星导航定位系统，1999 年 2 月由欧洲委员会公布，并由欧洲委员会和欧空局共同负责。GALILEO 由于经济上的因素再推迟，截至 2016 年 12 月，已经发射了 18 颗工作卫星，具备了早期操作能力(EOC)，并计划在 2019 年具备完全操作能力(FOC)，全部 30 颗卫星(调整为 24 颗工作卫星，6 颗备份卫星)计划于 2020 年发射完毕。

2016 年 12 月 15 日 GALILEO 投入使用，向全球提供定位精度在 1 至 2 m 的免费服务和 1 m 以内的付费服务。GALILEO 的基本服务是导航、定位、授时，还具备特殊服务如搜索与救援(SAR)功能。当前，GALILEO 系统已开始为飞机导航和着陆系统、铁路安全运行调度、海上运输系统、陆地车队运输调度、精准农业等应用领域提供服务。

5. 我国北斗卫星导航系统(BDS)

北斗卫星导航系统(BeiDou Navigation Satellite System，BDS)是我国自行研制的全球卫星导航系统(见图 6-1)。中国北斗、美国 GPS、俄罗斯 GLONASS、欧盟 GALILEO 是联合国卫星导航委员会已认定的供应商。

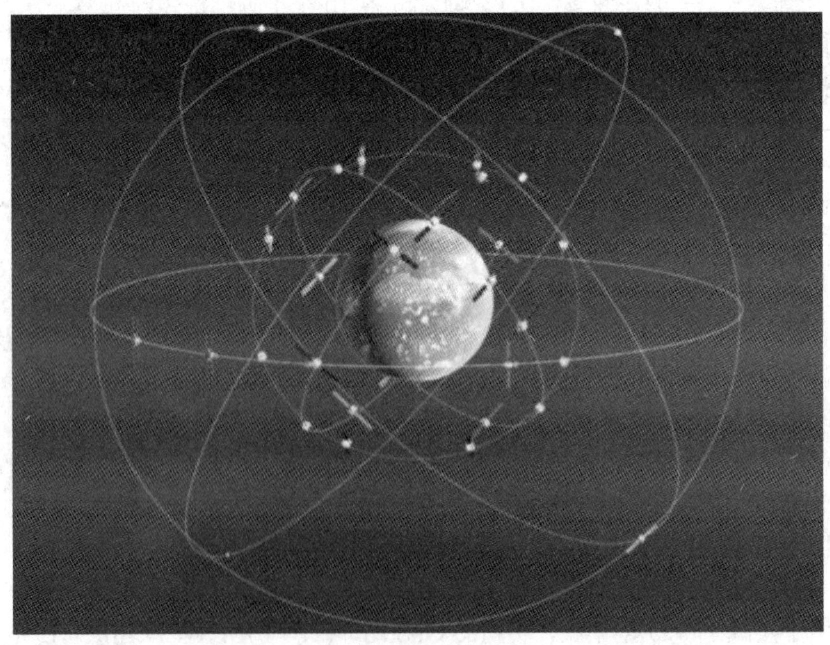

图 6-1　北斗卫星系统

2000 年，我国首先建成北斗导航试验系统，成为继美、俄之后的世界上第三个拥有自主卫星导航系统的国家。2012 年 12 月 27 日，北斗导航业务正式对亚太地区提供无源定位、导航、授时服务。2014 年 11 月 23 日，国际海事组织审议通过了对北斗卫星导航系统认可的航行安全通函，这标志着北斗卫星导航系统正式成为全球无线电导航系统的组成部分，取得面向海事应用的国际合法地位。2017 年 11 月 5 日，我国第三代导航卫星顺利升空，它标志着我国正式开始建造“北斗”全球卫星导航系统。2020 年 7 月 31 日上午，北斗三号全球卫星导航系统正式开通。全球范围内已经有 137 个国家与北斗卫星导航系统签订了合作协议。随着全球组网的成功，北斗卫星导航系统未来的国际应用空间将会不断扩展。

北斗卫星导航系统由空间段、地面段和用户段三部分组成，现阶段由 55 颗卫星提供服务。系统可在全球范围内全天候、全天时为各类用户提供高精度、高可靠定位、导航、授时和短报文通信服务，在服务区域内可提供 1～2 米、分米级和厘米级实时高精度导航，测速精度 0.2 m/s，授时精度 10 ns。

北斗系统的军用功能与 GPS 类似。例如：运动目标的定位导航；为缩短反应时间的武器载具发射位置的快速定位；人员搜救、水上排雷的定位等。北斗系统的军事功能可主动进行各级部队的定位。也就是说，除了可供各级部队自身定位导航外，高层指挥部也可随时通过北斗系统掌握部队位置，并传递相关命令。

北斗系统的民用功能包括个人位置服务、气象应用、道路交通管理、铁路智能交通、海运和水运、航空运输、应急救援、放牧指导等。

6.2.2　移动通信定位技术

移动通信定位技术是指通过移动运营商的网络获取移动终端用户的位置信息(经纬度坐标)，并在电子地图平台的支持下为用户提供相应服务的一种增值业务。利用移动通信基站进行定位是近年来移动通信应用发展的新方向，也是第三代移动通信研究的一个重要方向。随着移动通信技术的发展，人们在全球范围内建立了大量的通信基站，利用通信基站作为无线定位基站成为移动通信网络提供 LBS 业务的新途径，从而使移动通信终端也具备了定位功能，并进一步降低了移动定位的成本，增强了移动通信功能的实用性。

6.2.3　基于蓝牙的定位技术

蓝牙技术通过测量信号强度进行定位。在室内安装适当的蓝牙局域网接入点，把网络配置成基于多用户的基础网络连接模式，并保证蓝牙局域网接入点始终是这个微微网(Piconet)的主设备，就可以通过测量信号强度对新加入的盲节点进行三角定位，从而获得用户的位置信息。理论上，对于持有集成了蓝牙功能的移动终端设备的用户，只要设备的蓝牙功能开启，蓝牙室内定位系统就能够对其进行位置判断。

蓝牙室内定位技术的最大优点是设备体积小，易于集成在掌上计算机、PC 以及手机中，因此很容易推广。蓝牙技术主要应用于小范围定位，如单层大厅、商店和仓库，最高可以达到亚米级(10 cm)的定位精度。

6.2.4　基于 RFID 的定位技术

典型的射频识别(RFID)室内定位系统通过对参考标签和待定位标签的信号强度(RSSI)进行分析计算，得出待定位标签的位置坐标。例如，LANDMARC 算法的定位精度为 1 m。

LANDMARC 算法有几方面的缺陷：第一，系统定位精度由参考标签的位置决定，参考标签的位置会影响定位；第二，系统为了提高定位精度需要增加参考标签的密度，然而密度较高的位置会影响定位；第三，因为要通过公式计算得到参考标签和待定位标签的距离，所以计算量较大。

6.2.5　基于 Wi-Fi 的定位技术

无线局域网(WLAN)可以实现定位、监测和追踪任务。WLAN 定位也称为 Wi-Fi 定位，其中网络节点自身定位是大多数应用的基础和前提。

Wi-Fi 定位技术有两种：一种是通过移动设备和三个无线网络接入点的无线信号强度，采用差分算法，比较精确地对运行体进行三角定位；另一种是事先记录巨量的确定位置点的信号强度，通过用新加入的设备的信号强度对比拥有巨量数据的数据库来确定位置，该方法称为“指纹”定位。

WLAN 定位的精确度在米级(1～10 m)，它比移动蜂窝网络的三角测量定位方法更精确。Wi-Fi 接入点通常都只能覆盖半径为 90 m 左右的区域，而且很容易受到其他信号的干扰，从而影响其定位的精确度。

6.2.6　超宽带定位技术

超宽带(Ultra Wide Band，UWB)定位技术与传统通信定位技术有极大差异。UWB 利用事先布置好的已知位置的锚节点和桥节点，与新加入的盲节点进行通信，并利用三角定位或者“指纹”定位方式来确定位置。Ubisense 是一种 UWB 定位技术，它采用 TDOA 和 AOA 定位算法对标签位置进行分析，并且多径分辨能力强、精度高，定位精度可达亚米级。UWB 与传统的窄带系相比，具有穿透能力强、功耗低、抗多径效果好、安全性高、系统复杂度低、能提供精确定位等优点，可以应用于室内静止或者移动物体以及人的定位跟踪与导航。

6.2.7　混合定位技术

辅助 GPS 定位(Assisted GPS，AGPS)是一种混合定位技术，是 GPS 定位技术与蜂窝网络的结合，图 6-2 是其原理图。移动运营商采用基于 AGPS 定位技术的位置服务后，终端用户可以方便快捷地获知自己或他人当前所处的位置，该技术特别适用于车辆跟踪与导航系统。AGPS 具有较高的定位精度，目前正在被越来越广泛地使用。

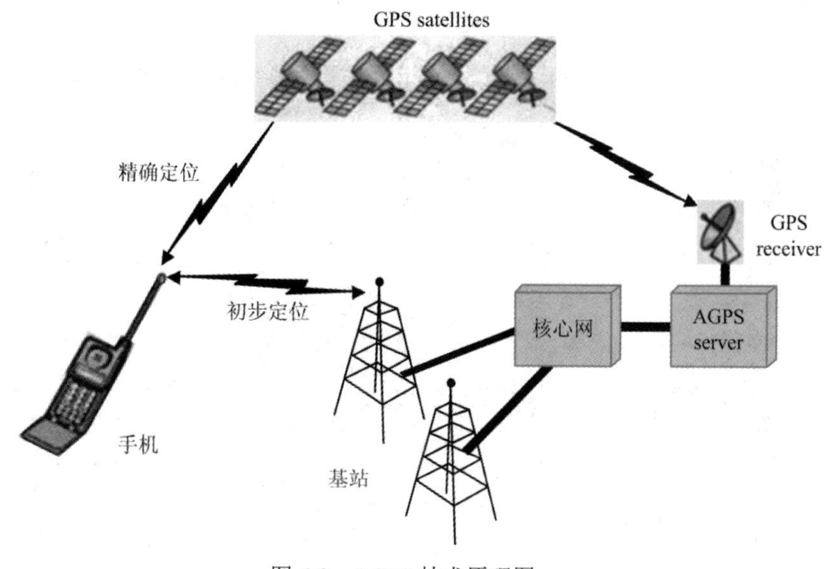

图 6-2　AGPS 技术原理图

6.3　位置服务

6.3.1　位置服务概述

位置服务又称基于位置的服务(Location Based Services，LBS)，是指无线定位、GIS、Internet、无线通信、数据库等相关技术交叉融合的一种基于空间位置的信息服务。它是通过获取用户的位置信息为用户提供包括交通引导、地点查询、位置查询、车辆跟踪、商务网点查询、紧急呼叫等众多服务的技术基础。

近年来，移动通信和移动地理信息技术的飞速发展为地理空间信息的应用带来了新的机遇，从而使 LBS 的应用越来越广泛，基于位置的各类服务已经走进了每个人的生活。

6.3.2　地理信息系统

地理信息系统(Geographic Information System，GIS)是用于输入、存储、查询、分析和显示地理数据的计算机系统。它结合了地理学、地图学以及遥感和计算机科学，已经广泛地应用在不同的领域。图 6-3 是地理信息系统的各种数字地图模式。其中，DLG 为数字线划地图，DOM 为数字正射影像，DEM 为数字高程模型，DRG 为数字删格地图。

随着 GIS 的发展，GIS 也被称为"地理信息科学(Geographic Information Science)"，近年来，还被称为"地理信息服务(Geographic Information Service)"。GIS 是一种基于计算机的工具，它可以对空间信息进行分析和处理(简而言之，是对地球上存在的现象和发生的事件进行成图和分析)。GIS 技术把地图这种独特的视觉化效果和地理分析功能与一般的数据库操作(如查询、统计分析等)集成在一起。

图 6-3　各种数字地图模式

GIS 及技术的应用非常广泛，如物体定位、气象预测、灾害预报、城市规划、土地利用管理、环境评价与管理、水土保持、生态研究、人口统计研究等。国外许多机构都在 GIS 及地理数据库上投入大量资金。在我国，气象部门、测绘部门、地震及地球物理研究部门、物流等都广泛采用了 GIS 技术。随着计算机硬件价格的迅速下降，GIS 技术正不断深入愈来愈多的部门中。在农业方面，为适应可持续发展的需要，许多农业科学工作者已着眼于运用 GIS 技术进行精致农业的研究。

1. GIS 的组成

GIS 包括以下五部分：

(1) 人员。人员是 GIS 中最重要的组成部分。开发人员必须定义 GIS 中被执行的各种任务，开发处理程序。熟练的操作人员通常可以克服 GIS 软件功能的不足，但是相反的情况就不成立。最好的软件也无法弥补操作人员对 GIS 的一无所知所带来的负面影响。

(2) 数据。精确的、可用的数据可以影响到查询和分析的结果。

(3) 硬件。硬件的性能影响到软件对数据的处理速度、使用是否方便及可能的输出方式。

(4) 软件。软件不仅包含 GIS 软件，还包括各种数据库，绘图、统计、影像处理及其他程序。

(5) 过程。GIS 要求用明确的定义、一致的方法来生成正确的、可验证的结果。

2. GIS 的功能

就 GIS 本身来说，其一般具备下列五种类型的基本功能：

(1) 数据采集与输入。数据采集与输入是指在数据处理系统中将系统外部的原始数据传输给系统内部，并将这些数据从外部格式转换为系统便于处理的内部格式。对于多种形式、多种来源的信息可实现多种方式的数据输入，主要有图形数据输入(如管网图的输入)、栅格数据输入(如遥感图像的输入)、测量数据输入(如全球定位系统 GPS 数据的输入)和属性数据输入(如数字和文字的输入)。

(2) 数据编辑与更新。数据编辑主要包括图形编辑和属性编辑。图形编辑主要包括拓扑关系建立、图形编辑、图幅拼接、图形变换、投影变换、误差校正等功能。属性编辑主要与数据库管理结合在一起完成。数据更新即以新的数据项或记录来替换数据文件或数据库中相对应的数据项或记录。由于空间实体都处于发展的时间序列中，人们获取的数据只反映某一瞬时或一定时间内的特征，随着时间的推进，数据会随之改变，数据更新可以满足动态分析的需要，也可以对自然现象的发生和发展作出合乎规律的预测和预报。

(3) 制图。GIS 要能将地面上的实体图形数据和描述它的属性数据输出到数据库中，并能编制用户所需要的各种图件。因为大多数用户目前最关心的是制图。从测绘角度来看，GIS 是一个功能极强的数字化制图系统，然而计算机制图需要涉及计算机的外围设备，各种绘图仪的接口软件和绘图指令不尽相同，所以 GIS 中计算机绘图的功能软件并不简单，如 ARC/INFO 的制图软件包具有上百条命令，它需要设置绘图仪的种类、绘图比例尺，确定绘图原点和绘图大小等。此外，一个功能强的制图软件包还具有地图综合、分色排版的功能。

根据 GIS 的数据结构及绘图仪的类型，用户可获得矢量地图或栅格地图。地理信息系统不仅可以为用户输出全要素地图，而且可以根据用户需要分层输出各种专题地图，如行政区划图、土壤利用图、道路交通图、等高线图等；还可以通过空间分析得到一些特殊的地学分析用图，如坡度图、坡向图、剖面图等。

(4) 空间数据库管理。地理对象通过数据采集与编辑后，形成庞大的地理数据集，对此需要利用数据库管理系统来进行管理，同时又要采用一些特殊的技术和方法，以管理常规数据库没法解决的空间数据问题。

(5) 空间查询与分析。通过空间查询与空间分析得出决策结论，是 GIS 的出发点和归宿，因此空间查询与分析是 GIS 的核心，是 GIS 最重要的和最具有魅力的功能，也是 GIS 有别于其他信息系统的本质特征。它主要包括数据操作运算、数据查询检索与数据综合分析。数据查询检索即从数据文件、数据库或存储设备中查找和选取所需要的数据，是为了满足各种可能的查询条件而进行的系统内部数据操作(如数据格式转换、矢量数据叠合、栅格数据叠加等操作)以及按定模式关系进行的各种数据运算(如算术运算、关系运算、逻辑运算、函数运算等)。数据综合分析可以提高系统评价、管理和决策的能力，主要包括信息量测属性分析、统计分析、二维模型分析、三维模型分析及多种要素综合分析等。

6.3.3　高精度地图

地图的精度越高、信息越丰富，位置信息、服务系统就越容易进行感知、定位与决策。高精度地图的精确主要体现在以下两个方面：

(1) 绝对精度高。

普通导航电子地图一般绝对精度在 5～10 m，只要起到辅助驾驶员的作用就足够了，但对于无人车来说，精度就是生命线，两个车道间的距离也不过几十厘米。因此，目前行业普遍认为高精度地图的精度需要控制在 20～50 cm 左右，才能保证不会因地图精度误差发生侧面碰撞。

(2) 路面属性要素更丰富和更细致。

在传统地图中，道路经常被抽象成宽度无差别的线，然而高精度地图不仅要有准确的定位坐标，还需要采集包括车道边界、交通标牌、护栏、路灯杆、龙门架在内的 100 多种路面属性要素，甚至每一条路路边石的材质和宽窄都要精确记录在地图中。当无人车上路时，高精度地图的每一个属性都关乎自动驾驶的安全：哪些路段周边有防护栏，哪些障碍物的材质偏软且安全系数较高，都是行驶中甚至极端场景中作出判断的重要依据。

习　　题

1. 请将定位技术按照不同的原理进行分类并说明。
2. 为什么说定位技术与物联网的关系越来越紧密？请你谈谈两者之间的关系。
3. 请列举几种不同的定位技术。
4. 请简述什么是 GPS 定位技术，并描述其发展过程。

第三篇

网络互联层

第 7 章　物联网接入技术

7.1　有线接入技术

目前，有线接入技术仍占据主导地位。各种无线接入技术最终都要通过有线方式接入互联网主干网中。有线接入又分为以太网接入(Ethernet)、光纤接入(Fiber)、电力线接入(Power Line Communication，PLC)、光纤同轴电缆混合接入(Hybrid Fiber-Coax，HFC)、非对称数字用户线接入(Asymmetric Digital Subscriber Line，ADSL)等技术。

7.1.1　以太网接入

以太网是典型的计算机局域网，把计算机连接到 ISP(互联网服务提供商)的以太网中，也就是接入了互联网。

以太网标准是由 IEEE 802.3 制定的，其体系结构分为两层：物理层和媒介访问控制(MAC)层。物理层规定以太网的接口和速率：以太网的接口为 RJ-45，由 4 对双绞线构成；最初的以太网速率是 10 Mb/s，之后以 10 倍增加，分别称为快速以太网(100 Mb/s)、千兆以太网(1 Gb/s，1GE)、万兆以太网(10 Gb/s，10 GE)和 100GE(100 Gb/s)。MAC 层规定了以太网的媒介访问控制方法(即 CSMA/CD)和 MAC 帧的格式。目前，以太网基本上使用交换机组网，构成星形拓扑结构的交换式局域网，再通过 ISP 的交换机或路由器接入互联网中，如图 7-1 所示。

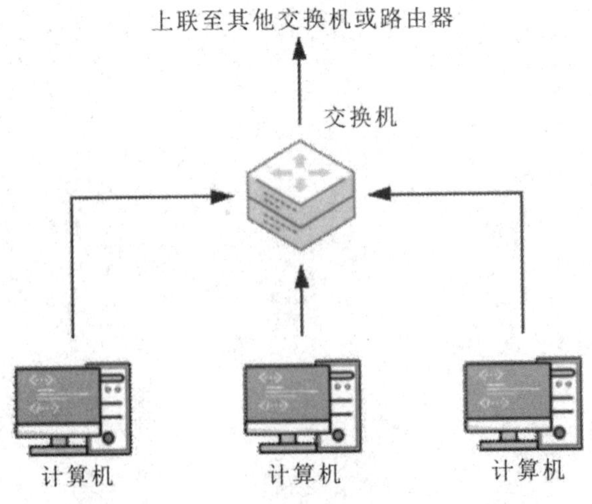

图 7-1　以太网的组网方式

交换式以太网采用点到点的全双工通信方式，没有共享媒介问题，也就无需任何媒介访问控制方法。

交换机的类型主要有直通式和存储转发式两种。直通式交换机收到 MAC 帧时，检查 MAC 帧中的目的 MAC 地址，并查询端口地址映射表，如果与某计算机的 MAC 地址相符，就将帧转发到相应端口，不作其他处理。存储转发式交换机增加了一个高速缓冲存储器，在收到帧后先将帧放到高速缓冲器中缓存，进行错误校验，然后把正确的帧转发到相应的端口。

7.1.2　光纤接入

1. 光纤接入网的特点

光纤接入技术就是把从电信局交换机到用户设备之间的铜线换成光纤。光纤接入技术与其他接入技术相比，最大的优势在于可用带宽大。此外，光纤接入网还有传输质量好、传输距离长、抗干扰能力强、网络可靠性高、节约管道资源等特点。

2. 光纤接入网的基本构成

光纤接入网是指用光纤作为主要传输介质，实现接入网的信息传送功能。由于交换机和用户接收的都是电信号，因此要进行光/电和电/光转换才能实现中间光纤线路的光信号传输。在交换机一侧的局端，实现光/电转换的设备叫作 OLT(光线路终端)，靠近用户侧的光/电转换设备叫作 ONU(光网络单元)，如图 7-2 所示。

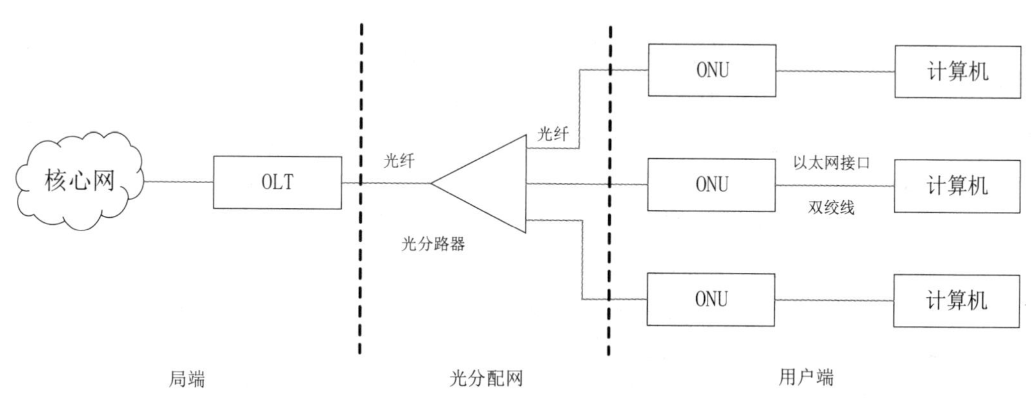

图 7-2　FTTH 接入的网络结构

根据 ONU 与用户的距离，光纤接入网可分为多种类型，统称为 FTTx，其中 x 代表 R/B/C/Z/H 等，例如 FTTR(光纤到远端)、FTTB(光纤到大楼)、FTTC(光纤到路边)、FTTZ(光纤到小区)和 FTTH(光纤到户)。

3. 光纤接入分类

光纤接入可分为两大类：有源光网络(AON)和无源光网络(PON)。它们主要的区别在于前者采用电复用器分路，后者采用光分路器。

1) 有源光网络(AON)

光纤接入网可以是有源光网络(AON)。AON 的局端和用户端之间部署了有源光纤传输设备(光电转换设备、有源光电器件以及光纤等)，ONU 收到的信号是经过有源设备转换后的信号。AON 技术已经十分成熟，但是其部署成本要比 PON 高。

2) 无源光网络(PON)

光纤接入网可以是无源光网络(PON)。PON 网络结构中没有有源元件。在 PON 中，光配线网(ODN)中的光分路器的工作方式是无源的，光分路器根据光的发送方向，将进来的光信号分路并分配到多条光纤上，或组合到一条光纤上。PON 并不是所有设备都在不需要外接馈电的条件下工作，有一部分还是需要在有源方式下外接电源才能正常工作，主要完成业务的收集、接口适配、复用和传输功能。

7.1.3 电力线接入

电力线接入(PLC)就是使用普通电线通过电网连接到互联网，数据传输速率在 2～200 Mb/s。电力线接入的最大优势是哪里有电，哪里就能上网。使用电力线接入时，用户端需要配置 PLC 调制解调器，ISP 需要配置局端设备。通信时，来自用户的数据进入调制解调器后，调制解调器利用 GMSK(高斯滤波最小频移键控)或 OFDM 调制技术对用户数据进行调制，频带范围为 4.5～21.5 MHz 调制后的信号在电力线上进行传输。在接收端，局端设备先通过滤波器将调制信号滤出，再经过解调，最后得到用户数据。

7.1.4 光纤同轴电缆混合接入

光纤同轴电缆混合接入(HFC)技术用光纤取代有线电视网络中干线同轴电缆，光纤接到居民小区的光纤节点之后，小区内部接入用户家庭仍然使用同轴电缆，形成了光纤与同轴电缆混合使用的传输网络。在保证正常电视节目播放与交互式视频点播的同时，为家庭用户计算机接入互联网提供服务。HFC 技术是一种集频分复用和时分复用、模拟传输和数字传输、光纤和同轴电缆技术、射频调制和解调技术于一身的接入网技术。

HFC 接入网的同轴电缆带宽高达 1 GHz。其中，频段分配如下：

- 5～65 MHz 频段为上行数据信道，采用 16QAM 调制和 TDMA 等技术，上行速率一般在 200 kb/s～2 Mb/s，最高可达 10 Mb/s；
- 87～550 MHz 频段为模拟电视信道，采用残留边带调制技术提供普通广播电视业务；
- 550～860 MHz 频段为下行数据信道，采用 64QAM 调制和 TDMA 等技术提供下行数据通信业务(如数字电视和视频点播(VOD))，下行速率一般在 3～10 Mb/s，最高可达 36 Mb/s；
- 860 MHz 以上频段保留给个人通信。

HFC 接入网可以分成前端、传输线路和用户端三部分。HFC 接入网以有线电视台的前端设备为中心，呈星形或树形分布；由光分配网络(ODN)和同轴电缆构成传输线路；用户端的计算机通过电缆调制解调器传输数据。

在物联网智能家居的应用中，用户的计算机、普通电视机、智能家电等电器通过家庭网关连接在一起，再利用 EOC(在同轴电缆上传输以太网帧)技术就可以把家庭网络中的各种设备接入互联网中。HFC 结构如图 7-3 所示。

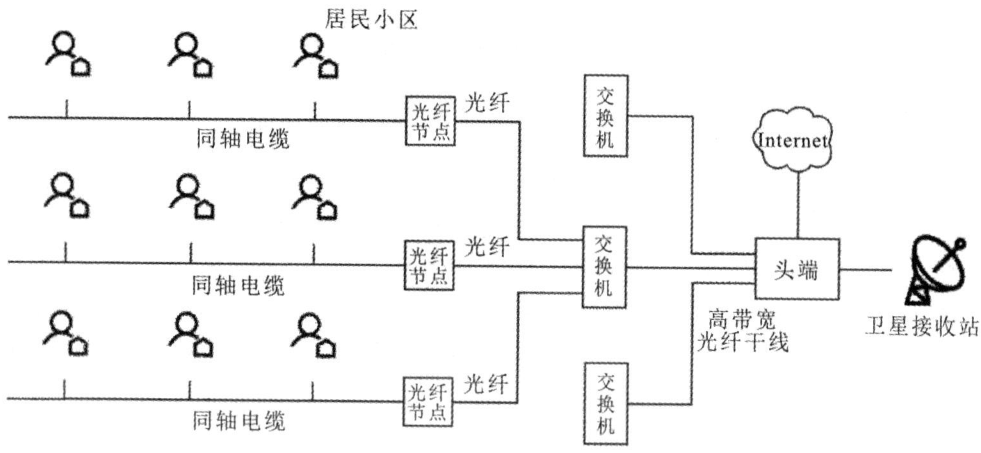

图 7-3　HFC 结构

7.1.5　非对称数字用户线接入

非对称数字用户线(ADSL)是使用铜线接入技术的 xDSL 中的一种。ADSL 使用普通电话线接入互联网，能够做到上网和打电话同时进行，互不干扰。ADSL 使用 FDMA(频分多路复用)技术把 1.1MHz 容量的普通电话线的频谱分成三个不同频段：电话信道、上行数据信道和下行数据信道。

ADSL 系统的具体设备有 ADSL 调制解调器、分离器、DSLAM(DSL 接入复用器)。ADSL 调制解调器放置在用户端，利用 QAM、CAP 或 DMT 等调制技术传输来自计算机的数字信号。DSLAM 放置在局端，用于复用多个用户的数据信号，并利用以太网或 ATM 网络接入互联网。分离器用于分开话音信道和数据信道，每个用户端和局端各放置一个。

G.992.1 标准规定 ADSL 下行速率至少为 6 Mb/s，上行速率至少为 640 kb/s；ADSL2+的最高下行速率可达到 25 Mb/s。传输距离为 1.5 km 时，下行速率为 20 Mb/s，上行速率为 800 kb/s；传输距离为 5 km 时，下行速率为 384 kb/s。ADSL 接入网结构如图 7-4 所示。

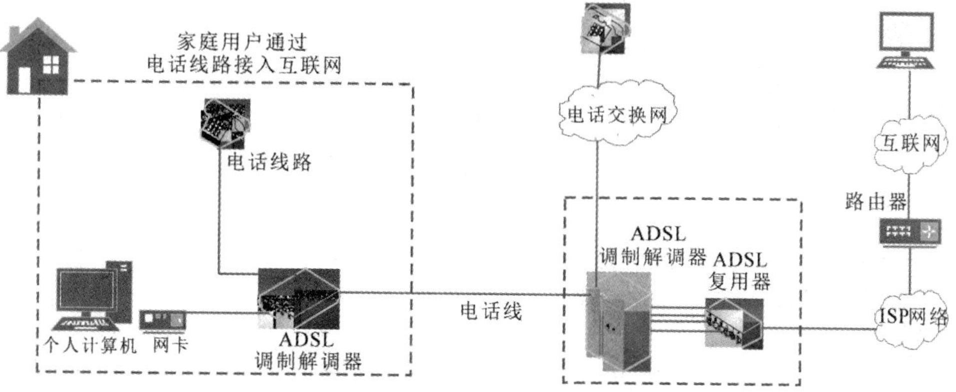

图 7-4　ADSL 接入网结构

7.2 无线接入技术

互联网是物联网中网络构建层的基础，但是仅有互联网是不够的。互联网好比高速公路，可以满足主干城市之间的快速大容量交通运输；若想实现“门到门”的便利通行，还需要省道、县道、城市道路的辅助。在网络技术中，实现“最后一千米互联互通”任务的是各种类型的无线接入技术，包括广为人知的 Wi-Fi、蓝牙(Bluetooth)、ZigBee、超宽带通信技术以及前沿 LR-WPAN 和 6LoPAN 技术、NFC 技术、窄带物联网(Narrow Band Internet of Things，NB-IoT)等。物联网设备在计算、通信、能耗以及尺寸等方面的多样性催生出适用于不同设备、不同场景的无线接入技术。

7.2.1 Wi-Fi 接入技术

无线保真(Wireless Fidelity，Wi-Fi，读音 waifai)是一种认证商标，用于 Wi-Fi 联盟认证的无线局域网(WLAN)产品。Wi-Fi 联盟是一个非营利性的全球行业协会，由世界上技术领先的数百家公司组成。从 2000 年开始，Wi-Fi 联盟为使用 Wi-Fi 技术的设备提供产品认证。

1. IEEE 802.11 协议简史

Wi-Fi 被提出的目的是改善基于 IEEE 802.11 标准的无线网络产品的互通性，但我们不去计较与纠正这一点。Wi-Fi 的核心技术包括 IEEE 802.11a、802.11b、802.11g、802.11n 等。IEEE 在 1997 年发布了最原始的 IEEE 802.11 标准，定义了无线局域网的物理层和媒介访问控制(MAC)层。该标准工作在频率为 2.4 GHz 的 ISM 频段，速率为 2 Mb/s。

如表 7-1 所示，IEEE 802.11 协议族中不同协议的差异主要体现在使用频段、最大带宽、调制模式等物理层技术。IEEE 802.11 协议中典型的使用频段有两个：2.4～2.485 GHz 公共频段和 5.1～5.8 GHz 高频频段。由于 2.4～2.485 GHz 是公共频段，而微波炉、无绳电话和无线传感器网络也使用这个频段，因此信号噪声和干扰可能会稍大。5.1～5.8 GHz 高频频段的传输主要受制于视线传输和多径传播效应，一般用于室内环境中，其覆盖范围要稍小。不同的调制模式决定了不同的传输带宽，在噪声较高或无线连接较弱的环境中可减小每个信号区间内的传输速率来保证无误传输。

表 7-1　IEEE 802.11 协议对比

IEEE 802.11 协议	发布时间	使用频段/GHz	最大带宽/(Mb/s)	调制模式
IEEE 802.11—1997	1997.6	2.4～2.485	2	DSSS
IEEE 802.11a	1999.9	5.1～5.8	54	OFDM
IEEE 802.11b	1999.9	2.4～2.485	11	DSSS
IEEE 802.11g	2003.6	2.4～2.485	54	DSSS 或 OFDM
IEEE 802.11n	2009.10	2.4～2.485 或 5.1～5.8	100	OFDM
IEEE 802.11ac	2014.1	5.1～5.8	866.7	OFDM

(1) 1997 年 6 月发布的 IEEE 802.11—1997 协议采用直接序列扩频(Direct Sequence Spread Spectrum，DSSS)技术，使用 2.4～2.485 GHz 频段，可支持的传输带宽为 1 Mb/s 和 2 Mb/s。

(2) 1999 年 9 月，IEEE 802.11a 和 IEEE 802.11b 协议同时发布。IEEE 802.1la 协议采用正交频分多路复用(Orthogonal Frequency Division Multiplexing，OFDM)技术，使用 5.1～5.8 GHz 相对较高的频段，带宽可达到 54 Mb/s。由于 802.11a 使用高频频段，其室内覆盖范围相对较小。IEEE 802.11b 协议采用高速直接序列扩频(High Rate-DSSS)技术，使用 2.4～2.485 GHz 频段，带宽可达到 11 Mb/s。从 IEEE 802.11a 和 IEEE 802.11b 协议的特点可见，两者是互不兼容的。

(3) 2003 年 6 月发布的 IEEE 802.11g 协议采用了和 IEEE 802.1la 相同的 OFDM 技术，保持了其 54 Mb/s 的最大传输带宽。同时 802.11g 使用和 802.11b 相同的 2.4～2.485 GHz 频段，并且兼容 IEEE 802.11b 的设备，但兼容 802.11b 设备会降低 802.11g 网络的传输带宽。

(4) 2009 年 10 月发布的 IEEE 802.11n 协议除了采用 OFDM 技术之外，还采用多天线多输入多输出技术，其带宽可达到 100 Mb/s。同时，IEE 802.11n 可选择使用 2.4～2.485 GHz 和 5.1～5.8 GHz 两个频段之一。

(5) 2014 年 1 月发布的 IEEE 802.11ac 协议支持多用户的多天线多输入多输出技术，相较 IEEE 802.11n，能够提供更宽的射频带宽(160 MHz)，以及更高密度的调制(256QAM)，是 IEEE 802.1n 的继任者。

此外，IEEE 802.11ad 工作在 57～66 GHz 频段，从 802.15.3c 演变而来，标准尚在讨论中。802.11ad 草案显示其将支持近 7 Gb 的带宽。由于载波特性的限制，这一标准将主要满足个域网对于超高带宽的需求。最有可能出现的应用将是无线高清音视频信号的近距离传输。

IEEE 802.11ax 是一个 802.11 无线局域网(WLAN)通信标准，它通过 5G 频段进行传输，是 802.11ac 的后续升级版。802.11ax 标准的首要目标之一是将独立网络客户端的无线速度提升 4 倍。国内厂商华为透露，802.11ax 标准在 5 GHz 频段上可以带来高达 10.53 Gb/s 的 Wi-Fi 连接速度，将能够提升多用户环境下(如公共场所热点)的 Wi-Fi 性能，而这主要是通过提升频谱效率、更好地管理串扰、增强底层协议(如介质访问控制数据通信)来实现的。新的标准应该会让公共 Wi-Fi 热点变得更加快速和稳定。

尽管在物理层使用的技术有很大差异，但这一系列 IEEE 802.11 协议的上层架构和链路访问协议是相同的。例如，MAC 层都使用载波侦听多路访问/冲突避免(Carrier Sense Multiple Access/Collision Avoidance，CSMA/CA)技术，数据链路层数据帧结构相同，且它们都支持无需任何网络设备的分布式 Ad Hoc 网络(自组网络)和中心制的接入点(Access Point，AP)网络两种组网模式。

2. Ad Hoc 组网模式

Ad Hoc 网络是一种点对点的对等式移动网络。它没有有线基础设施的支持，网络中的节点均由移动主机构成，如图 7-5 所示。计算机只需配备无线网卡就能自动组成 Ad Hoc 网络。目前，笔记本电脑上的无线网卡已能同时支持 802.11a/b/g/n 四种标准。在 Windows 操作系统下，双击“网络邻居”图标，就可以查看联网的计算机，通过共享文件实现各计算机之间的数据交换。

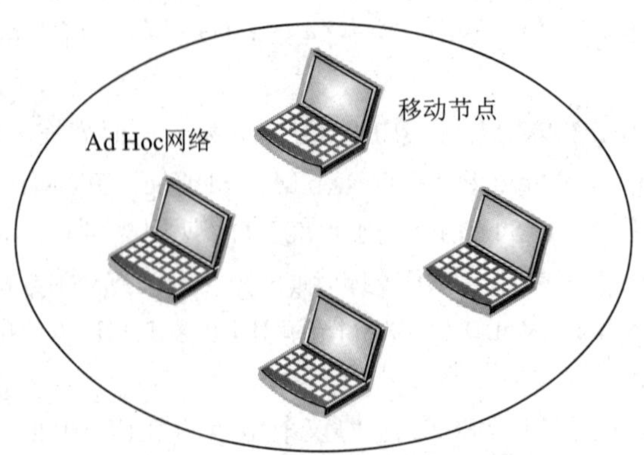

图 7-5　Wi-Fi 的 Ad Hoc 组网模式

无线局域网的最小构成模块是基本服务集(Basic Service Set，BSS)，由一组使用相同 MAC 协议和共享媒介的站点组成。一个独立的仅由工作站点构成的基本服务集称作独立基本服务集(Independent BSS，IBSS)，由它构成一个 Ad Hoc 网络。在 IBSS 中，工作站点之间直接相连实现资源共享，不需要接入点连接到外部网络。

3. AP 组网模式

AP 组网模式也称为基础设施模式，是一种集中控制式网络。AP 即所谓的“热点”。如果一个基本服务集由一个分布式系统(Distribution System，DS)通过无线接入点 AP 其他的基本服务集(BSS)互联在一起，就构成了扩展服务集(Extended Service Set，ESS)，如图 7-6 所示。

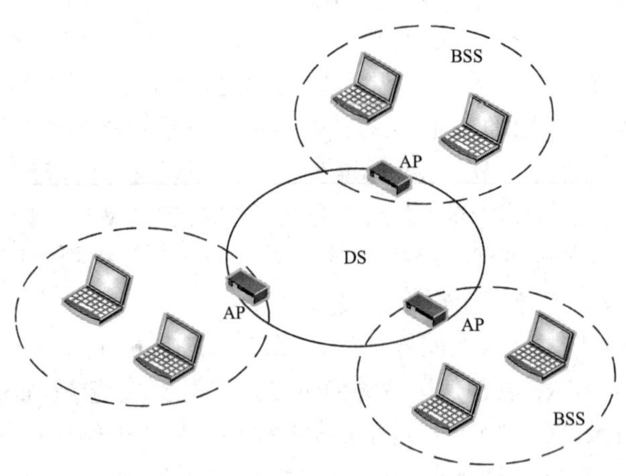

图 7-6　扩展服务集(ESS)

无线接入点 AP 可看作一个无线的集线器或路由器，它提供无线站点与有线或无线的主干网络的连接，以便站点对主干网进行访问。分布式系统可以是一个交换式的以太网，提供多个 BSS 之间的互联。基础网络结构使用无线 AP 作为中心站，所有无线客户端对网络的访问均由无线 AP 控制。目前，AP 分为两类：单纯型 AP 和扩展型 AP。单纯型 AP 相当于一个交换机，只提供物理局域网连接，没有路由和防火墙功能；扩展型 AP 就是一个无线路由器。AP 设备通常既有无线接口，可以与无线站点建立无线连接，又有有线接口，可以通过有线的以太网接口或 ADSL 调制解调器等连接到互联网，如图 7-7 所示。

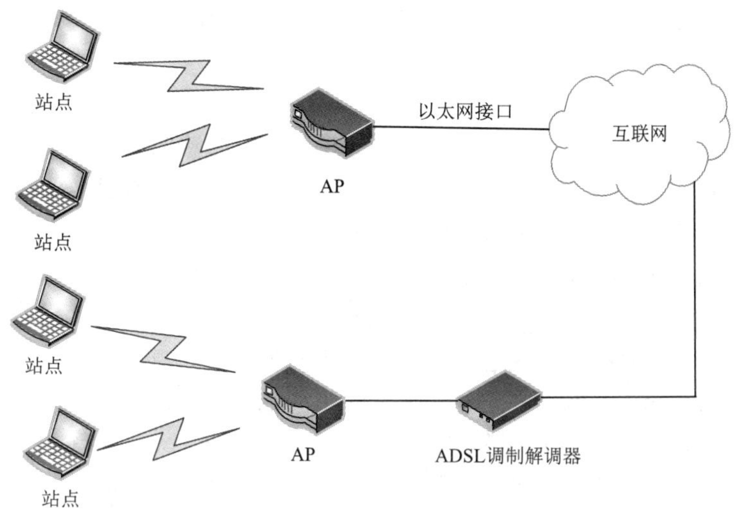

图 7-7　无线局域网的接入方式

7.2.2　蓝牙技术

1. 蓝牙简介

蓝牙是一种短距离的无线通信技术，已经应用在生活的各个方面，如家庭娱乐、车内系统、移动电子商务等。蓝牙技术产品如蓝牙耳机、蓝牙手机等也随处可见。对于物联网，蓝牙也是一项实用的接入技术。

蓝牙是基于数据包，有着主从架构的协议。根据蓝牙设备在网络中的角色，可分为主设备(Master)与从设备(Slave)。主设备是组网连接主动发起连接请求的蓝牙设备，而连接响应方则为从设备。一个主设备至多可和同一微微网中的 7 个从设备通信。所有设备共享主设备的时钟。

蓝牙的工作频段为 2.4～2.4835 GHz，是全球统一开放的工业、科学和医学频段(ISH)，距离为 10～100 m，速率一般为 1 Mb/s。截至 2014 年年底，蓝牙共有 8 个版本：V1.1、V1.2、V2.0、V2.1、V3.0、V4.0、V4.1 和 V4.2。

蓝牙 V4.0 规范包括经典蓝牙、高速蓝牙和蓝牙低功耗协议。高速蓝牙基于 Wi-Fi，经典蓝牙则包括旧有的蓝牙协议。蓝牙 V4.0 是 V3.0 的升级版本，它较 V3.0 更省电、更低成本、更低时延(3 ms)、更长的有效连接距离，同时加入了 AES-128 位加密机制。

蓝牙 4.1 版本是对蓝牙 4.0 版本的软件更新：当蓝牙信号与 LTE 无线电信号之间同时传输数据时，蓝牙 V4.1 可以采用自动协调机制减少其他信号对蓝牙 4.1 的干扰；减少了设备之间重新连接的时间，即当用户离开并再次回到蓝牙信号范围内的时间较短时，设备将自动连接；提高了传输效率，能够及时实现多部可穿戴设备之间的信息传递；为开发人员增加了更多的灵活性，能够支持同时连接多部设备。

蓝牙 V4.2 改善了数据传输速度和隐私保护程度，支持灵活的互联网连接选项(IPv6/6 LoWPAN 或 Bluetooth Smart 网关)，从而使互联更加快速、高效。

2. 蓝牙组网技术

蓝牙系统采用灵活的组网方式，其网络拓扑结构也有多种形式，如微微网(Piconet)、散射网(Scatternet)。

1) 微微网结构

微微网是通过蓝牙技术，以特定方式连接起来的微型网络。一个微微网可以是两台相连的设备，也可以是 8 台相连的设备。在一个微微网中，所有设备的级别都是相同的，并有相同权限。采用自组网方式(Ad Hoc)，微微网由一个主设备单元(发起链接的设备)和最多 7 个从设备(Slave)单元构成，其结构如图 7-8(a)所示。主设备单元负责提供时钟同步信号和跳频序列，从设备单元一般是受控同步的设备单元，接受主设备单元的控制。蓝牙微微网最简单的应用就是蓝牙手机与蓝牙耳机，在手机与耳机间组建一个简单的微微网，手机作为主设备，耳机充当从设备。在两个蓝牙手机间也可以直接应用蓝牙功能，进行无线数据传输。办公室的 PC 可以是一个主设备单元，无线键盘、无线鼠标和无线打印机可以充当从设备单元的角色。当蓝牙技术组建时，若组网的无线终端设备都不超过 7 台，则组建一个微微网。

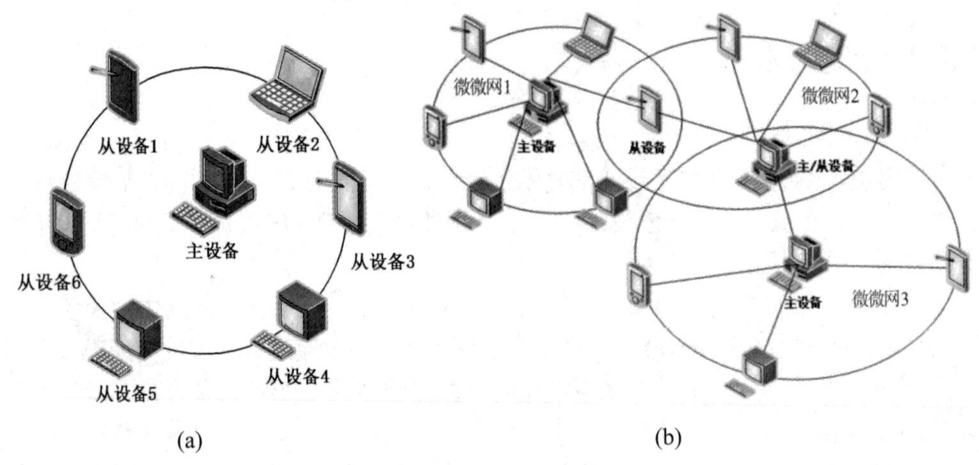

图 7-8　蓝牙微微网结构和散射网结构

微微网有 PC 对 PC 组网和 PC 对蓝牙接入点组网两种组网模式。

在 PC 对 PC 组网模式中，一台 PC 通过有线网络接入互联网中，利用蓝牙适配器充当互联网共享代理服务器；另一台 PC 通过蓝牙适配器与代理服务器组建蓝牙无线网络，充当一个客户端，从而达到无线连接、共享上网的目的。

在 PC 对蓝牙接入点的组网模式中，蓝牙接入点即蓝牙网关，通过与调制解调器等宽带接入设备相连，接入互联网。蓝牙网关能够为蓝牙设备创建一个到本地网络的高速无线连接的通信链路，使之能够访问本地网络及互联网。蓝牙网关通过与以太网交换机、ADSL 调制解调器等宽带接入设备相连，接入互联网。蓝牙网关的主要作用是完成蓝牙网络与互联网的信息交互以及蓝牙设备 IP 网络参数配置。在这种组网模式中，多个带有蓝牙适配器的终端设备与蓝牙网关相连接，从而组建一个无线网络，实现所有终端设备的共享上网；终端设备可以是 PC、笔记本电脑、PDA 等，但它们都必须带有蓝牙无线功能，且不能超过 7 台。蓝牙微微网结构如图 7-8(a)所示。这种组网模式适用于公司企业组建无线办公系统，具有良好的便捷性和实用性。

2) 散射网结构

散射网由多个独立的、非同步的微微网组成，以特定的方式连接在一起。图 7-8(b)所示为 3 个蓝牙微微网构成的蓝牙散射网。一个微微网中的主设备单元同时也可以作为另一个微微网中的从设备单元，作为两个或两个以上微微网成员的蓝牙单元就成了网桥(Bridge)节点。网桥最多只能作为一个微微网的主设备，但可以作为多个微微网的从设备。蓝牙独特的组网方式赋予了它无线接入的强大生命力，同时可有 7 个移动蓝牙用户通过一个网络节点与互联网相连。它靠跳频顺序识别每个微微网，同一微微网所有用户都与这个跳频顺序同步。蓝牙散射网是自组网(Ad Hoc Networks)的一种特例。其最大特点是可以无基站支持，每个移动终端的地位是平等的，并可独立进行分组转发的决策；其建网灵活性、多跳性、拓扑结构动态变化、分布式控制等特点是构建蓝牙散射网的基础。

7.2.3 ZigBee 技术

1. ZigBee 的起源

ZigBee 这名称来源于蜜蜂的八字舞。蜜蜂(Bee)靠舞蹈动作(Zig)向同伴传递花粉的方位信息，也就是说，蜜蜂依靠这样的方式构成了群体中的通信网络。借助于蜜蜂的通信方式，人们用 ZigBee 来称呼这种近距离、低功耗、低复杂度、低速率的无线通信技术。

长期以来，低价格、低传输速率、短距离、低功率的无线通信市场一直存在着。在这个无线通信市场中，首先出现的是蓝牙技术，人们发现蓝牙技术尽管有许多优点，但对自动化控制和遥测遥控领域而言，该技术显得太复杂，并且有功耗大、距离近、组网规模小等弊端。与蓝牙相比，ZigBee 是一种新的短距离无线技术。

2. ZigBee 的技术特点

ZigBee 是一种无线连接，可工作在 2.4 GHz(全球流行)、868 MHz(欧洲流行)和 915 MHz (美国流行)三个频段上，分别具有最高 250 kb/s、20 kb/s 和 40 kb/s 的传输速率。它的传输距离在 10～180 m 的范围内(室内一般不超过 60 m，室外一般不超过 180 m)。作为一种无线通信技术，ZigBee 具有如下特点：

(1) 低功耗：ZigBee 主要通过降低传输的数据量、降低收发信机的忙闲比、降低帧开销、实行严格的功率管理机制(如关机及睡眠模式)等方式降低设备功耗。在相同电池条件下，ZigBee 可支持 1 个节点工作 6～24 个月，而蓝牙只能工作几周，Wi-Fi 只能工作几小时。

(2) 低成本：通过大幅简化协议，降低了设备的成本。而且，ZigBee 还免除了协议专利费。

(3) 低速率：ZigBee 工作在 20～250 kb/s 的较低速率，在 2.4 GHz、915 MHz 和 868 MHz 分别提供 250 kb/s、40 kb/s 和 20 kb/s 的原始数据吞吐率，能满足低速率传输数据的应用需求。

(4) 有效范围大：ZigBee 相邻节点间的传输距离一般介于 10～180 m。如果通过路由和节点间通信的接力，传输距离将可以更远。

(5) 短时延：ZigBee 的响应速度较快，一般从睡眠转入工作状态只需 15 ms，节点连接进入网络只需 30 ms；而蓝牙的响应需要 3～10 s，Wi-Fi 的响应需要 3 s。

(6) 高容量：ZigBee 可采用多种网络结构。一个主节点最多可管理 254 个子节点，主节点还可由上一层网络节点管理，最多可组成 65 000 个节点的大网。

(7) 高安全：ZigBee 提供了三级安全模式，包括安全设定、 使用接入控制清单防止非法获取数据、采用高级加密标准(AES 128)的对称密码，以便灵活确定其安全属性。

3. ZigBee 的网络特点

1) 网络拓扑结构

ZigBee 支持三种拓扑结构：星形、网状形和簇树形结构。其中，全功能设备(FFD)通常有三种状态(主协调器、协调器、终端设备)，具有路由器的功能；精简功能设备(RFD)是终端，只能与 FFD 通信；网络由一个网络协调器(Coordinator) 控制。在星形拓扑结构中，节点只能与 Coordinator 节点进行通信，两个节点之间的通信必须通过 Coordinator 转发。网状形拓扑结构具有灵活的信息路由，路由节点之间可以直接通信，而且当一个路由路径出现问题时，信息可以自动沿着其他的路由传输。在簇树形拓扑结构中，Coordinator 连接一系列的 FFD 和 RFD，子节点的 FFD 也可以连接一系列的 FFD 和 RFD，这样可以重复多个层级。

2) 网络特点

ZigBee 是一种高可靠、低功耗的无线数据传输网络。在可靠性方面，ZigBee 在物理层采用了扩频技术，在介质访问控制层(MAC)有应答重传功能；在低功耗方面，节点休眠时间占总运行时间的大部分，节点只需很少的能量。

ZigBee 采用自组织网络。ZigBee 在网络模块的通信范围内，通过彼此自动寻找，很快就可以形成一个互联互通的 ZigBee 网络。由于成员的移动，ZigBee 彼此间的联络还会发生变化，因此 ZigBee 网络模块可以通过重新寻找通信对象对原有网络进行刷新。

ZigBee 是一个由节点组成的无线数据传输网络平台。每一个 ZigBee 节点类似一个移动通信网络的基站，整个 ZigBee 网络还可以与其他网络连接。与移动通信网络不同的是，ZigBee 网络主要是为传感和控制而建立的自组织网络，ZigBee 节点可以作为监控点，还可以自动中转数据，此外也有不承担网络信息中转任务的孤立子节点。

4. ZigBee 的协议栈

无线传感网作为物联网的一个典型的应用，近几年受到了广泛关注。IEEE 802.15.4/ZigBee 通信协议由于其低功耗、低复杂度、自组织网特性，成为最早无线传感网领域的无线通信协议，也是该领域最为著名的无线通信协议。由于传感网和物联网具有一些相似性，无线传感网也能为物联网的通信协议设计提供一些启发。

同互联网的协议架构类似，我们将从协议栈的角度来介绍 IEEE 802.15.4/ZigBee 协议。如图 7-9 所示，IEEE 802.15.4/ZigBee 采用开放系统互联(Open System Interconnect，OSI)四层模型，包括物理层、链路层、网络层以及应用层。IEEE 802.15.4 标准制定了物理层和链路层的规范，即物理层包括射频收发器和底层控制模块，链路层中的介质访问控制层(Medium Access Control，MAC)为高层提供了访问物理信道的服务接口。ZigBee 则提供网络层和应用层规范。

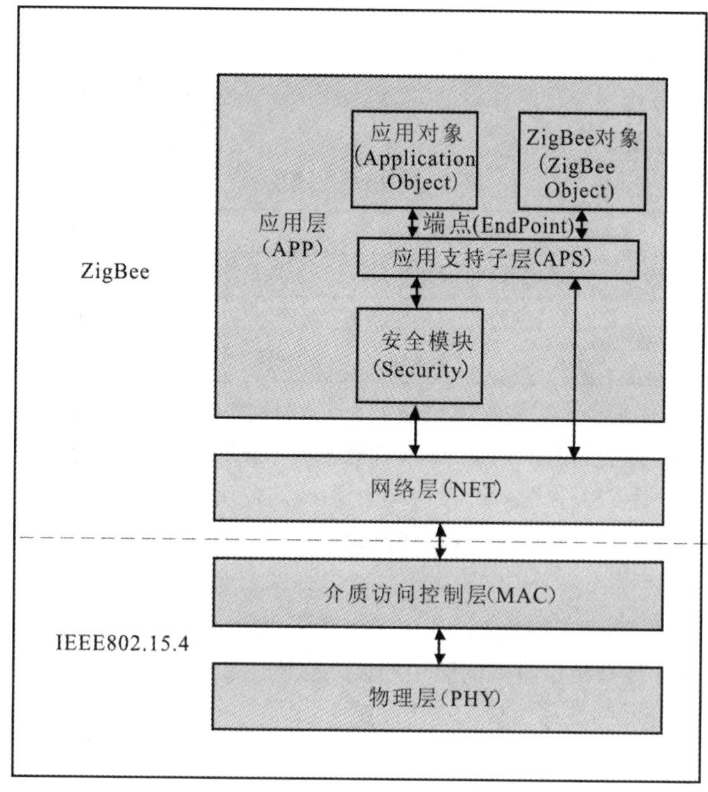

图 7-9　IEEE802.15.4/ZigBee 体系结构

1) *物理层*

物理层主要负责电磁发器的管理、频道选择、能量和信号侦听及利用等。物理层也规定了可以使用的频段范围，到2006年为止，IEEE 802.15.4 协议主要使用了三个频段：868.0～868.6 MHz(欧洲采用，单信道)，902～928 MHz(北美采用，10 信道，支持扩展到 30 信道)，2.4～2.4835 GHz(世界范围内通用，16 信道)。后来根据各个地区的不同需求和应用背景，也有一些新的可用频段加入。协议所采用的频段都是国际电信联盟电信标准分局(ITU Telecommunication Standardization Sector，ITU-T)定义的工业、科学和医疗(Industrial，Scientific and Medical，ISM)频段，被各种无线通信系统广泛使用。在传输技术上，802.15.4 物理层最早采用直序扩频(Direct Sequence Spread Spectrum，DSSS)，后来发展到使用多种技术，如调频、调相等。IEEE802.15.4 因为采用直序扩频技术，具有一定的抗干扰效果，同时在其他条件相同的情况下传输距离要大于跳频技术。在发射功率为 0 dBm 的情况下，Bluetooth 通常能有 10 m 作用范围；而基于 IEEE 802.15.4 的 ZigBee 在室内通常能达到 30～50 m 通信距离，在室外如果障碍物较少，甚至可以达到 100 m 通信距离。

物理层(PHY)的功能主要有：① 激活和休眠射频收发器；② 信道能量检测(Energy Detect)；③ 接收数据包的链路质量指示(Link Quality Indication，LQI)；④ 空闲信道评估(Clear Channel Assessment，CCA)；⑤ 收发数据。

2) *介质访问控制层*

介质访问控制层提供信道接入控制、帧校验、预留时隙管理以及广播信息管理等功能。

MAC 协议使用 CSMA/CA。一个完整的 MAC 帧由帧头、帧载荷和帧尾三部分构成，如表 7-2 所示。帧头包括帧控制信息、帧序列号、目的网络标识符、目的节点地址、源网络标识符和源节点地址。节点地址有两种，即 64 位的物理地址或网络层分配的 16 位短地址。帧尾为 16 位的 CRC 校验码。

表 7-2　MAC 帧格式

帧　头						帧载荷	帧尾
2 字节	1 字节	0/2 字节	0/2/字节	0/2 字节	0/2/8 字节	长度可变	2 字节
帧控制信息	帧序列号	目的网络标识符	目的节点地址	源网络标识符	源节点地址	帧数据单元	CRC 校验码

MAC 层的功能主要有：①协调器产生并发送信标帧，普通设备根据信标帧与协调器同步；② 支持 PAN 网络的关联(Association)和取消关联(Disassociation)操作；③ 支持无线信道通信安全；④ 使用 CSMA/CA 机制访问信道(载波监听多路访问/冲突检测方法)；⑤ 支持时槽保障(Guaranteed Time Slot，GTS)机制；⑥ 支持不同设备的 MAC 层间可靠传输。

3) *网络层*

ZigBee 网络层主要实现节点加入或离开网络、接收或抛弃其他节点、路由查找及传送数据等功能。ZigBee 没有指定组网的路由协议，为用户提供了更为灵活的组网方式。ZigBee 网络层的帧由帧头和网络载荷组成，如表 7-3 所示。

表 7-3　ZigBee 网络层帧结构

帧　头					网络载荷
路 由 字 段					
2 字节	2 字节	2 字节	1 字节	1 字节	长度可变
帧控制字段	目的地址字段	源地址字段	半径字段	序号字段	帧载荷字段

帧头部分的字段顺序是固定的，但不一定要包含所有的字段。帧头中包括帧控制字段、目的地址字段、源地址字段、半径字段和序号字段。其中，帧控制字段由 16 位组成，包括帧种类、寻址和排序字段以及其他的控制标志位；目的地址字段用来存放目标设备的 16 位网络地址；源地址字段用来存放发送设备的 16 位网络地址；半径字段用来设定广播半径，在传播时，每个设备接收一次广播帧，就将该字段的值减 1；序号字段为 1 个字节，每次发送帧时加 1；帧载荷字段存放应用层的首部和数据。

ZigBee 的网络层的职责有：① 加入和离开一个网络；② 为帧运用安全功能：③ 为到预定目的地的帧寻找路由；④ 发现和维护设备之间的路由；⑤ 发现邻居；⑥ 存储相关的邻居信息。

4) *应用层*

应用层定义了各种类型的应用业务，主要负责组网、安全服务等功能。应用层分为三个部分：应用支持子层(Application Support Sublayer，APS)、设置对象(ZigBee Device Object，ZDO)和应用框架。

应用支持子层的任务是将网络信息转发到运行在节点上的应用程序，主要负责维护绑定表，匹配两个设备之间的需求与服务，在两个绑定的设备之间传输消息。

设备对象是运行在节点上的应用软件，它具体实现节点的应用功能。其主要职能是定义网络中设备的角色，即发现网络中的设备并检查它们能够提供哪些服务，进行初始化和响应绑定请求，且在网络设备间建立安全的通信。

应用框架是驻留在设备对象的环境，是设备商自定义的应用组件，给设备对象提供数据服务。应用框架提供两种数据服务：关键值配对服务(Key Value Pair，KVP)和通用消息服务。KVP 服务将设备对象定义的属性与某一操作一起传输，从而为小型设备提供一种命令/控制体系。通用消息服务并不规定应用支持子层的数据帧的任何内容，其内容由开发者自己定义。

应用层主要负责把不同的应用映射到 ZigBee 网络上，具体包括安全与鉴权、多个业务数据流的汇聚、设备发现和服务发现。

7.2.4　超宽带通信技术

1. UWB 概述

超宽带(Ultra Wide Band，UWB)是一种应用于无线个域网(WPAN)的短距离无线通信协议，也是一种利用纳秒至微秒级的非正弦波窄脉冲传输数据的无载波通信技术。其传输距离常在 10 m 以内，数据传输速率可达 100 Mb/s～1 Gb/s。UWB 在早期被应用于近距离高速数据传输，近年来国外开始利用其亚纳秒级超脉冲来进行近距离精确室内定位。

无线通信技术分为窄带、宽带和超宽带三种。从频域来看，相对带宽(信号带宽与频率之比)小于 1%的无线通信技术称为窄带；相对带宽为 1%～25%的称为宽带；相对带宽大于 25%且中心频率大于 500 MHz 的称为超宽带。美国联邦通信委员会(FCC)规定，UWB 的工作频段范围为 3.1～0.6 GHz，最小工作频宽为 500 MHz。由于 UWB 发射的载波功率比较小，频率范围很广，因此 UWB 相对于传统的波而言相当于噪声，对传统无线电波的影响相当小。

UWB 技术主要有两种：由飞思卡尔公司建议的直接序列超宽带技术(DUWB)和由 WiMedia 联盟提出的多频带正交频分复用(MB-OFDM)。由于两种技术争执不下，2006 年，IEEE 802.15.3a UWB 任务组宣布解散。

UWB 主要是为多媒体数据的高速传输而设计的，目前的应用领域主要有雷达、家庭娱乐中心、无线传感器网络等。

2. UWB 技术特点

UWB 与传统通信系统相比，工作原理迥异，具有如下传统通信系统无法比拟的技术特点。

1) 系统结构的实现比较简单

当前，无线通信技术所使用的通信载波是连续的电波，载波的频率和功率在一定范围内是变化的，从而利用载波的状态变化来传输信息。而 UWB 不使用载波，它通过发送纳秒级脉冲来传输数据信号。UWB 发射器直接用脉冲小型激励天线而无需传统收发器所需要的上变频，从而不需要功用放大器与混频器，因此 UWB 允许采用非常低廉的宽带发射器。同时，在接收端 UWB 接收机也有别于传统的接收机，不需要中频处理，因此，UWB 系统结构的实现比较简单。

2) 高速的数据传输

民用商品中，一般要求 UWB 信号的传输范围为 10 m 以内，再根据经过修改的信道容量公式，其传输速率可达 500 Mb/s，是实现个人通信和无线局域网的一种理想调制技术。UWB 以非常宽的频率带宽来换取高速的数据传输，并且不单独占用已经拥挤不堪的频率资源，而是共享其他无线技术使用的频带。在军事应用中可以利用巨大的扩频增益来实现远距离、低截获率、低检测率、高安全性和高速的数据传输。

3) 功耗低

UWB 系统使用间歇的脉冲来发送数据，脉冲持续时间很短，一般为 0.20～1.5 ns，占空因数很低，系统耗电可以做到很低，在高速通信时系统的耗电量仅为几百微瓦至几十毫瓦。民用的 UWB 设备功率一般是传统移动电话所需功率的 1/100 左右，是蓝牙设备所需功率的 1/20 左右。军用的 UWB 电台耗电也很低。因此，UWB 设备在电池寿命和电磁辐射上，相对于传统无线设备有着很大的优越性。

4) 安全性高

作为通信系统的物理层技术具有天然的安全性能。由于 UWB 信号一般把信号能量弥散在极宽的频带范围内，对于一般通信系统，它相当于白噪声信号，并且大多数情况下，其功率谱密度低于自然的电子噪声，因此从电子噪声中将脉冲信号检测出来是一件非常困难的事情。采用编码对脉冲参数进行伪随机化后，脉冲的检测将更加困难。

5) 多径分辨能力强

常规无线通信的射频信号大多为连续信号或其持续时间远大于多径传播时间，从而多径传播效应限制了通信质量和数据传输速率。由于超宽带无线电发射的是持续时间极短的单周期脉冲且占空比极低，因此多径信号在时间上是可分离的。假如多径脉冲要在时间上发生交叠，其多径传输路径长度应小于脉冲宽度与传播速度的乘积。由于脉冲多径信号在时间上不重叠，因此很容易分离出多径分量以便充分利用发射信号的能量。大量的试验表明，对常规无线电信号多径衰落深达 10～30 dB 的多径环境，对超宽带无线电信号的衰落最多不到 5 dB。

6) 定位精确

冲激脉冲具有很高的定位精度，采用超宽带无线电通信，很容易将定位与通信合一，而常规无线电难以做到这一点。超宽带无线电具有极强的穿透能力，可在室内和地下进行精确定位；而 GPS 定位系统只能工作在 GPS 定位卫星的可视范围之内。与 GPS 提供绝对地理位置不同，超短脉冲定位器可以给出相对位置，其定位精度可达厘米级；此外，超宽带无线电定位器更为便宜。

7) 工程简单造价便宜

在工程实现上，UWB 比其他无线技术要简单得多，可全数字化实现。它只需要以一种数学方式产生脉冲，并对脉冲产生调制，而这些电路都可以被集成到一个芯片上，设备的成本会很低。

3. UWB 应用

由于 UWB 具有强大的数据传输速率优势，同时受发射功率的限制，因此在短距离范围内提供高速无线数据传输将是UWB的重要应用领域，如当前WLAN和WPAN的各种应用。总体来说，UWB主要分为军用和民用两个方面。

1) 军用方面

在军用方面，UWB主要应用于UWB雷达、UWBLPI/D无线内通系统(预警机、舰船等)、战术手持PLI/D电台、警戒雷达、UAV/UGV数据链、探测地雷、检测地下埋藏的军事目标或以叶簇伪装的物体。

UWB通过降低数据率来提高应用范围，具有对信道衰落不敏感、发射信号功率谱密度低、安全性高、系统复杂度低、能提供厘米级的定位精度等优点。UWB技术的其中一个介于雷达和通信之间的重要应用就是精确地理定位。例如，使用UWB技术并能够提供三维地理定位信息的设备，该系统由无线UWB塔标和无线UWB移动漫游器组成。其基本原理是通过无线UWB漫游器和无线UWB塔标间的包突发传送而完成航程时间测量，再经往返时间的测量值的对比和分析，得到目标的精确定位。此系统使用的是25 ms宽的UWB脉冲信号，其峰值功率为4 W，工作频带范围为1.3～1.7 GHz，相对带宽为27%。如果使用小型全向垂直极化天线或小型圆极化天线，其视距通信范围可超过2 km。在建筑物内部，由于墙壁和障碍物对信号有衰减作用，因此系统通信距离被限制在100 m以内。UWB地理定位系统最初的开发和应用是在军事领域，其目的是战士在城市环境条件下能够以0.3 m的分辨率来测定自身所在的位置。UWB地理定位系统的主要商业用途之一是路况信息服务系统，它能够提供突发且高达100 Mb/s的信息服务，其信息内容包括路况信息、建筑物信息、天气预报和行驶建议，还可以用作紧急援助事件的通信。

2) 民用方面

在民用方面，UWB主要包括地质勘测及可穿透障碍物的传感器、汽车防冲撞传感器，以及家电设备及便携设备之间的无线数据通信等。

UWB也适用于短距离数字化的音视频无线连接、短距离宽带高速无线接入等相关民用领域。UWB的第二个重要应用领域是家庭数字娱乐中心。在过去几年里，家庭电子消费产品层出不穷，PC、DVD、DVR、数码相机、数码摄像机、HDTV、PDA、数字机顶盒、MD、MP3、智能家电等出现在普通家庭里。家庭数字娱乐中心的概念是：将来你的住宅中的PC娱乐设备、智能家电和Internet都连接在一起，你可以在任何地方使用它们。举例来说，你存储的视频数据可以在PC、DVD、TV、PDA等设备上共享观看，可以自由地同Internet交互信息；你可以遥控你的PC和信息家电，让它们有条不紊地工作；你也可以通过Internet联机，用无线手柄结合音、像设备营造出逼真的虚拟游戏空间。从UWB的技术特点来看，UWB技术无疑是一个很好的选择。

7.2.5　6LoWPAN技术

近年来，集成了网络技术、嵌入式技术和传感器技术的低速率无线个域网(Low Rate Wireless Personal Area Network，LR-WPAN)技术成为研究热点。LR-WPAN是为短距离、低速率、低功耗无线通信而设计的网络，可广泛应用于智能家电、工业控制等领域。IEEE802.15.4是LR-WPAN的典型代表，其应用前景非常广阔，以其为基础的研究方兴未艾。但是，IEEE 802.15.4只规定了物理层(PHY)和介质访问控制层(MAC)标准，没有涉及网络层以上规范，而且其设备密度很大，迫切需要实现网络化。同时为了满足不同设备制造商的设备间的互联和互操作性，需要制定统一的网络层标准。IPv6 以其规模空前的地址空间及开放性，对 LR-WPAN 产生了极大的吸引力。

IETF 组织于 2004 年 11 月正式成立了 IPv6 over LR-WPAN(简称 6LoWPAN)工作组，着手制定基于 IPv6 的低速无线个域网标准，即 IPv6 over IEEE 802.15.4，旨在将 IPv6 引入以 IEEE 802.15.4 为底层标准的无线个域网。它的出现推动了短距离、低速率、低功耗的无线个人区域网络的发展。6LoWPAN 协议是 2006 年推出的，是基于 IPv6 的无线自组网协议，它是 ZigBee 发展到一定阶段的产物。2009 年，ZigBee 联盟基于 6LoWPAN 推出最新的 ZigBee IP 协议标准，这是无线自组网的物联网技术发展的新阶段。美国国家电网公司将 6LoWPAN 制定为美国国家电网标准规范。6LoWPAN 在欧美一些发达国家已经得到了非常广泛的应用。

1. 6LoWPAN 协议简介

6LoWPAN 工作组的研究重点为适配层、路由、报头压缩、分片、Pv6、网络接入和网络管理等技术，目前已提出适配层技术草案，其他技术还在探讨中。

6LoWPAN 技术底层采用 IEEE 802.15.4 规定的 PHY 层和 MAC 层，网络层采用 IPv6 协议。由于 IPv6 中 MAC 支持的载荷长度远大于 6LoWPAN 底层所能提供的载荷长度，为了实现 MAC 层与网络层的无缝连接，6LoWPAN 工作组建议在网络层和 MAC 层之间增加一个网络适配层，用来完成包头压缩、分片与重组以及网状路由转发等工作。6LoWPAN 协议栈的参考模型如图 7-10 所示。

应用层
网络层(IPv6)
6LoWPAN 适配层
IEEE 802.15.4 MAC 层
IEEE 802.15.4 物理层

图 7-10　6LoWPAN 协议栈的参考模型

2. 6LoWPAN 技术优势

与 ZigBee 相比，6LoWPAN 具有很大的技术优势，主要是因为它建构在 IPv6 的基础上。具体而言，6LoWPAN 的技术优势有以下几种。

1) 普及性

IP 网络应用广泛，作为下一代互联网核心技术的 IPv6，也在加速其普及的步伐，在 LR-WPAN 网络中使用 IPv6 更易于被接受。

2) 适用性

IP 网络协议栈架构受到广泛的认可，LR-WPAN 网络完全可以基于此架构进行简单、有效的开发。

3) 更多地址空间

IPv6 应用于 LR-WPAN 的最大亮点就是庞大的地址空间，这恰恰满足了部署大规模、高密度 LR-WPAN 网络设备的需要。

4) 支持无状态自动地址配置

当IPv6中的节点启动时，可以自动读取MAC地址，并根据相关规则配置好所需的IPv6地址。这个特性对传感器网络来说，非常具有吸引力。因为在大多数情况下，不可能对传感器节点配置用户界面，节点必须具备自动配置功能。

5) 易接入

LR-WPAN使用IPv6技术，更易于接入其他基于IP技术的网络及下一代互联网，使其可以充分利用IP网络的技术进行发展。

6) 易开发

目前，基于IPv6的许多技术已比较成熟，并被广泛接受，针对LR-WPAN的特性需进行适当的精简和取舍，简化协议开发的过程。由此可见，IPv6技术在LR-WPAN网络上的应用具有广阔发展的空间，而将LR-WPAN接入互联网将大大扩展其应用，使大规模传感控制网络的实现成为可能。

3. 6LoWPAN关键技术

对于IPv6和IEEE 802.15.4结合的关键技术，6LoWPAN工作组进行了积极的研究与讨论。目前，在IEEE 802.15.4上实现传输IPv6数据包的关键技术如下。

1) IPv6和IEEE 802.15.4的协调

IEEE 802.15.4标准定义的最大帧长度是127个字节，MAC头部最大长度为25个字节，剩余的MAC载荷最大长度为102个字节。如果使用安全模式，不同的安全算法占用不同的字数，比如AES-CCM-128需要21个字节，AES-CCM-64需要13个字节，而AES-CCM-32需要8字节。这样留给MAC的载荷最少只有81个字节。而在IPv6中，MAC载荷最大为1280个字节，IEEE 802.15.4帧不能封装完整的IPv6数据包。因此，要协调二者之间的关系，就要在网络层与MAC层之间引入适配层，用来完成分片和重组。

2) 地址配置和地址管理

IPv6支持无状态地址自动配置，相对于有状态自动配置，配置所需开销比较小，这正适合LR-WPAN的设备特点。同时，由于LR-WPAN设备可能大量、密集地分布在人员难以到达的地方，因此实现无状态地址自动配置则更加重要。

3) 网络管理

网络管理技术对LR-WPAN网络很关键。由于网络规模大，而一些设备的分布地点又是人员所不能到达的，因此LR-WPAN网络应该具有自愈能力，要求LR-WPAN的网络管理技术能够在很低的开销下管理高度密集分布的设备。由于在IEEE 802.15.4上转发IPv6数据提倡尽量使用已有的协议，而且简单网络管理协议(SNMP)又为IP网络提供了一套很好的网络管理框架和实现方法，因此，6LoWPAN倾向于在LR-WPAN上使用SNMPv3进行网络管理。但是，由于SNMP的初衷是管理基于IP的互联网，要想将其应用到硬件资源受限的LR-WPAN网络中，仍需要进一步调研和改进，例如限制数据类型、简化基本的编码规则等。

4) 安全问题

由于使用安全机制需要额外的处理和带宽资源，并不适合LR-WPAN设备，而IEEE

802.15.4 在链路层提供的 AES 安全机制又相对宽松，有待进一步加强，因此寻找一种适合 LR-WPAN 的安全机制就成为 6LoWPAN 研究的关键问题之一。作为当今信息领域新的研究热点，6LoWPAN 还有非常多的关键技术有待发现和研究，比如服务发现技术、设备发现技术、应用编程接口技术、数据融合技术等。

7.2.6 NFC 技术

1. NFC 技术介绍

NFC(Near Field Communication，近场通信技术)是在非接触式射频识别(RFID)技术的基础上，结合无线互联技术研发而成，它为我们日常生活中越来越普及的各种电子产品提供了一种十分安全快捷的通信方式。NFC 中文名称中的“近场”是指临近电磁场的无线电波。因为无线电波实际上就是电磁波，所以它遵循麦克斯韦方程，即电场和磁场在从发射天线传播到接收天线的过程会一直交替进行能量转换，并在进行转换时相互增强。例如，我们的手机所使用的无线电信号就是利用这种原理进行传播的，我们称之为远场通信。而在电磁波 10 个波长以内，电场和磁场是相互独立的，这时的电场没有多大意义，但磁场却可以用于短距离通信，我们称之为近场通信。

NFC 采用电磁耦合感应技术，电磁场频率是 13.56 MHz，该载波频段是全球无需许可证的波段。发起设备用 13.56 MHz 信号激励天线，产生磁场，然后通过近场耦合，将能量传递给目标；目标对磁场进行调制，将数据返回给发起设备完成通信。

2. NFC 工作模式

1) 被动模式

在被动模式下，仅有一个 NFC 设备产生射频场(比如读卡器与无源电子标签)。根据天线尺寸与场调制幅度的不同，其工作距离可以达到 10 cm，数据速率支持 106～848 kb/s。

2) 主动模式

在主动模式下，两个 NFC 设备均可以产生射频场。相比于被动模式，工作距离可以达到 20 cm；如果使用 PSK(相移键控)调制方式，数据速率可达到 6.78 Mb/s。

3. 通信模式

1) 点对点模式

在点对点模式下，两个 NFC 设备可以交换数据。例如，多个具有 NFC 功能的数字相机、手机之间可以利用 NFC 技术进行无线互连，实现虚拟名片或数字相片等数据交换。

对点对点形式来讲，其关键是指把两个均具有 NFC 功能的设备进行连接，从而使点和点之间的数据传输得以实现。把点对点形式作为前提，让具备 NFC 功能的手机与计算机等相关设备真正达成点对点的无线连接与数据传输，并且在后续的关联应用中不仅可为本地应用，同时也可为网络应用。因此，点对点形式的应用，对于不同设备间的迅速蓝牙连接及其通信数据传输方面有着十分重要的作用。

2) 读写器模式

在读写器模式下，NFC 设备作为非接触读写器使用。例如，支持 NFC 的手机在与标签交互时扮演读写器的角色。也就是说，开启 NFC 功能的手机可以读写并支持 NFC 数据格式标准的标签。

读写器模式的 NFC 通信作为非接触读写器使用，可以从展览信息电子标签、电影海报、广告页面等读取相关信息。读写器模式的 NFC 手机可以从 TAG 中采集数据资源，按照一定的应用需求完成信息处理功能，有些应用功能可以直接在本地完成，有些需要与 TD-LTE 等移动通信网络结合完成。基于读写器模式的 NFC 应用领域包括广告读取、车票读取、电影院门票销售等。比如，电影海报后面贴有 TAG 标签，此时用户就可以携带一个支持 NFC 协议的手机获取电影信息，也可以连接网络购买电影票。读写器模式的 NFC 手机还可以支持公交车站点信息、旅游景点地图信息的获取，从而提高人们旅游交通的便捷性。

3) 卡模拟形式

模拟卡片就是将具有 NFC 功能的设备模拟成一张标签或非接触卡。例如，支持 NFC 的手机可以作为门禁卡、银行卡等而被读取。

卡模拟形式关键是指把具有 NFC 功能的设备进行模拟，使之变成非接触卡的模式，比如银行卡与门禁卡。这种形式关键应用于商场或者交通等非接触性移动支付当中，在具体应用过程中，用户仅需把自身的手机或者其他有关的电子设备贴近读卡器，同时输入相应密码便可达成交易。针对卡模拟形式中的卡片来讲，其关键是对非接触读写器的 RF 域实行供电处理，这样即便 NFC 设备无电也同样可以继续开展工作。另外，针对卡模拟形式的应用，还可经过在具备 NFC 功能的相关设备中采集数据，进而把数据传输至对应处理系统中作出有关处理；并且，这种形式还可应用于门禁系统与本地支付等各个方面。

7.2.7 NB-IoT 技术

1. NB-IoT 发展历程

运营商在推广 M2M 服务(物联网应用)的时候，发现企业对 M2M 的业务需求不同于个人用户的需求。企业希望构建集中化的信息系统，与自身资产建立长久的通信连接，以便管理和监控。这些资产往往分布在各地，而且数量巨大；配备的通信设备可能没有外部供电的条件(即电池供电，可能是一次性的，既无法充电也无法更换电池)；单一的传感器终端需要上报的数据量小、间隔时间长；企业需要低廉的通信成本(包括通信资费、装配通信模块的成本费用)。

以上这种应用场景在网络层面具有较强的统一性，所以通信领域的组织、企业期望能够对现有的通信网络技术标准进行系列优化，以满足此类 M2M 业务的一致性需求。

2013 年，沃达丰集团与华为公司携手开始了新型通信标准的研发，起初将该通信技术称为“NB-M2M”。

2014 年 5 月，3GPP 的 GERAN 组成立了新的研究项目——“FS_IoT_LC”，该项目主要研究新型的无线电接入网系统，“NB-M2M”成为该项目研究方向之一。稍后，高通公司提交了“NB-OFDM”的技术方案。

2015 年 5 月，“NB-M2M”方案和“NB-OFDM”方案融合成为“NB-CIoT”。该方案的融合之处主要在于：通信上行采用 FDMA 多址方式，而下行采用 OFDM 多址方式。2015 年 7 月，爱立信联合中兴、诺基亚等公司，提出了“NB-LTE”的技术方案。在 2015 年 9 月的 RAN#69 会上，经过激烈地讨论和协商，各方案的主导者将两个技术方案(“NB-CIoT”

和“NB-LTE”)进行了融合，3GPP 对统一后的标准工作进行了立项。该标准作为统一的国际标准，称为“NB-IoT”。

2016 年 6 月，NB-IoT 的核心标准作为物联网专有协议，在 3GPP Rel-13 中冻结。同年 9 月，3GPP 完成 NB-IoT 性能部分的标准制定。2017 年 1 月，3GPP 完成 NB-IoT 一致性测试部分的标准制定。

和其竞争对手一样，NB-IoT 着眼于低功耗、广域覆盖的通信应用。终端的通信机制相对简单，无线通信的耗电量相对较低，适合小数据量、低吞吐率的信息上传，信号覆盖的范围则与普通的移动网络技术基本一样，行业内将此类技术统称为 LPWAN 技术(低功耗广域技术)。

NB-IoT 针对 M2M 通信场景对 4G 网络进行了技术优化，其对网络特性和终端特性进行了适当平衡，以适应物联网应用的需求。在“距离、品质、特性”和“能耗、成本”中，保证“距离”上的广域覆盖，一定程度地降低了“品质”(例如采用半双工的通信模式，不支持高带宽的数据传送)，减少了“特性”(例如不支持切换，即连接态的移动性管理)。网络特性“缩水”的好处是：降低了终端的通信能耗，并可以通过简化通信模块的复杂度来降低成本(例如简化通信链路层的处理算法)。可以说，为了满足部分物联网终端的个性要求(低能耗、低成本)，网络作出了“妥协”。NB-IoT“牺牲”了一些网络特性来满足物联网中不同以往的应用需要。

2. NB-IoT 部署方式

为了便于运营商根据自有网络的条件灵活运用，NB-IoT 可以在不同的无线频带上部署，分为三种情况：独立部署(Stand Alone)、保护带部署(Guard Band)、带内部署(In Band)。

独立部署模式：利用独立的新频带或空闲频段进行部署。运营商所提的“GSM 频段重耕”也属于此类模式。

保护带部署模式：利用 LTE 系统中边缘的保护频段。采用该模式，需要满足一些额外的技术要求(例如原 LTE 频段带宽要大于 5 Mb/s)，以避免 LTE 和 NB-IoT 之间产生信号干扰。

带内部署模式：利用 LTE 载波中间的某一段频段。为了避免干扰，3GPP 要求该模式下的信号功率谱密度(Power Spectrum Density，PSD)与 LTE 信号的功率谱密度不得超过 6 dB。

3. NB-IoT 低功耗的实现

要实现终端通信模块低功耗运行，最好的办法就是尽量让其“休眠”。NB-IoT 有两种模式，可以使通信模块只在约定的一段很短暂的时间内监听网络对其寻呼，其他时间都处于关闭的状态。这两种省电模式为 PSM(Power Saving Mode，省电模式)和 eDRX(Extended Discontinuous Reception，扩展的不连续接收)。

1) PSM 模式

在 PSM 模式下，终端设备的通信模块进入空闲状态段时间后，会关闭其信号的收发以及接入层的相关功能。当设备处于这种局部关机状态时，即进入了省电模式。终端进入省电模式期间，通过网络无法访问到该终端，从语音通话的角度来看，即“无法被叫”。

大多数情况下，采用 PSM 的终端超过 99%的时间都处于休眠状态，主要有两种方式可以激活它们与网络进行通信：当终端自身有连接网络需求时，会退出 PSM 状态，并主动与网络进行通信，上传业务数据。

在每一个周期性的 TAU (Tracking Area Update，跟踪区更新)中，都有一小段时间处于激活的状态。在激活状态中，终端先进入连接状态(Connect)，与通信网络交换其网络业务的数据。在通信完成后，终端不会立刻进入 PSM 状态，而是保持一段时间为空闲状态 (Idle)。在空闲状态下，终端可以接收网络的寻呼。

在 PSM 的运行机制中，使用“激活定时器”(Active Timer，AT)控制空闲状态的时长，并由网络和终端在网络附着(Attach，终端首次登记到网络)或 TAU 时协商决定激活定时器的时长。终端在空闲状态下出现 AT 超时，便进入了 PSM 状态。

从技术原理可以看出，PSM 适用于那些几乎没有下行数据流量的应用。云端应用和终端的交互主要依赖于终端自主性地与网络联系。在绝大多数情况下、云端应用是无法实时“联系”到终端的。

2) eDRX 模式

在 PSM 模式下，网络只能在每个 TAU 最开始的时间段内寻呼到终端(在连接状态后的空闲状态进行寻呼)。eDRX 模式的运行不同于 PSM，它引入了 eDRX 机制，提升了业务下行的可达性。

在 eDRX 模式下，在一个 TAU 周期内包含多个 eDRX 周期，以便网络实时性地与其建立通信连接(寻呼)。

eDRX 的一个 TAU 包含一个连接状态周期和一个空闲状态周期，空闲状态周期中包含了多个 eDRX 寻呼周期，每个 eDRX 寻呼周期又包含了一个 PTW 周期和一个 PSM 周期。PTW 和 PSM 的状态会周期性地交替出现在一个 TAU 中，使终端能够间歇性地处于待状态，等待网络对其呼叫。

在 eDRX 模式下，网络和终端建立通信的方式相同：终端主动连接网络；终端在每个 eDRX 周期中的 PTW 内，接收网络对其寻呼。

总体而言，在 TAU 一致的情况下，eDRX 模式与 PSM 模式相比较，其空闲状态的分布密度更高，终端对寻呼的响应更为及时。eDRX 模式适用的业务，一般下行数据传送的需求相对较多，但允许终端接收消息有一定的时延(例如云端需要不定期地对终端进行配置管理、日志采集等)。根据技术差异，在大多数情况下，eDRX 模式比 PSM 模式更耗电。

4. NB-IoT 终端简化

针对数据传输品质要求不高的应用，NB-IoT 具有低速率、低带宽、非实时的网络特性，使 NB-IoT 终端不必像个人用户终端那样复杂，依靠简单的构造、简化的模组电路依然能够满足物联网通信的需要。

NB-IoT 采用半双工的通信方式，使终端不能同时发送或接收信号数据，相对全双工方式的终端，既减少了元器件个数，也节省了成本。

因为低速率的数据流量，使通信模组不需要配置大容量的缓存。同时，低带宽降低了对均衡算法的要求，也降低了对均衡器性能的要求(均衡器主要用于通过计算抵消无线信道干扰)。

NB-IoT 通信协议基于 LTE 设计，但它系统性地简化了协议，使通信单元的软件和硬件也可以相应地降低配置，即终端可以使用低成本的专用集成电路来替代高成本的通用计算芯片，从而实现协议简化后的功能。这样还能够减少通信单元的整体功耗，延长电池使用寿命。

习　　题

1. 请列举几个常见的有线接入技术。

2. 光纤接入主要可分为哪两类？它们的主要区别是什么？

3. HFC(光纤同轴电缆混合接入)技术是一种新旧传输方式混合技术，其主要在传统的同轴电缆传输上做了哪些改变？有什么特点？

4. 请列举几个常见的无线接入技术。

5. 蓝牙的组网技术主要有哪两种?两者的主要区别是什么？

6. NFC 技术常常被应用在智能手机或者智能手表上，其有哪几种通信模式？对应的用途是什么？

第 8 章　移动通信网络

8.1　3G/4G/5G 移动通信技术

8.1.1　移动通信技术的发展

移动通信是移动体之间，或移动体与固定体之间的通信。也就是说，移动通信的双方至少有一方处于移动中，移动体可以是人，也可以是汽车或轮船等移动的物体。移动通信起源于 19 世纪末，意大利电气工程师马可尼完成了陆地与一只拖船之间的无线电通信。

从第一代(First Generation，1G)移动通信系统开始，移动通信已经历了从 1G 到 2G、3G 和 4G，并演进到 5G 的发展历程，如图 8-1 所示。

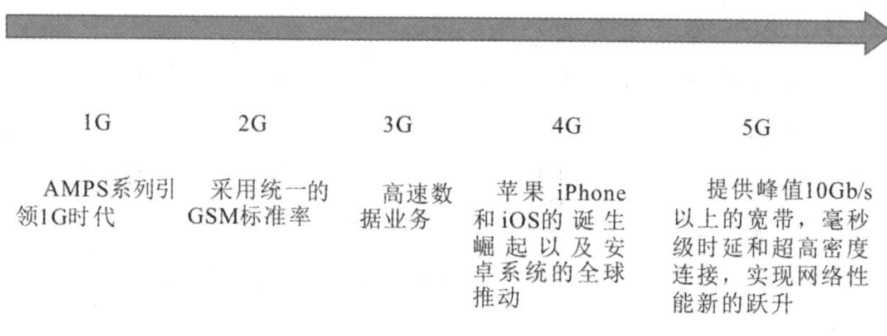

图 8-1　移动通信技术的发展图

1. 第一代移动通信(1G)

第一代移动通信是以模拟技术为基础的蜂窝无线电话系统。1978 年年底，美国贝尔试验室研制成功了全球第一个移动蜂窝电话系统——先进移动电话系统(Advanced Mobile Phone System，AMPS)。 同一时期，欧洲各国也不甘示弱，纷纷建立起自己的第一代移动通信系统。瑞典等北欧 4 国在 1980 年研制成功了 NMT-450 移动通信网；联邦德国在 1984 年完成了 C 网络(C-Netz)；英国则于 1985 年开发出全接入通信系统(TACS)。

在各种 1G 移动通信系统中，美国的 AMPS 在全球的应用最为广泛，它曾经在超过 72 个国家和地区运营。同时，也有近 30 个国家和地区采用英国 TACS 制式的 1G 系统。

我国的 1G 移动通信系统于 1987 年 11 月 18 日开通，采用的是英国 TACS 制式，到 2001

年 12 月底关闭，用户数最高曾达到 660 万。如今，1G 时代像砖头一样的手持终端(大哥大)已经成为很多人的回忆。

由于是采用模拟技术，1G 移动通信系统在设计上只能传输语音，系统容量也十分有限。此外，安全性和稳定性也存在较大的问题。1G 移动通信系统的先天不足，使它无法真正大规模普及和应用，因此价格更是非常昂贵。与此同时，不同国家的 1G 移动通信的技术标准各不相同，即只有“国家标准”，没有“国际标准”，国际漫游成为一个突出的问题。

2. 第二代移动通信(2G)

第二代移动通信系统以数字化为主要特征，以传输语音和低速数据业务为目的，因此又称为窄带数字通信系统，典型代表是欧洲的 GSM 和美国的 IS-95。1982 年，北欧 4 国向欧洲邮电主管部门大会(CEPT)提交了一份建议书，要求制定 900MHz 频段的欧洲公共电信业务规范，建立欧洲统一的蜂窝移动通信系统。同年，成立了欧洲“移动通信特别小组(Group Special Mobile)”，后来演变成“全球移动通信系统(Global System for Mobile Communication，GSM)”。随后，美国制定了数字先进移动电话服务(Digital-Advanced Mobile Phone Service，D-AMPS)和 IS-95 码分多址(Code Division Multiple Access，CDMA)，其中 IS-95 是由高通公司(Qualcomm)发起的全球第一个基于 CDMA 的数字蜂窝标准。2G 可以进行语音通信，还可以收发短信(短消息、SMS)、彩信(MMS、多媒体简讯)等。2G 提供更高的网络容量，改善了语音质量和提高了保密性，还引入了无缝的国际漫游。

3. 第三代移动通信(3G)

第三代移动通信是指支持高速数据传输的蜂窝移动通信。相对于 1G 的模拟移动通信和 2G 的数字移动通信，3G 的代表特征是提供高速数据业务。3G 将无线通信与互联网相结合，使网络移动化成为现实。

2000 年 5 月，国际电信联盟(ITU)正式公布了 3G 标准，我国提交的 TD-SCDMA 与 WCDMA、Cdma2000 一起成为 3G 的三大主流标准。2001 年 10 月，3G 网络首次商用，日本运营商 NTT DoCoMo 的 WCDMA 正式运营。2007 年 10 月，ITU 在日内瓦举行无线通信全体会议，WiMAX 被批准为全球 3G 标准。2009 年 4 月 20 日，工业和信息化部印发了《第三代移动通信服务规范(试行)》通知，我国开始建设 3G 网络。

4. 第四代移动通信(4G)

世界很多组织给 4G 下了不同的定义，而国际电信联盟(ITU) 的定义代表了传统移动运营商对 4G 的看法。ITU 认为 4G 是基于 IP 协议的高速蜂窝移动网，无线通信技术从现有的 3G 演进而来，4G 的传输速率可以达到 100 Mb/s。

1) 4G 的特点

(1) 通信速度快。

以移动通信数据传输速率为基础进行比较：1G 移动通信仅提供语音服务；2G 移动通信数据传输速率也只有 9.6 kb/s；3G 移动通信数据传输速率可达到 2 Mb/s；而 4G 移动通信数据传输速率可达到 100 Mb/s。

(2) 通信灵活。

从严格意义上说，4G 手机已不能简单划归为“电话机”的范畴，因为语音的传输只是 4G 手机的功能之一而已。4G 手机更应该算得上是个小型计算机，4G 使人们不仅可以随时随地通信，还可以双向传递下载资料、图画、视频，当然更可以和从未谋面的陌生人网上联线对打游戏。4G 手机也许有被网上定位系统永远锁定无处遁形的苦恼，但是与它提供的地图带来的便利和安全相比，这几乎可以忽略不计。

(3) 智能性高。

4G 移动通信的智能性更高，不仅表现在 4G 移动通信的终端设备具有智能化操作，更重要的是 4G 手机可以实现更多的功能。

(4) 兼容性好。

4G 移动通信具备全球漫游功能，接口开放，能和多种网络互联，终端呈现多样化。

(5) 费用便宜。

4G 移动通信解决了与 3G 移动通信的兼容性问题，部署起来迅速得多。而且，4G 移动通信的无线即时连接等服务会比 3G 移动通信更加便宜。

2) 4G 的网络结构

4G 移动通信系统包括核心网、无线接入网和移动终端。2G 移动通信系统的无线接入网包括收发基站(BTS)和基站控制器(BSC)二级转发，3G 移动通信系统的无线接入网包括基站(Node B)和基站控制器(RNC)一级转发，相比而言，4G 移动通信系统的无线接入网由基站(eNodeB)一级转发，4G 移动通信系统的扁平化网络结构更简单。2G 移动通信系统和 3G 移动通信系统的核心网都包含了电路交换(CS)和分组交换(PS)；4G 移动通信系统的核心网简化为只采用分组交换，而电路交换的核心网被取消，是一个基于全 IP 的网络结构。

4G 移动通信系统的核心网是指演进的分组核心(EPC)，它主要由移动性管理设备(MME)、服务网关(S-GW)、分组数据网关(P-GW)、存储用户签约信息(HSS)、策略控制单元(PCRF)等组成。其中，S-GW 和 P-GW 可以合设，也可以分设。核心网架构秉承了控制与承载分离的理念，将分组域中 SGSN 的移动性管理、信令控制功能和媒体转发功能分离出来，分别由两个网元来完成。其中，MME 负责移动性管理、信令处理等功能，S-GW 负责媒体流的处理及转发等功能，P-GW 则仍承担 GGSN 的职能。LTE 无线系统取消了 RNC 网元，将其功能分别移至基站 eNodeB 和核心网网元，eNodeB 将直接通过 S1 接口与 MME、S-GW 互通，简化了无线系统的结构。

5. 第五代移动通信(5G)

5G 是 4G 之后的延伸，5G 具有更高速率、更大带宽和更强空中接口技术，是面向用户体验和业务应用的智能无线网络。5G 移动数据流量为“Gb/s 用户体验速率”，5G 网络正朝着多元化、宽带化、综合化、智能化的方向发展，5G 各种智能终端将不断增长和普及。5G 网络不仅承载人与人之间的通信，还要承载人与物、物与物之间的通信，既可支撑大量终端，又可使个性化、定制化的应用成为常态。

1) 5G 的研究过程

自 2012 年 ITU 通过了 4G 标准之后，通信业界开始研究 5G，各国成立了专门组织推进 5G 研究，争抢新一轮技术和标准的影响力和制高点。例如：欧盟启动了 METIS、5GNOW

等多个 5G 预研项目，并成立了 5GPPP；韩国成立了 5G Forum 等；美国和日本也启动了 5G 研究；我国则成立了 IMT-2020 (5G)推进组。

2013 年 2 月，欧盟宣布加快 5G 移动技术的发展，计划到 2020 年推出成熟标准。2013 年 2 月，我国发起成立了 IMT-2020 (5G)推进组，目标是在“3G 突破、4G 同步”的基础上实现“5G 引领”全球。2014 年 5 月，日本六家厂商合作，开始测试已有 4G 网络 1000 倍承载能力的高速 5G 网络，并期望于 2020 年开始运作。2017 年 12 月，在国际电信标准组织第 78 次全体会议上，第一个 5G 标准 5G NR 首发版本正式冻结并发布，NR 是指新空口(NewRadio)。2018 年 2 月，中国移动公布了 2018 年 5G 计划：将在杭州、上海、广州、苏州、武汉五个城市开展外场测试。2019 年 6 月 6 日，我国工信部向中国移动、中国电信、中国联通、中国广电四家运营商发放 5G 商用牌照。2019 年 10 月 31 日，我国 5G 正式商用。

2) 5G 的技术特点

(1) 5G 是万物互联、连接场景的一代。

移动通信从 1G 到 4G 主要是以人与人通信为主，5G 则是跨越到人与物、物与物通信的时代。从业务和应用的角度来看，5G 具有大数据、海量连接和场景体验三大特点，满足未来更广泛的数据和连接业务需要。

(2) 5G 是电信 IT 化、软件定义的一代。

5G 是通信技术(CT)与信息技术(IT)的深度融合，将是全新一代的移动通信技术，5G 网络呈现软件化、智能化、平台化趋势。5G 通过软件定义网络(SDN)、网络功能虚拟化(NFV)以及软件定义无线电的无线接入空口，实现 5G 可编程的核心网和无线接口。SDN 和 NFV 将引起 5G 的 IT 化，包括硬件平台通用化、软件实现平台化、核心技术 IP 化。

(3) 5G 是云化的一代。

5G 的云化趋势包括：基带处理能力的云化(C-RAN)、采用移动边缘内容与计算(MECC)和终端云化。C-RAN 是将多个基带处理单元(BBU)集中起来，通过大规模的基带处理池为成百上千的远端射频单元(RRH)服务，此时基带处理能力是云化的虚拟资源。MECC 在靠近移动用户的位置上提供 IT 服务环境和云计算能力，使应用、服务和内容部署在分布式移动环境中，针对资源密集的应用(图像、视频等)，将计算和存储卸载到无线接入网，从而降低通信带宽的开销，并提高实时性。终端云化使移动终端能力和资源(包括计算、存储、传感等)得到大幅提升，也可以实现本地资源共享和云化。

(4) 5G 是蜂窝结构变革的一代。

从 1G 到 4G 都是基于传统的蜂窝系统，即形状规则(多为六边形)的蜂窝小区组网。目前，密集高层办公楼宇、住宅和场馆等城市热点区域承载了 70%以上的无线分组数据业务，而热点区域的家庭基站、无线中继站、小区基站和分布式天线等(统称异构基站)大多数呈非规则、无定形部署特性和层叠覆盖，形成了异构分层无线网络。另外，有虚拟接入网(VRAN)与虚拟小区的概念，VRAN 可以在一个物理设备上按需产生多个 RAN。可见，传统单层规则的蜂窝小区概念已不存在，5G 移动通信首次出现了去蜂窝的趋势。

(5) 5G 是承前启后和探索的一代。

移动通信技术更新约十年一代。1G 的目的是要解决语音通信，但语音质量与安全性都不好。到 2G 时，GSM 和 CDMA 在解决语音通信方面达到极致。1998 年提出的 3G 最初目标是解决多媒体通信(如视频通信)，但 2005 年后出现移动互联网接入的重大应用需求，不过解决得不好；LTE 对移动互联网接入需求的解决是到位的，但又面临语音通信(VoLTE)问题。目前呈现的是“1G 短、2G 长、3G 短、4G 长”的特征，那 5G 呢？5G 的目标是要解决万物互联，但目前还没有得到垂直行业(物联网、工业互联网等)的正面回应。因此，5G 将是有探索价值的一代，是移动通信历史上迈向万物互联的承前启后的一代。

3) 5G 的关键技术

(1) 无线传输关键技术。

我国 IMT-2020(5G)推进组梳理了 5G 无线传输关键技术，主要有大规模多天线(Massive MIMO)、新型多址接入、超密集组网、高频段通信(引入了 6GHz 以上高频空口，支持毫米波无线传输)、低时延高可靠物联网、灵活频谱共享、新型编码调制、新型多载波、M2M、D2D、灵活双工和全双工等。

(2) 网络关键技术。

我国 IMT-2020 (5G)推进组梳理了 5G 核心网络的系列关键技术，主要有控制转发分离、控制功能重构、新型连接管理和移动性管理、移动边缘内容与计算、按需组网、统一的多无线接入技术融合、无线网状网和动态自组织网络、无线资源调度与共享、用户和业务的感知与处理、定制化部署和服务以及网络能力开放等。

8.1.2 5G 与物联网

1. 5G 的需求与推动力

移动互联网与物联网作为未来移动通信发展的两大驱动力，推动着移动通信技术从 4G 向 5G 发展，同时 5G 技术的成熟和应用也将使物联网应用的带宽、可靠性与时延的瓶颈得到解决。5G 与物联网的关系可以从以下两个方面去认识。

(1) 物联网规模的发展对 5G 技术的需求。

面对物联网不同的应用场景，系统对网络传输时延要求从 1 毫秒到数秒不等，每个小区在线连接数从几十个到数万个不等。特别是面向物联网人与物、物与物互联范围的扩大，智能家居、智能工业、智能环保、智能医疗、智能交通应用的发展，数以千亿计的感知与控制设备、智能机器人、可穿戴计算设备、无人驾驶汽车、无人机将接入物联网；物联网控制指令和数据实时传输，对移动通信与移动通信网提出了高带宽、高可靠性与低时延的迫切需求。

近年来，全球移动通信网的数据通信量将出现爆发式的增长。据统计，2010—2020 年全球移动通信量增长了 200 多倍。我国移动通信网的数据量的增速高于全球平均水平，增长了 300 多倍。未来全球移动终端联网设备数量将达到千亿的规模。预测到 2030 年，全球物联网联入移动通信网的终端数量将达到 1000 亿个，其中我国将有 200 亿个。

随着物联网规模的超常规发展，大量的物联网应用系统将部署在山区、森林、水域等偏僻地区，很多物联网感知与控制节点将密集部署在大楼内部、地下室、地铁与隧道中，4G 网络与技术已难以适应这种场景，只能寄希望于 5G 网络与技术。5G 时代必然会是一个万物相连的时代，如图 8-2 所示。

图 8-2　5G 与物联网

(2) 物联网性能的发展对 5G 技术的需求。

物联网涵盖智能工业、智能农业、智能交通、智能医疗、智能电网等各个行业，业务类型多、业务需求差异性大。尤其是在智能工业的工业机器人与工业控制系统中，节点之间的感知数据与控制指令传输必须保证是正确的，时延必须在毫秒量级，否则就会造成工业生产事故。同样，在无人驾驶汽车与智能交通控制中心之间的感知数据与控制指令传输也要求准确性，时延必须控制在毫秒量级，否则就会造成车毁人亡的重大交通事故。

2. 5G 的技术目标

未来 5G 典型的应用场景是人们的居住、工作、休闲与交通区域，特别是人口密集的居住区、办公区、体育场、晚会现场、地铁、高速公路、高铁等。这些地区存在着超高流量密度、超高接入密度、超高移动性的特点，对 5G 网络性能有较高的要求。为了满足用户要求，5G 研发的技术指标包括用户体验速率、流量密度、连接数密度、端—端时延、移动性与用户峰值速率等。

5G 网络作为面向 2020 年之后的技术，需要满足移动宽带、物联网以及其他超可靠通信的要求，同时它也是一个智能化的网络，具有自检修、自配置与自管理的能力。

显然，5G 的技术指标与智能化程度远远超过 4G，很多对带宽、时延与可靠性有高要求的物联网应用在 4G 网络中无法实现，但是在 5G 网络中就可以实现。因此，进入 5G 时代，受益最大的是物联网。5G 的设计者将物联网纳入到整个技术体系之中，5G 技术的发展与应用将大大推动“万物互联”的进程。

8.2　M2M 和 D2D 技术

1. M2M 的基本概念

如果将用户通过手机与另一位用户通话、网络视频或者以微信方式通信，定义为人与人(Human to Human，H2H)通信的话，那么物联网控制中心计算机通过移动通信网远程控制无人驾驶汽车、智能机器人、路灯、智能家居家庭网关就应该是机器与机器(Machine to Machine，M2M)通信。理解 M2M 的概念时需要注意：M2M 是指不在人的控制下的一种通信方式；M2M(见图 8-3)中的“机器”可以是传统意义上的机器，也可以是物联网智能硬件或软件。

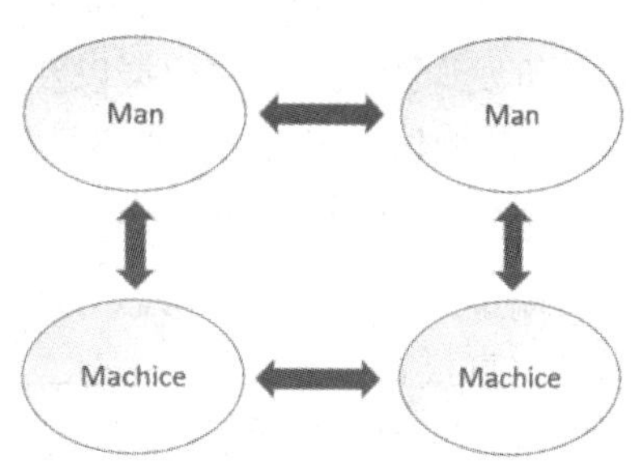

图 8-3　M2M 示意图

移动通信网主要是为人与人之间在移动状态下打电话和访问互联网而设计的。在研究物联网应用时，我们自然会希望利用无处不在的移动通信网，实现物联网“万物互联”的目的。也就是说，我们希望将移动通信网的使用对象，由人扩大到感知与执行设备、移动终端设备，将“人与人”通信扩大到“机器与机器”的通信。

研究人员预测，未来用于人与人通信的手机数量可能仅占整个移动通信网终端数的很小一部分，而大部分将是采用 M2M 方式通信的机器。这里的“机器”(Machine)有两种含义：一种是传统意义上的机器，如自动售卖机、电力传输网中的智能变压器、安装了智能传感器的大型机械设备；另一种是物联网中的智能终端设备、智能机器人、牛的 RFID 耳标、汽车上的传感器，甚至是软件。只要这些硬件或软件配置有能够执行 M2M 通信协议的接口模块，就可以构成 M2M 终端。

可以通过一个例子来进一步了解 M2M 通信方式的原理与特点。

你也许用过呼叫和预约出租车、专车的手机叫车软件。叫车软件的 App 程序由两部分组成，即出租车与司机的 App 程序和用户端的 App 程序。安装了司机端 App 程序的手机随时将标识车辆位置的 GPS 数据发送给后台的叫车管理服务器，并接收叫车管理服务器的指令。当用户打开用户端 App 程序时，地图界面上立即显示其当前位置。接下来会询问用户是预约用车，还是立即叫车；是呼叫出租车，还是呼叫专车。如果用户想马上呼叫出租车，那么只需要在用户界面的“你去哪里？”的提示行中填上目的地信息，发送出去，然后等待即可。叫车管理服务器收到用户手机自动给出的当前位置以及填写的目的地地址，它会立即发送服务信息“请稍后，正在为你呼叫出租车”。叫车管理服务器同时将需要用车的用户的当前位置与目的地地址发送给其附近的出租车。当其中一辆或几辆出租车可以提供服务时，司机将通过手机界面的按钮回复。当叫车管理服务器收到多位司机回复时，它可以自动进行筛选，选择最先回复的，或离用户最近的车辆。然后，叫车管理服务器立即向用户发出服务接收信息，例如“车牌号为×A123×的出租车大约在 1 分钟后达到，司机电话为 139××××××××，请稍候”。用户在手机地图上可以看到多辆出租车移动的画面，其中必然有一辆出租正在向其当前的位置靠近。几分钟后，一辆出租车将停在用户面前，将用户安全地送到目的地。到达目的地之后，司机通过手机界面向叫车管理服务器报告已经送达的信息。叫车管理服务器向用户手机发送已产生的费用信息。如果用户确认无误，就可以通过手机支付完成付款过程。

这样，一次便捷的呼叫或预约车辆的出行过程就完成了。在这个过程中，用户可以不需要用手机打电话，手机变成了一台移动终端设备或者一台“机器”。整个过程是在“机器与机器”交互的过程中完成的。然而，隐藏在“机器与机器”交互过程背后的是无线 M2M 协议(Wireless M2M Protocol，WMMP)。

无线 M2M 协议(WMMP)是支持移动通信网中机器与机器交互的通信协议。用户、出租车司机发送给服务器的数据以及服务器发送给用户与司机的数据，在移动通信网中都按照 WMMP 通信协议的格式被封装成 M2M 数据包进行传输。

2. D2D 的基本概念

终端直通(Device to Device，D2D)技术是指邻近的终端距离较近，可以采取不通过小区的基站，直接在相邻终端之间建立无线通信链路的方式，实现终端之间的直接通信。D2D 对于物联网应用系统来说是一种非常有用的技术。因为在物联网应用系统中，如在工厂、居民小区、科技园区的智能安防、智能环保系统中有大量的传感器、控制器，它们之间距离比较近，符合 D2D 通信的条件。图 8-4 所示是一种简单的 D2D 模型。

图 8-4　一种简单的 D2D 模型

由于 D2D 具备近距离、直接通信的特点，因此它具有以下几个主要的优点：

(1) 终端近距离、直接通信方式可以实现高数据传输速率，降低时延与功耗。

(2) 利用终端分布范围广的特点，使用直接通信方式有利于提高频谱利用率。

(3) 直接通信方式适用于 P2P 通信和本地数据资源共享的需要。

(4) 利用终端直接通信方式，可以减轻基站负荷，拓展移动通信网的覆盖范围。

目前，研究人员正在利用 D2D 的设计思路，研究车联网中车与车(Vehicle to Vehicle，V2V)通信。例如，在车辆高速行进时，想要进行车辆变道、减速等操作时，可通过 D2D 通信方式发出预警信息，周边车辆收到预警之后向驾驶员发出警示，甚至在紧急情况下对车辆进行自主操控，以缩短行车过程中面对紧急情况时驾驶员的反应时间。同时，通过 D2D 通信，驾驶员可以快速地发现和识别附近的特定车辆，如校车、装载危险品的货车、速度过快的危险车辆等，以降低交通事故发生的概率。

以上所述可以看出：移动通信发展的目标是建立一个包括各种类型终端、广泛互联互通的无线网络，这也是在蜂窝移动通信框架上发展物联网的出发点之一。未来 5G 的 D2D 通信方式将具有传统移动通信系统不可比拟的优势。

习　　题

1. 请简述移动通信网络的发展历程。
2. 请简述 5G 技术的特点。
3. 为什么说 5G 技术的发展必将带动物联网技术的发展，说说两者之间的关系。
4. 请简述什么是 M2M 技术。
5. 请简述什么是 D2D 技术。

第9章　计算机网络技术

9.1　计算机网络概述

9.1.1　计算机网络发展历史

1. 计算机网络发展概要

在1946年世界上第一台电子计算机问世后的十多年时间内，由于价格昂贵，电脑数量极少。早期所谓的计算机网络主要是为了解决这一矛盾而产生的，其形式是将一台计算机通过通信线路与若干台终端直接连接。我们可以把这种方式看作是最简单的局域网雏形。

最早的Internet是由美国国防部高级研究计划局(ARPA)建立的。现代计算机网络的许多概念和方法，如分组交换技术都来自ARPAnet。ARPAnet不仅进行了租用线互联的分组交换技术研究，而且进行了无线、卫星网的分组交换技术研究，导致了TCP/IP问世。1977—1979年，ARPAnet推出了TCP/IP体系结构和协议。1980年前后，ARPAnet上的所有计算机开始了TCP/IP协议的转换工作，并以ARPAnet为主干网建立了初期的Internet。1983年，ARPAnet的全部计算机完成了向TCP/IP的转换，并在UNIX(BSD4.1)上实现了TCP/IP。ARPAnet在技术上最大的贡献就是TCP/IP协议的开发和应用，即两个著名的科学教育网CSNET和BITNET先后建立。1984年，美国国家科学基金会(NSF)规划建立了13个国家超级计算中心及国家教育科技网，随后替代了ARPAnet的骨干地位。1988年，Internet开始对外开放。1991年6月，在连通Internet的计算机中，商业用户首次超过了学术界用户，这是Internet发展史上的一个里程碑，从此Internet成长速度一发不可收拾。

2. 计算机网络发展历程

1) 以数据通信为主的第一代计算机网络

1954年，美国军方的半自动地面防空系统将远距离的雷达和测控仪器所探测到的信息，通过通信线路汇集到某个基地的一台IBM计算机上进行集中的信息处理，再将处理好的数据通过通信线路送回到各自的终端设备。严格来讲，这种以单个计算机为中心、面向终端设备的网络结构是一种联机系统，它只是计算机网络的雏形，一般称为第一代计算机网络。

2) 以资源共享为主的第二代计算机网络

美国国防部高级研究计划局(ARPA)于1968年主持研制，次年将分散在不同地区的4台计算机连接起来，建成了ARPA网。ARPA网的建成标志着计算机网络的发展进入了第二代，它也是Internet的前身。第二代计算机网络是以分组交换网为中心的计算机网络，它与第一代计算机网络的区别在于：网络中通信双方都是具有自主处理能力的计算机，而不是终端机；计算机网络功能以资源共享为主，而不是以数据通信为主。

3) 体系标准化的第三代计算机网络

社会的发展需要各种不同体系结构的网络进行互联，但是由于不同体系的网络很难互联，因此，国际标准化组织(ISO)在 1977 年设立了一个分委员会，专门研究网络通信的体系结构。1983 年，该委员会提出的开放系统互联参考模型(OSI)各层的协议被批准为国际标准，给网络的发展提供了一个可共同遵守的规则，从此计算机网络的发展走上了标准化的道路。因此，我们把体系结构标准化的计算机网络称为第三代计算机网络。

4) 以 Internet 为核心的第四代计算机网络

进入 20 世纪 90 年代，Internet 的建立将分散在世界各地的计算机和各种网络连接起来，形成了覆盖世界的大网络。随着信息高速公路计划的提出和实施，Internet 迅猛发展起来，它将当今世界带入了以网络为核心的信息时代。目前，这个阶段计算机网络发展特点呈现为高速互联、智能与更广泛的应用。

9.1.2 计算机网络的体系结构

我们把计算机网络的各层及其协议的集合称为网络的体系结构。换一种说法，计算机网络的体系结构就是这个计算机网络及其构件所应完成的功能的精确定义。

国际标准化组织 ISO 于 1981 年正式推荐了一个网络系统结构七层参考模型，叫作开放系统互联模型(Open System Interconnection，OSI)。该模型包括物理层、数据链路层、网络层、运输层、会话层、表示层和应用层七个层次。由于这个标准模型的建立，各种计算机网络向它靠拢，大大推动了网络通信的发展。

但由于 OSI 体系结构太复杂，在实际应用中 TCP/IP 的四层体系结构得到广泛应用，作为折中，在学习中一般学习五层协议体系结构。计算机网络的体系结构如图 9-1 所示。

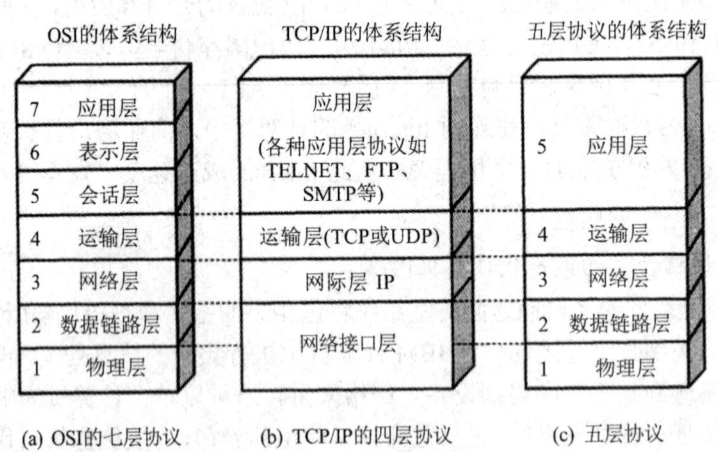

图 9-1　计算机网络的体系结构

层与协议：每一层都是为了完成一种功能。为了实现这些功能，需要遵循一些规则，这些规则就是协议。每一层都定义了一些协议。

1. 物理层(Physical Layer)

在物理层上传输的数据单位是比特，物理层的任务就是透明地传输比特流。也就是说，发送方发送 1(或 0)时，接收方应当接收 1(或 0)而不是 0(或 1)。因此，物理层要考虑的是多大的电流代表“1”或“0”，以及接收方如何识别发送方所发送的比特；物理层还要确定连接电缆的插头应当有多少根引脚以及各条引脚要如何连接。当然，哪几个比特代表什么意思，则不是物理层所需要考虑的。注意，传递信息的物理媒体如双绞线、同轴电缆、光缆、无线信道等，并不在物理层协议之内。

2. 数据链路层(Data Link Layer)

两个主机之间的数据传输，总是在一段一段的链路上传送的。也就是说，两个相邻节点(主机和路由器之间或两个路由器之间)传送数据是直接传送的(点对点)。这就需要专门的链路层协议。当两个相邻节点之间传送数据时，数据链路层将网络层传下来的 IP 数据包组装成帧(Framing)，在两个相邻节点透明地传送帧(Frame)中的数据。每帧中包含必要的控制信息(如同步信息、地址信息、差错控制等)。

以太网协议：以太网规定一组电信号组成帧，帧由标头(Head)和数据(Data)组成。其中，标头包含发送方和接收方的地址(MAC 地址)以及数据类型等，而数据则是数据的具体内容(IP 数据包)。MAC 地址每个连入网络的设备都有网卡接口，每个网卡接口在出厂时都有一个独一无二的 MAC 地址。

通过 ARP 协议可以知道本网络内的所有机器的 MAC 地址，以太网通过广播的方式把数据发送到本网络内的所有机器上，让其根据 MAC 地址自己判断是否接收数据。

3. 网络层(Network Layer)

网络层负责为分组交换网上的不同主机提供服务。在发送数据时，网络层把运输层产生的报文段或用户数据报封装成分组或包进行传送。由于网络层使用 IP 协议，因此分组也叫作 IP 数据包(或简称数据报)。

网络层的另一个任务就是选择合适的路由，使源主机运输层所传下来的分组能够通过网络中的路由器找到目标主机。

因特网是一个很大的互联网，由大量的异构网络相互连接起来。因特网的主要网络层协议是无连接的网际层协议 IP(Internet Protocol)和许多路由选择协议，因此网络层也叫作网际层或 IP 层。

依靠以太网的 MAC 地址发送数据，理论上可以跨地区寻址，但是以太网的广播方式发送数据，不仅效率低，而且局限在发送者所在的局域网。如果两台计算机不在一个子网内，广播是发不过去的。网络层引入一种新的地址，能够区分两台计算机是否在同一个子网内，这种地址叫作网络地址(简称网址)。

规定网络地址的协议叫 IP 协议，所定义的地址叫 IP 地址，由 32 个二进制位组成，从 0.0.0.0 一直到 255.255.255.255。IP 地址分为两个部分，前面一部分代表网络，后面一部分代表主机。处于同一个子网的 IP 地址，其网络部分必定是相同的。例如，前 24 位代表网络，后 8 位代表主机，IP 地址 172.251.23.17 和 172.251.23.108 处在同一个子网。如何判断网络部分是多少位，这就需要子网掩码，它和 IP 地址都是 32 个二进制位，代表网络的部分都由 1 表示，主机部分由 0 表示。那么 24 位的网络地址，子网掩码就是 255.255.255.0。将两个 IP 地址分别和其对应的子网掩码进行 AND 运算，结果相同说明两个 IP 在同一个子网络。

因此如果是同一个子网络，就采用广播方式发送，否则采用“路由”方式发送。IP 协议作用主要是分配 IP 地址和判断哪些 IP 在同一个网络中。

4. 运输层(Transport Layer)

运输层的任务就是为两个主机进程之间的通信提供服务。由于一个主机可同时运行多个进程，因此运输层有复用和分用的功能。复用就是多个应用进程可同时使用运输层的服务；分用是运输层把收到的信息分别交付给上面的应用层的相应进程。

运输层主要使用两种协议：TCP 面向连接的协议和 UDP 无连接的协议。

计算机有许多需要网络的程序如 QQ、浏览器等，如何区分来自网上的数据是属于谁的，于是有了一个参数，这个参数叫作端口(Port)，它其实是每一个使用网卡的程序的编号。每个数据包都发到主机的特定端口，所以不同的程序就能取到自己所需要的数据。“端口”是 0～65535 的一个整数，正好 16 个二进制位。若 0～1023 的端口被系统占用，用户只能选用大于 1023 的端口。不管是浏览网页还是在线聊天，应用程序会随机选用一个端口，然后与服务器的相应端口联系。

运输层的功能就是建立“端口到端口”的通信。相比之下，网络层的功能是建立“主机到主机”的通信。只要确定主机和端口，就能实现程序之间的交流。因此，UNIX 系统就把主机+端口叫作“套接字”(Socket)。有了它，就可以进行网络应用程序开发。

5. 应用层(Application Layer)

应用层是体系机构的最高层，直接为用户提供进程服务。这里的进程就是正在运行的程序。应用层的协议很多，如 HTTP、FTP、SMTP 等。

应用程序收到“传输层”的数据，接下来就要进行解读。由于互联网是开放架构，数据来源五花八门，必须事先规定好格式，否则根本无法解读。

应用层的作用就是规定应用程序的数据格式。

举例来说，TCP 协议可以为各种各样的程序传递数据，比如 E-mail、WWW、FTP 等。那么，必须有不同协议规定电子邮件、网页、FTP 数据的格式，这些应用程序协议就构成了“应用层”。

数据在各层之间的传递过程如图 9-2 所示。

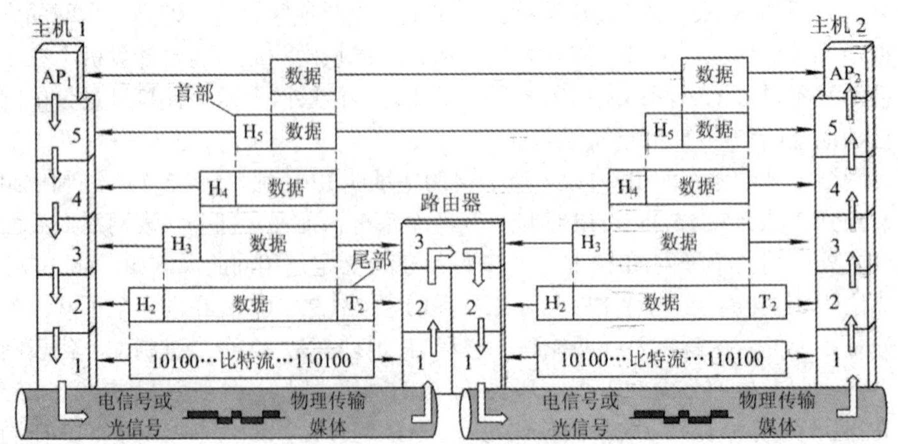

图 9-2　数据在各层之间的传递过程

9.2　互联网与 TCP/IP 协议族

9.2.1　互联网基础

互联网的基础结构大体上经历了三个阶段的演进。但这三个阶段在时间划分上不是截然分开而是有部分重叠的，这是因为网络的演进是逐渐的，并非在某个日期发生了突变。

第一阶段，从单个网络 ARPAnet 向互联网发展的过程。1969 年，美国国防部创建的第一个分组交换网 ARPAnet 最初只是一个单个的分组交换网(并不是一个互联的网络)。所有要连接在 ARPAnet 上的主机都直接与就近的结点交换机相连。但到了 20 世纪 70 年代中期，人们已认识到不可能仅使用一个单独的网络来满足所有的通信问题。于是，ARPA 开始研究多种网络(如分组无线电网络)互联的技术，这就导致了互联网络的出现，也就成为了现今互联网(Internet)的雏形。1983 年，TCP/IP 协议成为 ARPAnet 上的标准协议，使得所有使用 TCP/IP 协议的计算机都能利用互联网相互通信，因而人们就把 1983 年作为互联网的诞生时间。1990 年，ARPAnet 正式宣布关闭，因为它的实验任务已经完成。

第二阶段，建成了三级结构的互联网。从 1985 年起，美国国家科学基金会 NSF(National Science Foundation)就围绕六个大型计算机中心建设计算机网络，即国家科学基金网 NSF NET。它是一个三级计算机网络，分为主干网、地区网和校园网(或企业网)。这种三级计算机网络覆盖了全美国主要的大学和研究所，并且成为互联网中的主要组成部分。1991 年，NSF 和美国的其他政府机构开始认识到，互联网必将扩大其使用范围，不应仅限于大学和研究机构。世界上的许多公司纷纷接入互联网，网络上的通信量急剧增大，使互联网的容量已满足不了需要。于是，美国政府决定将互联网的主干网转交给私人公司来经营，并开始对接入互联网的单位收费。1992 年，互联网上的主机超过 100 万台。1993 年，互联网主干网的速率提高到 45 Mb/s(T3 速率)。

第三阶段，逐渐形成了多层次 ISP 结构的互联网。从 1993 年开始，由美国政府资助的 NSF NET 逐渐被若干个商用的互联网主干网替代，而政府机构不再负责互联网的运营。这样就出现了一个新的名词——互联网服务提供者 ISP (Internet Service Provider)。在许多情况下，ISP 就是一个进行商业活动的公司，因此 ISP 又常译为互联网服务提供商。例如，中国电信、中国联通和中国移动等公司都是我国最有名的 ISP。

ISP 可以从互联网管理机构申请到很多 IP 地址(互联网上的主机都必须有 IP 地址才能上网)，同时拥有通信线路(大 ISP 自己建造通信线路，小 ISP 则向电信公司租用通信线路)以及路由器等连网设备，因此任何机构和个人只要向某个 ISP 交纳规定的费用，就可从该 ISP 获取所需 IP 地址的使用权，并可通过该 ISP 接入互联网。所谓“上网”就是指“(通过某 ISP 获得的 IP 地址)接入互联网”。IP 地址的管理机构不会把一个单独的 IP 地址分配给单个用户(不“零售”IP 地址)，而是把一批 IP 地址有偿租赁给经审查合格的 ISP(只“批发”IP 地址)。

9.2.2　IPv4 与 IPv6 协议

IP 是互联网的核心协议。现在使用的 IP (即 IPv4)是在 20 世纪 70 年代末期设计的。互联网经过几十年的飞速发展，到 2011 年 2 月，IPv4 的地址已经耗尽，ISP 已经不能再申请到新的 IP 地址块了。我国在 2014 年至 2015 年也逐步停止了向新用户和应用分配 IPv4 地址，同时全面开始商用部署 IPv6。

1. IPv4 协议

1) 地址

IPv4 使用 32 位(4 字节)地址，因此地址空间中只有 4 294 967 296(2^{32})个地址。不过，一些地址是为特殊用途所保留的，如专用网络(约 1800 万个地址)和多播地址(约 2.7 亿个地址)，这减少了可在互联网上路由的地址数量。随着地址不断被分配给最终用户，IPv4 地址枯竭问题也在随之产生。基于分类网络、无类别域间路由和网络地址转换的地址结构重构显著地减少了地址枯竭的速度，但到 2011 年 2 月 3 日，IPv4 的地址已经耗尽。

2) 地址格式

IPv4 地址可被写作任何表示一个 32 位整数值的形式，但为了方便人类阅读和分析，它通常被写作点分十进制的形式，即四个字节被分开用十进制写出，中间用点分隔。

3) 分配

最初，一个 IP 地址被分成两部分：网络识别码在地址的高位字节中，主机识别码在剩下的部分中。为了克服这个限制，在随后出现的分类网络中，地址的高位字节被重定义为网络的类(Class)。这个系统定义了五个类别：A、B、C、D 和 E。A、B 和 C 类有不同的网络类别长度，剩余的部分被用来识别网络内的主机，这就意味着每个网络类别有着不同的给主机编址的能力。D 类被用于多播地址，E 类被留作将来使用。

1993 年，无类别域间路由(CIDR)正式取代了分类网络，后者也因此被称为“有类别”的。CIDR 被设计为可以重新划分地址空间，因此小的或大的地址块均可以分配给用户。CIDR 创建的分层架构由互联网号码分配局(IANA)和区域互联网注册管理机构(RIR)进行管理，每个 RIR 均维护着一个公共的 WHOIS 数据库，以此提供 IP 地址分配的详情。

2. IPv6 协议

由于 IPv4 最大的问题在于网络地址资源不足，严重制约了互联网的应用和发展。IPv6 的使用，不仅能解决网络地址资源数量的问题，而且也解决了多种设备接入互联网的障碍。

1) 表示方法

IPv6 的地址长度为 128 位，是 IPv4 地址长度的 4 倍。于是，IPv4 点分十进制格式不再适用，采用十六进制表示。IPv6 有以下三种表示方法：

(1) 冒分十六进制表示法。

格式为 X:X:X:X:X:X:X:X，其中每个 X 表示地址中的 16b，以十六进制表示。例如：

ABCD:EF01:2345:6789:ABCD:EF01:2345:6789

这种表示法中，每个 X 的前导 0 是可以省略的。例如：

2001:0DB8:0000:0023:0008:0800:200C:417A→ 2001:DB8:0:23:8:800:200C:417A

(2) 0 位压缩表示法。

在某些情况下，一个 IPv6 地址中间可能包含很长的一段 0，可以把连续的一段 0 压缩为“::”。但为保证地址解析的唯一性，地址中“::”只能出现一次。例如：

FF01:0:0:0:0:0:0:1101 → FF01::1101

0:0:0:0:0:0:0:1 → ::1

0:0:0:0:0:0:0:0 → ::

(3) 内嵌 IPv4 地址表示法。

为了实现 IPv4-IPv6 互通，IPv4 地址会嵌入 IPv6 地址中，此时地址常表示为 X:X:X:X:X:X:d.d.d.d，前 96b 采用冒分十六进制表示，而最后 32b 地址则使用 IPv4 的点分十进制表示。例如::192.168.0.1 与::FFFF:192.168.0.1 就是两个典型的例子，注意在前 96b 中，压缩 0 位的方法依旧适用。

2) 地址类型

一般来讲，一个 IPv6 数据报的目的地地址可以是以下三种基本类型地址之一：

(1) 单播(Unicast)。单播就是传统的点对点通信。

(2) 多播(Multicast)。多播是一点对多点的通信，数据报发送到一组计算机中的每一个。IPv6 没有采用广播的术语，而是将广播看作多播的一个特例。

(3) 任播(Anycast)。这是 IPv6 增加的一种类型。任播的终点是一组计算机，但数据报只交付其中的一个，通常是距离最近的一个。

9.2.3 TCP 与 UDP 协议

1. TCP 协议

传输控制协议(Transmission Control Protocol，TCP)是为了在不可靠的互联网络上提供可靠的端到端字节流而专门设计的一个传输协议。应用层向 TCP 层发送用于网间传输的、用 8 位字节表示的数据流，然后 TCP 把数据流分区成适当长度的报文段(通常受该计算机连接的网络的数据链路层的最大传输单元(MTU)的限制)。之后，TCP 把结果包传给 IP 层，由它来通过网络将包传送给接收端实体的 TCP 层。TCP 为了保证不发生丢包，就给每个包一个序号，同时序号也保证了传送到接收端实体的包的按序接收。然后，接收端实体对已成功收到的包发回一个相应的确认(ACK)；如果发送端实体在合理的往返时延(RTT)内未收到确认，那么对应的数据包就被假设为已丢失将会被进行重传。TCP 用一个校验和函数来检验数据是否有错误，并在发送和接收时都要计算校验和。

在建立一个 TCP 连接时，需要客户端和服务端总共发送 3 个包以确认连接的建立，就是建立 TCP 连接的三次握手(Three-Way Handshake)。在 socket 编程中，这一过程由客户端执行 connect(连接)来触发。整个流程如图 9-3 所示。

第一次握手：建立连接时，客户端(Client)发送 SYN 包(seq = j)到服务器(Server)，并进入 SYN-SENT 状态，等待服务器确认。

第二次握手：服务器收到 SYN 包，必须确认客户的 SYN(ack = j+1)，同时自己也发送一个 SYN 包(seq = k)，即 SYN + ACK 包，此时服务器进入 SYN-RCVD 状态。

第三次握手：客户端收到服务器的 SYN+ACK 包，向服务器发送确认包 ACK(ack = k+1)，此包发送完毕，客户端和服务器进入 ESTABLISHED 状态，完成第三次握手。

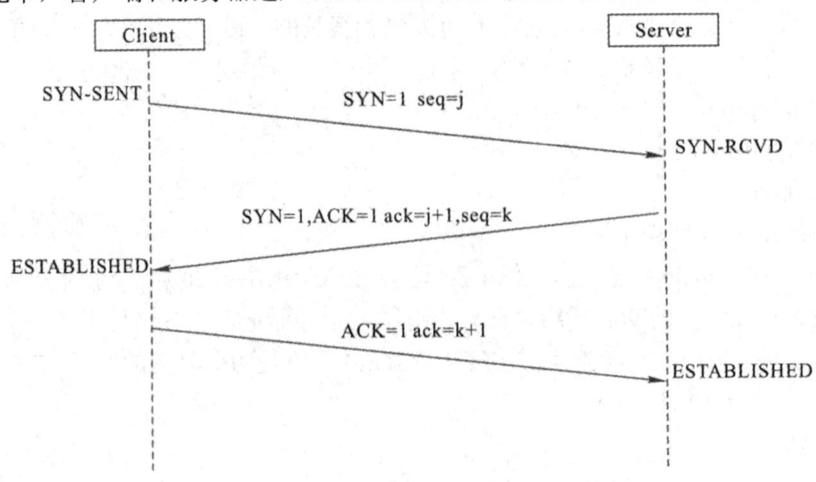

图 9-3　TCP 的三次握手

2. UDP 协议

UDP (User Datagram Protocol，用户数据报协议)是 OSI(Open System Interconnection，开放式系统互联)参考模型中一种无连接的传输层协议，提供面向事务的简单且不可靠的信息传送服务。IETF RFC 768 是 UDP 的正式规范。UDP 在 IP 报文的协议号是 17。

UDP 协议与 TCP 协议一样用于处理数据包，在 OSI 模型中，两者都位于传输层，处于 IP 协议的上一层。UDP 协议具有不提供数据包分组、组装和不能对数据包进行排序的缺点，也就是说，在报文发送之后，是无法得知其是否安全完整到达的。UDP 协议用来支持那些需要在计算机之间传输数据的网络应用，如包括网络视频会议系统在内的众多的客户/服务器模式的网络应用。UDP 协议从问世至今已经被使用了很多年，虽然其最初的光彩已经被一些类似协议所掩盖，但在今天它仍然不失为一项非常实用和可行的网络传输层协议。

许多应用只支持 UDP 协议，如多媒体数据流，不产生任何额外的数据，即使知道有破坏的包也不进行重发。当强调传输性能而不是传输的完整性时，如音频和多媒体应用，UDP 协议是最好的选择。在数据传输时间很短，以至于此前的连接过程成为整个流量主体的情况下，UDP 协议也是一个好的选择。

1) UDP 协议的报文格式

(1) 端口号。

UDP 协议使用端口号为不同的应用保留其各自的数据传输通道。UDP 和 TCP 协议正是采用这一机制实现对同一时刻内多项应用同时发送和接收数据的支持。数据发送方(可以是客户端或服务器端)将 UDP 数据包通过源端口发送出去，而数据接收方则通过目标端口接收数据。有的网络应用只能使用预先为其预留或注册的静态端口，有的网络应用则可以使用未被注册的动态端口。因为 UDP 报头使用两个字节存放端口号，所以端口号的有效范围是从 0～65 535。一般来说，大于 49151 的端口号都代表动态端口。UDP 端口号指定有两种方式：由管理机构指定端口和动态绑定。

(2) 长度。

数据报的长度是指包括报头和数据部分在内的总字节数。因为报头的长度是固定的，所以该域主要被用来计算可变长度的数据部分(又称为数据负载)。数据报的最大长度根据操作环境的不同而各异。从理论上说，包含报头在内的数据报的最大长度为 65 535 个字节。不过，一些实际应用往往会限制数据报的大小，有时会降低到 8192 个字节。

(3) 校验值。

UDP 协议使用报头中的校验值来保证数据的安全。校验值首先在数据发送方通过特殊的算法计算得出，在传递到接收方之后，还需要再重新计算。如果某个数据报在传输过程中被第三方篡改或者由于线路噪音等原因受到损坏，发送方和接收方的校验计算值将不相符，由此 UDP 协议可以检测是否出错。这与 TCP 协议是不同的，后者要求必须具有校验值。

许多链路层协议都提供错误检查，包括流行的以太网协议，也许你想知道为什么 UDP 协议也要提供检查和校验。其原因是链路层以下的协议在源端和终端之间的某些通道可能不提供错误检测。虽然 UDP 协议提供错误检测，但检测到错误时，它并不进行错误校正，只是简单地把损坏的消息段扔掉，或者给应用程序提供警告信息。

2) UDP 协议的特点

(1) UDP 协议是无连接的，即发送数据之前不需要建立连接，因此减少了开销和发送数据之前的时延。

(2) UDP 协议是尽最大努力交付的，即不保证可靠交付，因此主机不需要维持复杂的连接状态表。

(3) UDP 协议是面向报文的。发送方的 UDP 协议对应用程序交下来的报文，在添加首部后就向下交付 IP 层。UDP 协议对应用层交下来的报文，既不合并，也不拆分，而是保留这些报文的边界。因此，应用程序必须选择大小合适的报文。

(4) UDP 协议支持一对一、一对多、多对一和多对多的交互通信。

9.2.4 路由器与交换机

1. 路由器

路由器又可以称为网关设备。路由器就是在 OSI/RM 中完成网络层中继以及第三层中继任务，对不同的网络之间的数据包进行存储、分组转发处理，其主要就是在不同的逻辑分开网络。而数据在一个子网中传输到另一个子网中，可以通过路由器的路由功能进行处理。在网络通信中，路由器具有判断网络地址以及选择 IP 路径的作用，可以在多个网络环境中构建灵活的连接系统，通过不同的数据分组以及介质访问方式对各个子网进行连接。路由器在操作中仅接收源站或者其他相关路由器传递的信息，是一种基于网络层的互联设备。

路由器通常位于网络层，因而路由技术也是与网络层相关的一门技术，路由器与早期的网桥相比有很多变化和不同。通常，网桥的局限性比较大，它只能够连通数据链路层相同或者类似的网络，不能连接数据链路层之间有着较大差异的网络。但是路由器却不同，它打破了这个局限，能够连接任意两种不同的网络，但是这两种不同的网络之间要遵守一个原则，就是使用相同的网络层协议，这样才能够被路由器连接。 路由技术就是对网上众多的信息进行转发与交换的一门技术，具体来说，就是通过互联网将信息从源地址传送到目的地地址。路由技术在近几年也取得了不错的发展和进步，特别是第五代路由器的出现，满足了人们对数据、语音、图像等信息的需求，逐渐被大多数家庭网络所选择并广泛被使用。除此之外，我国的路由技术也越来越成熟，同时也结合了当代的智能化技术，使人们能够在使用路由技术的过程中体会到快捷、快速的效果，从而推动和促进互联网与网络技术的发展。

路由器是互联网的主要结点设备。路由器通过路由决定数据的转发。转发策略称为路由选择(Routing)，这也是路由器名称的由来。作为不同网络之间互相联结的枢纽，路由器系统构成了基于 TCP/IP 的国际互联网络 Internet 的主体脉络。也可以说，路由器构成了 Internet 的骨架。它的处理速度是网络通信的主要瓶颈之一，它的可靠性则直接影响着网络互联的质量。因此，在园区网、地区网乃至整个 Internet 研究领域中，路由器技术始终处于核心地位，其发展历程和方向成为整个 Internet 研究的一个缩影。在当前我国网络基础建设和信息建设方兴未艾之际，探讨路由器在互联网络中的作用、地位及发展方向，对于国内的网络技术研究、网络建设，以及明确网络市场上对于路由器和网络互联的各种似是而非的概念，都有着重要的意义。

网络中的设备相互通信主要是利用它们的 IP 地址，路由器只能根据具体的 IP 地址来转发数据。IP 地址由网络地址和主机地址两部分组成。在 Internet 中采用的是由子网掩码来确定网络地址和主机地址。子网掩码与 IP 地址一样都是 32 位，并且这两者是一一对应的，子网掩码中“1”对应 IP 地址中的网络地址，“0”对应主机地址，网络地址和主机地址就构成了一个完整的 IP 地址。在同一个网络中，IP 地址的网络地址必须是相同的。计算机之间的通信只能在具有相同网络地址的 IP 地址之间进行，如果想要与其他网段的计算机进行通信，那么必须经过路由器转发出去。不同网络地址的 IP 地址是不能直接通信的，即便它们距离非常近，也不能进行通信。路由器的多个端口可以连接多个网段，每个端口的 IP 地址的网络地址都必须与所连接网段的网络地址一致；不同端口的网络地址是不同的，所对应的网段也是不同的，这样才能使各个网段中的主机通过自己网段的 IP 地址把数据发送到路由器上。

2. 交换机

交换是指按照通信两端传输信息的需要，用人工或设备自动完成的方法，把要传输的信息送到符合要求的相应路由上的技术的统称。交换机就是一种在通信系统中完成信息交换功能的设备，它应用在数据链路层。交换机实际上是多端口的网桥，它具有多个端口，每个端口都具有桥接功能，可以连接一个局域网或一台高性能服务器或工作站。Switch 是交换机的英文名称，它是由原集线器的升级换代而来，从外观上看和集线器没有很大区别。因此从广义上来讲，在通信系统里实现信息交换功能的设备，就是交换机。

随着通信业的发展以及国民经济信息化的推进，网络交换机市场呈稳步上升态势。它具有性价比高、灵活性强、相对简单、易于实现等特点。以太网技术已成为当今最重要的一种局域网组网技术，网络交换机也就成为了最普及的交换机。

根据工作位置的不同，交换机可以分为广域网交换机和局域网交换机。广域网交换机主要应用于电信领域，提供通信用的基础平台；而局域网交换机则应用于局域网络，用于连接终端设备，如 PC 及网络打印机等。从传输介质和传输速度上，可将交换机分为以太网交换机、快速以太网交换机、千兆以太网交换机、FDDI 交换机、ATM 交换机、令牌环交换机等。从规模应用上，又可将交换机分为企业级交换机、部门级交换机、工作组交换机等。各厂商划分的尺度并不是完全一致的，一般来讲，企业级交换机都是机架式；部门级交换机可以是机架式(插槽数较少)，也可以是固定配置式；而工作组级交换机为固定配置式(功能较为简单)。从应用的规模来看，作为骨干交换机时，支持 500 个信息点以上大型企业应用的交换机为企业级交换机，支持 300 个信息点以下中型企业的交换机为部门级交换机，而支持 100 个信息点以内的交换机为工作组级交换机。

9.3　互联网与物联网的关系

互联网(Internet)是覆盖全世界的全球性的计算机网络，而物联网是物物相连的互联网。两者有紧密的联系，又有一定的区别。

1. 互联网与物联网相互区别

物联网是物的联网，互联网是人的联网。从字面上看，“物联网”和“互联网”的区别就很明显：物联网是物与物之间的联网(物物相连)；互联网是人与人之间的联网(人人相连)。

我们平时上网、聊微信、发邮件、视频聊天等，都是人与人之间在交流，这就是互联网。家里的抽水马桶水位到了，它就停止，不再抽水；空调温度到了，它就不再制热或制冷了；洗衣机洗涤时间到了，它就自然停止；闹钟到了定时，它就开始响铃……这些都是最直接的物联网。物联网被认为是互联网 2.0，数据都由物品产生。

2. 互联网与物联网相互关联

互联网是物联网的基础，物联网是互联网的延伸。

互联网已成为人与人交流沟通、传递信息的纽带，那么人和物、物和物之间是不是也能有这样一种对话工具并且反映真实的物理世界呢？于是，在互联网的基础上，物联网应运而生。它的提出和使用让人与物、物与物之间的有效通信变为可能，它是在互联网基础上的延伸和扩展的网络。互联网和物联网的结合，将会带来许多意想不到的有益效果，最终达到以社会思维、群体智慧、个人智能与运行环境相结合的模拟，实现整个社会的智能化资源配置，从而解决跨领域和地域的问题。所以，物联网是一种建立在互联网上的泛在网络。物联网技术的重要基础和核心仍旧是互联网，通过各种有线和无线网络与互联网融合，将物体的信息实时准确地传递出去。

3. 与物联网相互促进

互联网和物联网相互促进，共同造福人类。

在家里，互联网和物联网的结合让智能家居得以实现，无论你身在何方，只要一部手机，可以随时管理家里的任何电器；在路上，互联网和物联网的结合让无人驾驶成为现实，你可以收发邮件、打电话，汽车会自动告知你何时到达。

所以，物联网的本质还是互联网，只不过终端不再是计算机(PC、服务器)，而是嵌入式计算机系统及其配套的传感器。这是计算机科技发展的必然结果，为人类服务的计算机呈现出各种形态，如穿戴设备、环境监控设备、虚拟现实设备，等等。

互联网的飞速发展到今天已经彻底改变了我们的世界，也改变了我们。从互联网的发展会发现，之前我们使用互联网检索信息，彼时的互联网连接的是“信息”，可以广义地称为“人与物”。随着 QQ、微信、微博、陌陌、人人网等社交网站的兴起，可以说前期的互联网连接的是“人与人”的交流沟通，而下一个互联网的发展方向则是连接“物与物”“物与人”——称为物联网或者万物互联(IoT)。物联网包含互联网，中国已经拿到物联网最高话语权，所以物联网也是国家高度重视的一个方向，比如智能制造 2025、车联网、工业互联网等，它们其实也是物联网中的一部分。

作为互联网的延伸，物联网利用通信技术把传感器、控制器、机器、人员、物等通过新的方式连接在一起，形成人与物、物与物相连，而它对于信息端的云计算和实体段的相关传感设备的需求，使得产业内的联合成为未来必然趋势，也为实际应用的领域打开无限可能。

习　　题

1. 请简述计算机网络的发展历程。
2. 请简述什么是 OSI，并说出 OSI 的七层协议分别是什么。
3. 请画图说明 TCP 协议连接时的三次握手过程。
4. 请简单介绍 IPv4 与 IPv6 协议。
5. 请简要回答互联网与物联网的关系。

第四篇

支撑服务层

第 10 章　物联网的计算模式

10.1　云　计　算

10.1.1　云计算概述

1. 云计算概念

传统企业的软硬件维护成本高昂。在企业信息系统的投入中，只有 20%的投入用于软硬件更新，而 80%的投入用于系统维护。根据 2006 年 IDC 对 200 家企业的统计，部分企业的信息技术人力成本已经达到 1320 美元/每人/台服务器，而部署一个新的应用系统需要花费 5.4 周。为了降低数据中心昂贵的建设、维护与运行费用，快速部署新的网络应用，2006 年 Google、Amazon 等公司提出了云计算的构想。早在 1961 年，计算机先驱 John Mc Carthy 就预言："未来的计算资源能像公共设施(如水、电)一样被使用。"为了实现这个目标，在之后的几十年里，学术界和产业界陆续提出了集群计算、网格计算、服务计算等技术，而云计算正是在这些技术的基础上发展起来的。图 10-1 给出云计算的直观概念。

图 10-1　云计算

美国国家标准与技术研究院(NIST)给出的云计算定义是：云计算是一种利用互联网实现随时随地、按需、便捷地访问共享计算设施、存储设备、应用程序等资源的计算模式。云计算采用计算机集群构成数据中心，并以服务的形式交付给用户，使得用户可以像使用水、电一样按需购买云计算资源。

云计算模式一经提出便得到产业界、学术界与政府的广泛关注。其中，Amazon 等公司的云计算平台提供可快速部署的虚拟服务器，实现了基础设施的按需分配；MapReduce 等新型并行编程框架简化了海量数据处理模型；Google 公司的 App Engine 云计算开发平台为应用服务提供商开发和部署云计算服务提供接口；Salesforce 公司的客户关系管理(Customer Relationship Management，CRM)服务将桌面应用程序迁移到互联网，实现应用程序的泛在访问。同时，各国学者对云计算也展开了大量研究工作。在 2007 年，斯坦福大学等多所美国高校便开始和 Google、IBM 合作，研究云计算关键技术。近年来，随着以 Eucalyptus 为代表的开源云计算平台的出现，云计算服务的研究和普及进一步加速。

与此同时，各国政府纷纷将云计算列为国家战略，投入了相当大的财力和物力用于云计算的部署。其中，美国政府利用云计算技术建立联邦政府网站，以降低政府信息化运行成本。英国政府建立了国家级云计算平台(G-Cloud)，超过 2/3 的英国企业开始使用云计算服务。我国北京、上海、天津、重庆、深圳、杭州、无锡等城市也开展了云计算服务试点示范工作与发展规划，电信、石油、电力、交通运输等行业也启动了相应的云计算应用计划。

2. 云计算的架构组成

一般来说，大家比较公认的云计算架构划分为基础设施层、平台层和软件服务层三个层次，对应名称为 IaaS、PaaS 和 SaaS，如图 10-2 所示。

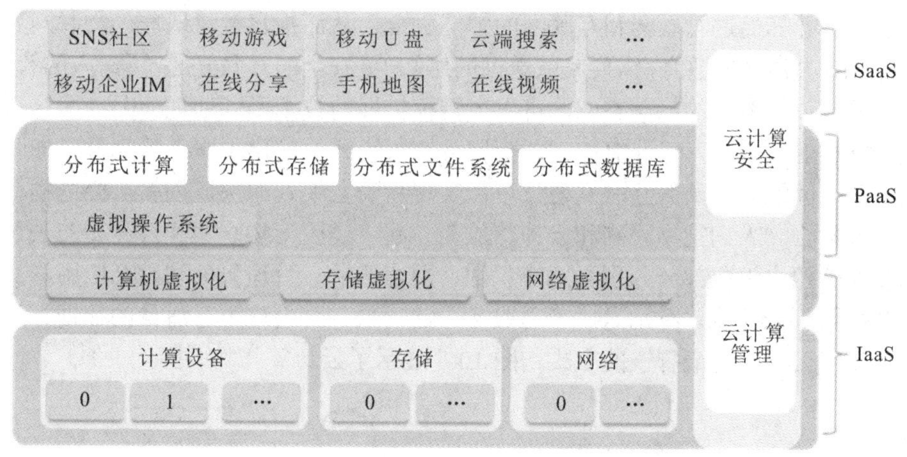

图 10-2　云计算架构

IaaS(Infrastructure as a Service，基础设施即服务)主要包括计算机服务器、通信设备、存储设备等，能够按需向用户提供计算能力、存储能力或网络能力等 IT 基础设施类服务，也就是能在基础设施层面提供服务。IaaS 能够得到成熟应用的核心在于虚拟化技术，通过虚拟化技术可以将形形色色的计算设备统一虚拟化为虚拟资源池中的计算资源，将存储设备统一虚拟化为虚拟资源池中的存储资源，将网络设备统一虚拟化为虚拟资源池中的网络资源。当用户订购这些资源时，数据中心管理者直接将订购的份额打包提供给用户，从而实现 IaaS。

如果以传统计算机架构中“硬件 + 操作系统/开发工具 + 应用软件”的观点来看待，那么云计算的平台层应该提供类似操作系统和开发工具的功能。实际上也的确如此，PaaS (Platform as a Service，平台即服务)定位于通过互联网为用户提供一整套开发、运行和运营应用软件的支撑平台。就像在个人计算机软件开发模式下，程序员可能会在一台装有 Windows 或 Linux 操作系统的计算机上使用开发工具开发并部署应用软件一样。微软公司的 Windows Azure 和谷歌公司的 GAE，可以算是 PaaS 平台中最为知名的两个产品。

简单来说，SaaS(Software as a Service，软件即服务)就是一种通过互联网提供软件服务的软件应用模式。在这种模式下，用户不需要再花费大量投资用于硬件、软件和开发团队的建设，只需要支付一定的租赁费用，就可以通过互联网享受到相应的服务，而且整个系统的维护也由厂商负责。

10.1.2 云计算与物联网

云计算是物联网发展的基石，并且从两个方面促进物联网的实现。

首先，云计算是实现物联网的核心，运用云计算模式使物联网中以兆计算的各类物品的实时动态管理和智能分析变为可能。物联网通过将射频识别技术、传感技术、纳米技术等新技术充分运用到各行业中，将各种物体充分连接，并通过无线网络将采集到的各种实时动态信息送达计算机处理中心进行汇总、分析和处理。建设物联网的三大基石包括：传感器等电子元器件；传输的通道，比如电信网；高效的、动态的、可以大规模扩展的技术资源处理能力。其中，第三个基石是通过云计算模式帮助实现的。

其次，云计算促进物联网和互联网的智能融合，从而构建智慧地球。物联网和互联网的融合需要更高层次的整合，需要“更透彻的感知、更安全的互联互通、更深入的智能化”。这同样也需要依靠高效的、动态的、可以大规模扩展的技术资源处理能力，而这正是云计算模式所擅长的。同时，云计算的创新型服务交付模式，简化了服务的交付，加强了物联网和互联网之间及其内部的互联互通，可以实现新商业模式的快速创新，促进物联网和互联网的智能融合。人们把物联网和云计算放在一起，是因为物联网和云计算的关系非常密切。物联网的四大组成部分分别为感应识别、网络传输、管理服务和综合应用，其中中间两个部分会用到云计算，特别是“管理服务”这一项。因为这里有海量的数据存储和计算的要求，使用云计算是最省钱的方式。图 10-3 展示了云计算与物联网的关系。

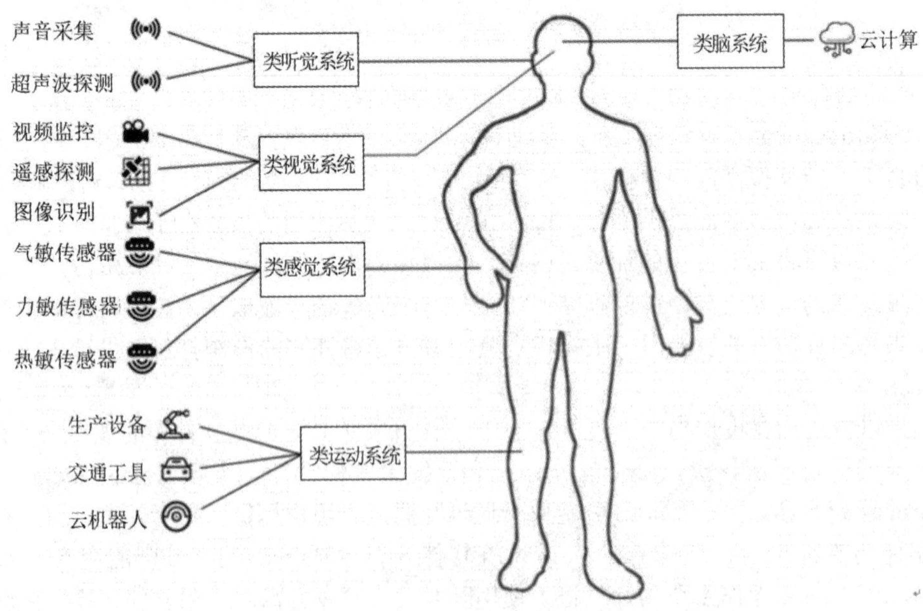

图 10-3　云计算与物联网的关系

云计算与物联网各自具备很多优势，如果把云计算与物联网结合起来，可以看出云计算其实就相当于一个人的大脑，而物联网就是其眼睛、鼻子、耳朵和四肢。云计算与物联网的结合方式可以分为以下几种。

1. 单中心、多终端

在单中心、多终端模式中，分布范围较小的各物联网终端(传感器、摄像头或3G手机等)把云中心或部分云中心作为数据处理中心，终端所获得的信息、数据统一由云中心处理及存储，云中心给使用者提供统一界面进行操作或者查看。如小区及家庭的监控、某一高速路段的监测、幼儿园的监管以及某些公共设施的保护等都可以应用此类模式。这类应用的云中心可提供海量存储和统一界面、分级管理等功能，对日常生活提供较好的帮助。一般此类云中心为私有云居多。

2. 多中心、大量终端

对于很多区域跨度大的企业、单位而言，多中心、大量终端的模式较适合。比如，一个跨多地区或者多国家的企业，因其分公司或分厂较多，要对其各公司或分厂的生产流程进行监控、对相关的产品进行质量跟踪等，则应采用多中心、大量终端模式。同理，有些数据或者信息需要及时甚至实时共享给各个终端的使用者也可采取这种模式。举个简单的例子，如果北京地震中心探测到某地10 min后会有地震，只需要通过这种途径，仅仅十几秒就能将探测情况的信息发出，尽量避免不必要的损失。中国联通的“互联云”思想就是基于此思路提出的。这个模式的前提是云中心必须包含公共云和私有云，并且它们之间的互联没有障碍。这样，对于有一些机密信息，比如企业机密信息等可较好地保密而又不影响信息的传递与传播。

3. 信息、应用分层处理，海量终端

信息、应用分层处理，海量终端模式可以针对用户的范围广、信息及数据种类多、安全性要求高等特征来打造。当前，客户对各种海量数据的处理需求越来越多，针对此情况，可以根据客户需求及云中心的分布进行合理的分配。对需要大量数据传送但安全性要求不高的应用如视频数据、游戏数据等，可以采取本地云中心处理或存储；对于计算要求高但数据量不大的应用，可以放在专门负责高端运算的云中心里；而对于数据安全要求非常高的信息和数据，可以放在具有灾备中心的云端。此模式根据应用模式和场景，对各种信息、数据进行分类处理，然后选择相关的途径连接相应的终端。

10.2 雾 计 算

10.2.1 雾计算概述

雾计算(Fog Computing)这个概念由思科公司首创。简单来说，雾计算拓展了云计算(Cloud Computing)的概念，相对于云来说，它离产生数据的地方更近，并且数据、数据相关的处理和应用程序都集中于网络边缘的设备中，而不是全部保存在云端。通俗来讲，雾计算的名字源自“雾比云更贴近地面(数据产生的地方)”。图10-4是雾计算示意图。

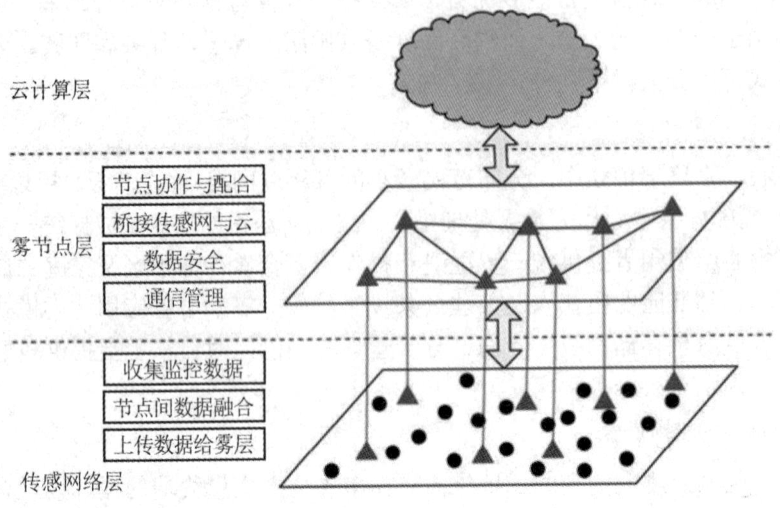

图 10-4　雾计算

物联网设备和传感器高度分布在网络的边缘，同时又具有实时性和时延敏感的需求。然而，云数据中心在分布上是集中化的，通常难以应对四处分布的数十亿物联网设备和传感器的数据存储与处理的需求。所以，网络阻塞、高时延、低服务质量等现象就会出现。

雾计算是一种分布式的计算模型，作为云数据中心和物联网(IoT)设备/传感器之间的中间层，它提供了计算、网络和存储设备，让基于云的服务可以离物联网设备和传感器更近。雾计算概念的引入，也是为了应对传统云计算在物联网应用时所面临的挑战。

从图 10-5 可以看出，在云和终端设备之间引入中间雾层部署运算、存储等设备。中间雾层主要面向一个较小的区域提供计算、存储、网络传输服务。对此，思科公司提出了 IOx 框架，使用户可以在上面开发部署应用。在此基础上，HP 实验室对于雾计算给出了更为明确的定义：雾计算是由大量异构并普遍存在的无线(有时为无线自组织)分布式设备通过网络相互协作，在无第三方干预的情况下共同完成计算和存储任务的场景。这些任务可能是关于网络等基本功能的，也可能是关于具体应用的。用户可以通过有偿租用这些分布式设备来获取这样的服务。这个定义中不仅包含了思科公司先前所提出的雾计算的计算、存储、网络传输服务这三个功能，还包括了雾计算相较于云计算的分布式，通过无线网络进行协作、自组织等特点。

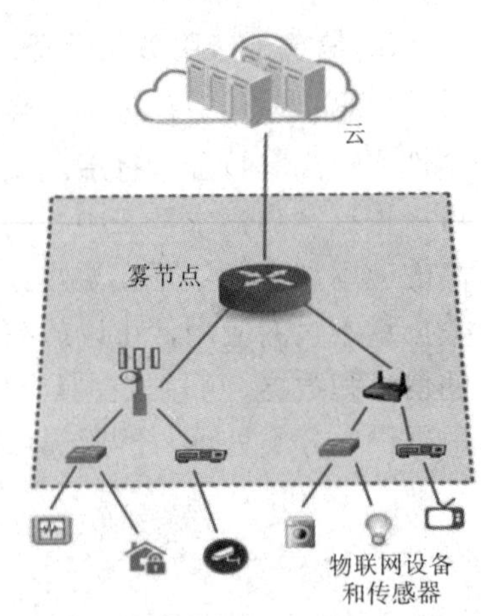

图 10-5　雾计算的框架图

由此可见，雾计算的概念由云计算引申而来。这两种计算模式间的主要差别在于与终端用户的接近程度、能否支持地理分布、能否支持边缘的数据分析和挖掘这三个方面。此外，众多学者还在服务质量、访问控制、时延功耗等方面对雾计算和云计算进行了比较，发现雾计算这一模式相当于把云拉到地上，在本地部署带有计算和存储功能的设备，以缩短终端用户到计算存储资源的距离。雾计算并不是云计算的替代品，而是通过这些本地化的设备既可以自己向用户直接提供服务，还可以利用云层更为强大的计算和存储能力协同进行服务。除云计算外，移动计算、移动云计算、边缘计算等概念与雾计算也有一定的相似之处。

10.2.2　雾计算与物联网

由于云端计算对于物联网设备不可行，因此有必要利用雾计算取代之。雾计算不仅能够提供更好的整体分配能力，而且能够更好地满足物联网的需求。它能控制这些设备最终产生的数据大小，从而使它成为处理数据的理想计算方式。由于雾计算可以有效地减少所需的带宽量，以及减少与云和各种传感器之间所需的往返通信，因此它能在不降低程序或设备的整体性能下，协助将所有内容串联在一起。

特别在考虑物联网设备时，雾计算所能提供的服务更具优势。由于这些设备的资源密集度和要求非常高，因此它们会是利用雾计算的主要设备。虽然时延可能会对某些应用程序产生负面影响，但对于这些复杂的任务和程序来说，雾计算通常是个不错的选择。

10.3　边缘计算

10.3.1　边缘计算概述

边缘计算的诞生是由实际需求推动的，因为云计算无法满足计算需求，从而将计算下放到边缘侧，来补充云计算的功能。

边缘计算在提出之初并没有严格的定义。2016年，边缘计算的定义是：从数据源到云端之间任意位置的计算。这是一种比较宽泛的边缘计算定义，重点定义了边缘的位置，但是没有给出具体的计算形式。边缘计算现在已经成为研究的热点，也成为重要的投资领域。资本的裹挟给边缘计算的研究带来了一定的负面影响，使得边缘计算概念被滥用，仿佛一夜之间所有不在云端的计算都可以称为边缘计算。尤其是在工业环境中，如工业现场的PID控制器、显示程序、传感器采集程序，它们都是在数据产生的边缘侧进行计算的，最终的结果也都可以上传到云端。如果将这些形式的计算都算作边缘计算，那么边缘计算的历史应当追溯到1971年Intel公司的第一片微处理器的诞生。这显然是不够严谨的，因此明确边缘计算定义对边缘计算的研究有着积极的意义。

边缘计算是相对于云计算提出的概念，可以理解为一种离数据源更近的云计算。云计算最重要的特点是通过虚拟化技术将计算作为一种服务提供给其他设备使用。边缘计算与云计算相比，在计算位置上与云计算不同，计算形式类似。在计算位置方面，计算离云端越近，计算设备的性能越强，通信时延越短。在计算形式方面，边缘计算与云计算同样可以将计算作为一种服务供其他设备使用。不同的是，边缘设备既可以贡献资源，又可以利用资源。因此，可以认为一种更狭义的边缘计算定义是：在数据产生的源头到云计算之间的任意位置处，有边缘设备参与的一种计算形式。边缘设备是指可以利用特定形式(包括但不限于容器、虚拟机等计算虚拟化技术)来贡献自己或者使用其他设备计算资源的一类设备。

计算资源可共享是边缘设备的最重要的特性。在这种定义下，可以很容易地区分边缘计算和传统的嵌入式计算。以智能驾驶汽车为例，如果其先进的驾驶辅助系统(Advanced Driver Assistance System，ADAS)只是在本地进行感知计算，然后将结果上传到云端，那么这种形式的计算只能算作传统的嵌入式计算；如果 ADAS 可以通过 5G、Wi-Fi、D2D(Device to Device)等通信方式，将自己计算的一部分放到 MEC 服务器、微云或者其他边缘设备上进行，那么这样的计算形式可以认定为边缘计算。图 10-6 所示为边缘计算参考架构。

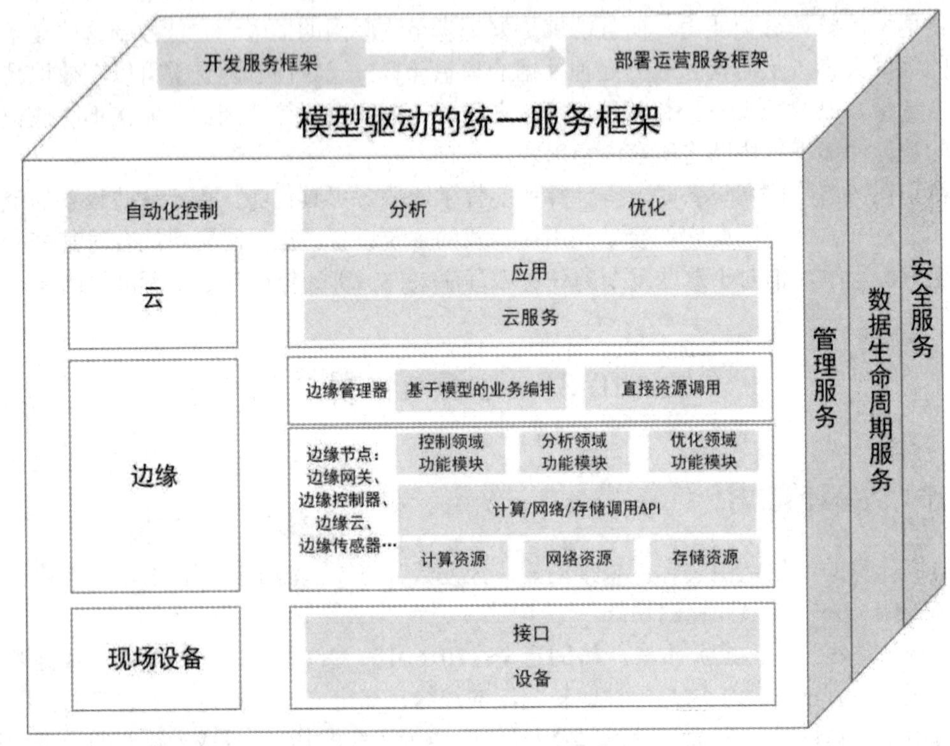

图 10-6　边缘计算参考架构

10.3.2　边缘计算与物联网

边缘计算可以使数据处理尽可能接近物联网(IoT)设备，这意味着企业 IT 在时延、性能、成本、安全性等方面具有优势。

边缘计算技术如今与其他几项新兴技术齐头并进，尤其是混合云和 5G。它还非常适用于物联网(IoT)设备和应用程序。实际上，边缘计算和物联网不只是良好的合作伙伴，而且越来越相互依赖。

物联网和边缘计算之间有着错综复杂的联系。物联网是指通过现场计算环境相互连接的物品或集中式基础设施(如云平台)，这种计算环境可能采用多种形式，其中包括远程服务器(也称为边缘服务器)、网关、安装在基站中的交换机、零售商店的后台基础设施或联网汽车。同时，这种计算环境支持边缘计算，因为它们是分布在远离核心(如云平台)的小型计算单元，并且具有执行各种任务的能力。

通过数据处理和其他计算需求尽可能地靠近传感器或其他设备，能够减少等待时间，并带来其他的优势。以往处理数据需要发送到云计算服务器或数据中心，这个计算过程需要花费更多的时间和额外的资源，而边缘计算可以在物联网设备或网络本身处理数据之后更快地传递到其目的地，从而减少潜在带宽瓶颈，并使数据接近数据源。图 10-7 表示了边缘计算与物联网的关系。

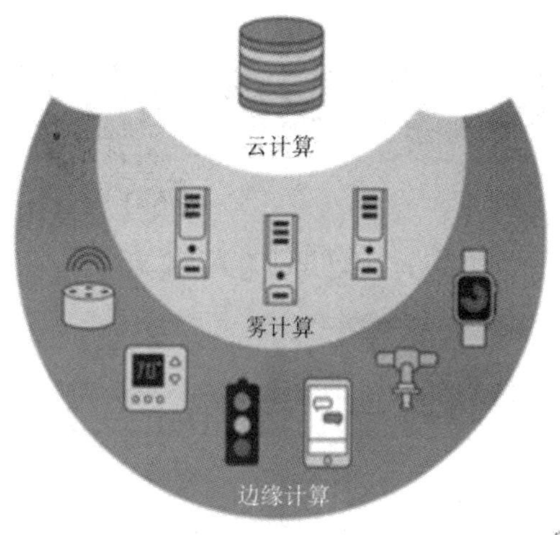

图 10-7　边缘计算与物联网

除了性能和时延优势之外，边缘计算也为物联网提供了更加经济可行的架构选择。在物联网设备产生的海量数据中，大部分数据的有效价值时间可能很短暂，如果这些数据从云平台上往返，可能不会产生任何实际价值。

边缘计算还有其他潜在的成本优化(例如减少云计算支出或数据中心占用空间)以及在安全性等方面的优势。在尽可能靠近边缘的设备上执行业务时，边缘计算减少了发送到外部服务器的流量，从而使用户不必不断增加数据中心容量来应对增长。这意味着它具有更好的性能(无需等待发送和接收数据)、更低的运营成本以及更高的安全性(通过限制外部连接)。

习　　题

1. 云计算的架构由哪三部分组成？其中每一部分的主要功能是什么？
2. 简述边缘计算对于物联网的意义。
3. 根据本章所学内容，简单谈谈云计算、雾计算和边缘计算三者的关系。

第 11 章　智能数据处理技术

11.1　物联网大数据

11.1.1　物联网大数据的特点

1. 大数据的概念

“大数据”概念最早源于 2012 年美国政府启动的“大数据研究和发展计划”，可通俗理解为超出现有计算能力的大规模数据集。

麦肯锡全球研究所给出的定义是：大数据是指一种规模大到在获取、存储、管理、分析方面极大地超出了传统数据库软件工具能力范围的数据集合，具有海量的数据规模、快速的数据流转、多样的数据类型和价值密度低四大特征。

大数据提出的背景是互联网高度发展，移动互联网初试牛刀，云计算由虚入实，互联网到移动互联网再到物联网进入未来 10～20 年的战略性发展机遇，尤其是互联网到物联网的跨越进程将极大程度地带动大数据的发展与应用。图 11-1 给出了大数据的概念。

图 11-1　大数据

2. 大数据的基本特征

大数据主要表现出五大特征(5V)：一是增长速度加快(Velocity)。产业数据源呈现多样化，并且数据量加速增长。二是规模成倍扩大(Volume)。非结构化数据规模远大于结构化数据，已经步入 ZB(ZettaByte)时代。三是数据类型越发多样化(Variety)。数据表现出异构化(非结构化、半结构化和结构化)和多样性(数据、文本、音频、图像、视频等)特征。四是价值成倍增长(Value)。在研发、营销、人资、采购等诸多方面的潜在价值越来越大。五是真实数据保证(Veracity)。也就是说，处理的结果要保证一定的准确性。大数据的增长是以新摩尔定律的速度进行的，正是考虑到大数据的 5V 特征，在充分挖掘其内在的价值时便具有了空前重要的意义。图 11-2 展示了大数据的基本特征。

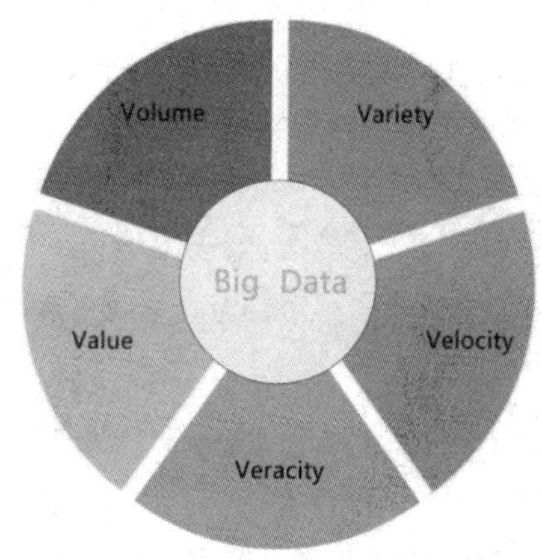

图 11-2　大数据的基本特征

目前，全球数据的存储和处理能力已远落后于数据的增长幅度。例如：淘宝网每日新增的交易数据达 10TB；eBay 分析平台日处理数据量高达 100PB，超过了美国纳斯达克交易所全天的数据处理量。沃尔玛是最早利用大数据分析并因此受益的企业之一，曾创造了“酒与尿布”的经典商业案例。现在沃尔玛每小时处理 100 万件交易，将有大约 2.5PB 的数据存入数据库，此数据量是美国国会图书馆的 167 倍。微软花了 20 年，耗费数百万美元完成的 Office 拼写检查功能，谷歌公司则利用大数据统计分析直接实现了。

3. 大数据的作用

大数据的作用总结如下：

(1) 对大数据的处理分析正成为新一代信息技术融合应用的节点。移动互联网、物售网、社交网络、数字家庭、电子商务等是新一代信息技术的应用形态，这些应用不断产生大数据。云计算为这些海量、多样化的大数据提供存储和运算平台，并通过对不同来源数据的管理、处理、分析与优化，把结果反馈到上述应用中，将创造出巨大的经济和社会价值。

(2) 大数据是信息产业持续高速增长的新引擎。面向大数据市场的新技术、新产品、新服务、新业态会不断涌现。在硬件与集成设备领域，大数据将对芯片、存储产业产生重要影响，还将催生一体化数据存储处理服务器、内存计算等市场。在软件与服务领域，大数据将引发数据快速处理分析、数据挖掘技术和软件产品的发展。

(3) 大数据应用将成为提高核心竞争力的关键因素。各行各业的决策正在从“业务驱动”转变为“数据驱动”。对大数据的分析，可以使零售商实时掌握市场动态并迅速作出应对，可以为商家制定更加精准有效的营销策略提供决策支持，可以帮助企业为消费者提供更加及时和个性化的服务。在医疗领域，大数据可提高诊断准确性和药物有效性；在公共事业领域，大数据也开始发挥促进经济发展、维护社会稳定等方面的重要作用。

(4) 大数据时代科学研究的方法手段将发生重大改变。例如，抽样调查是社会科学的基本研究方法。在大数据时代，可通过实时监测，跟踪研究对象在互联网上产生的海量行为数据并进行挖掘分析，揭示出规律性的东西，提出研究结论和对策。

4. 物联网大数据

目前，商业迅速信息化、社交化、移动化，大数据必然会成为大部分行业用户商业价值实现的最佳捷径。物联网大数据可以提供从商业支撑到商业决策的各种行业信息，其商业魅力将是无穷的。图 11-3 展示了物联网大数据的概念。

图 11-3　物联网大数据

有效处理物联网背后的大数据并不容易，因为物联网中的大数据和互联网数据有很大不同。物联网大数据包括社交网络数据和传感器感知数据。虽然其中的社交网络数据包括相当多的可被处理的非结构化数据(如新闻、微博等)，但是物联网传感器所采集的各种碎片化数据在目前却属于不能被处理的非结构化数据。在物联网颗粒化、非结构化数据的处理过程中，如何通过统一物联网架构设计，将非结构化的数据变得结构化，将不同系统之间不同结构的数据尽可能地统一，成为精确解析非结构信息的关键技术难点之一。

更为重要的是不同部门、不同行业之间物联网大数据信息的共享问题。以智慧城市为例，目前中国智慧城市发展的一个瓶颈在于信息孤岛效应，各部门间不愿公开和分享数据，这就造成数据之间的割裂，无法产生数据的深度价值。不过，目前一些部门也开始寻求数据交换伙伴，大家都逐渐意识到单一的数据没法发挥最大效能，部门之间相互交换数据已经成为一种发展趋势，而不同部门之间数据信息的共享有助于物联网发挥更大的价值。

5. 物联网大数据的特点

在未来10～20年中，物联网面临着大数据时代战略性的发展机遇及挑战。物联网与大数据的握手，不仅会使物联网产生更为广泛的应用，更会在大数据基础上延伸出长长的价值产业链。所以，将大数据发展理念灌输到物联网发展的全过程中，能够促进物联网带动大数据发展，而大数据的应用又会加快物联网的发展步伐。在传感器采样数据的集中管理系统中，大量的传感器节点根据预先制定的采样及传输规则，不断地向数据中心传递所采集的数据，从而形成海量的异构数据流。数据中心不仅需要正确地理解这些数据，而且需要及时地分析和处理这些数据，进而实现有效的感知和控制。通过分析不难看出，物联网的以下几个特点对数据处理技术形成了巨大的挑战。

(1) 物联网数据体量巨大，从TB级别跃升到PB级别。物联网系统通常包含海量的传感器节点。其中，大部分传感器(如温度传感器、GPS传感器、压力传感器等)的采样数据是数值型的，但也有许多传感器的采样值是多媒体数据(如交通摄像头视频数据、音频传感器采样数据、遥感成像数据等)。另外，传感节点的采样率可能非常高，例如电力设备监测，采样率可能达到数千赫甚至兆赫。系统不仅需要存储这些采样数据的最新版本，在很多情况下，还需要存储历史采样值，以满足溯源处理和复杂数据分析的需要。

(2) 物联网系统具有多源异构特性。物联网系统本身结构复杂、规模庞大，可以包含多种功能和类型的传感器，如气象类传感器、交通类传感器、生物医学类传感器等。其中，每一类传感器又包括诸多具体的传感器，如交通类传感器可以细分为GPS传感器、RFID传感器、车牌识别传感器、交通流量传感器(红外、线圈、光学视频传感器)、路况传感器等，具有明显的多源异构特性，同时也需要对系统外数据(气象、地理、环境等)与内部数据进行关联分析。多源异构特性对存储和数据处理提出了巨大的挑战。

(3) 物联网系统生成速度快。某些物联网系统在某些特定场景下数据采样频率极高，数据生成速度非常快，再加之监测点数量庞大，可能在短时间内形成对服务器的高并发访问请求，要求系统在短时间内完成海量数据的处理，这就形成了典型的高通量计算场景。目前，关系数据库系统和云计算系统被设计为处理永久、稳定的数据。关系数据库强调维护数据的完整性、一致性；云计算系统强调可靠性和可扩展性，但很难顾及有关数据及其处理的定时限制，不能满足工业生产管理实时应用的需要，因为实时事务要求系统能较准确地预报事务的运行时间。

(4) 物联网数据具有时间和空间属性。物联网系统中，采集装置节点具有地理位置属性，传感器节点的地理位置有可能随着时间的变化而连续移动。例如，智能交通系统中，每辆车安装了高精度的GPS和RFID标签，在交通网络中动态地移动。数据采样值具有时间属性，采样数据序列反映了监控对象的状态随时间变化的完整过程，因此包含比单个采样值丰富得多的信息。此外，采样数据序列是不断动态变化的。对监测数据的查询不仅仅局限于按照设备关键字查询，还可以基于复杂的逻辑约束条件进行多条件查询，例如查询某个指定地理区域中所有监测装置在规定时间段内所采集的数据并对它们进行统计分析。因此，对物联网大数据的空间与时间属性进行有效的管理与分析处理是至关重要的。

(5) 物联网数据价值密度低。以视频数据为例，在连续不间断监控过程中，可能有用的仅仅只有一两秒。在基于经验和人工的传统监控系统中，只对少量异常数据关注、处理和采用，而丢弃所谓“正常数据”，然而大量的正常数据也可能成为故障分析判断的重要依据。

(6) 物联网数据具有可视化。面对海量的物联网数据，如何在有限的屏幕空间下以一种直观、容易理解的方式展现给用户，是一项非常有挑战性的工作。可视化方法已被证明为一种解决大规模数据分析的有效方法，并在实践中得到广泛应用。物联网系统产生的大规模数据集，其中包含高精度、高分辨率数据，时变数据和多变量数据。一个典型的数据集可达 TB 数量集。如何从这些庞大复杂的数据中快速而有效地提取有用的信息，成为物联网应用中的一个关键技术难点。可视化是指通过一系列复杂的算法将数据绘制成高精度、高分辨率的图片，同时提供交互工具，并有效利用人的视觉系统，允许实时改变数据处理和算法参数，对数据进行观察和定性及定量分析。物联网大数据的日益丰富需要创新原有的可视化手段，通过可视化在更广阔的范围挖掘和展示物联网大数据的价值。这方面的挑战主要包括可视化算法的可拓展性、并行图像合成算法、重要信息的提取和显示等方面。

11.1.2　物联网数据的存储

目前，物联网的研究与产业化还存在着诸多局限，大部分的工作还集中在物联网中单个传感器或小型传感器网络方面(如智能传感器技术、压缩传感技术等)，或者集中在物联网硬件和网络层面(如新型网络互联技术、高通量服务器技术等)，而对于物联网面临的核心问题——海量异构传感器数据的存储与查询处理的研究还比较有限。物联网大数据的存储和处理需求主要包括：

(1) 对物联网大数据进行快速收集、分发。面对不同功能、不同类型、采样率各异的传感器节点，快速有效收集数据，保障数据不丢失；有选择性地按照预置优先级分发数据，根据数据类别分发到实时数据处理平台、历史数据库等不同的存储、处理系统和功能模块。

(2) 对物联网大数据进行可靠存储。系统能够提供多副本机制，实现数据的可靠存储和容错机制。

(3) 对海量物联网历史数据进行快速批处理。以数据并行方式实现海量历史数据的批量处理，例如历史数据的关联分析、历史数据的聚类分析、基于历史数据的预测、历史数据的索引构建等。

(4) 对海量物联网历史数据进行快速查询。能够根据监测装置节点地理位置属性、数据采样值的时间属性，进行单条件和复杂的逻辑约束条件查询。例如，查询某个指定地理区域中所有输电线路监测装置在规定时间段内所采集的数据，并对它们进行统计分析。

(5) 对不断采集的物联网数据进行实时流处理，对不断到达的实时数据进行流式分析，例如实时流数据去噪、实时流数据特征提取等。

(6) 对高并发访问请求进行实时批处理。对短时间内同时到达的大规模实时数据，利用内存计算技术完成大数据的实时批量处理。

(7) 对物联网大数据进行多源数据融合分析。针对物联网大数据多源异构的特点，研究数据融合技术，为用户提供统一的查询或显示视图，包括多通道数据融合特征提取和多数据源的连接技术，并结合 Hadoop 和 Spark 大数据处理平台实现并行计算模式和高速融合算法。

通过对海量传感器采样数据进行集中管理，用户不仅可以直接在数据中心获得任一传感器的历史与当前状态，而且通过对集中存放的群体数据进行分析，可以实现复杂事件与规律的感知。此外，传感器采样数据的集中管理还使得物-物互联(Web of Things)、基于物的搜索引擎、传感器采样数据的统计分析与数据挖掘等成为可能。

在数据存储方面，物联网海量数据可以利用分布式文件系统来存储，例如 Hadoop 的 HDFS(见图 11-4)等存储系统。然而这些系统虽然可以存储大数据，但很难满足一些特定的实时性要求。因此必须根据性能和分析要求对系统中的大数据进行分类存储：对性能要求非常高的实时数据采用实时数据库系统；对核心业务数据采用传统的并行数据仓库系统；对大量的历史和非结构化数据采用分布式文件系统。

图 11-4　Hadoop 的 HDFS

11.1.3　数据挖掘

1. 数据挖掘的概念与功能

数据挖掘(Data Mining)又称为资料探勘、数据采矿(见图 11-5)，它是数据库知识发现(Knowledge-Discovery in Databases，KDD)中的一个步骤，即从大量的数据中通过算法搜索隐藏于其中信息的过程。数据挖掘通常与计算机科学有关，并通过统计、在线分析处理、情报检索、机器学习、专家系统(依靠过去的经验法则)、模式识别等诸多方法来实现目标。

图 11-5　数据挖掘

数据挖掘综合了各个学科技术，具有很多功能。当前的主要功能如下：

(1) 数据总结：继承于数据分析中的统计分析。数据总结目的是对数据进行浓缩，给出它的紧凑描述。传统统计方法如求和值、平均值、方差值等都是有效方法。另外，还可以用直方图、饼状图等图形方式表示这些数据。广义上讲，多维分析也可以归入这一类。

(2) 分类：构造一个分类函数或分类模型(也常常称为分类器)，该模型能把数据库中的数据项映射到给定类别中的某一个。要构造分类器，需要有一个训练样本数据集作为输入。训练集由一组数据库记录或元组构成，每个元组是一个由有关字段(又称属性或特征)值组成的特征向量。

(3) 聚类：把整个数据库分成不同的群组。它的目的在于使群与群之间差别明显，而同一个群之间的数据尽量相似。这种方法通常用于客户细分。在开始细分之前不知道要把用户分成几类，因此通过聚类分析可以找出客户特性相似的群体，如客户消费特性相似或年龄特性相似等。在此基础上可以制定一些针对不同客户群体的营销方案。例如，将申请人分为高度风险申请者、中度风险申请者和低度风险申请者。

(4) 关联分析：寻找数据库中值的相关性。两种常用的技术是关联规则和序列模式。关联规则是寻找在同一个事件中出现的不同项的相关性；序列模式与此类似，寻找事件之间时间上的相关性，例如今天银行利率的调整、明天股市的变化。

(5) 预测：把握分析对象发展的规律，对未来的趋势作出预见，例如对未来经济发展的判断。

(6) 偏差的检测：对分析对象少数的、极端的特例进行描述，揭示内在的原因。例如，在银行的 100 万笔交易中有 500 例的欺诈行为，银行为了稳健经营，就要发现这 500 例的内在因素，以减小以后经营的风险。

以上数据挖掘的各项功能不是独立存在的，它们在数据挖掘中互相联系，发挥作用。

2. 数据挖掘的过程与分析方法

数据挖掘的具体过程分为以下四步：

(1) 数据集成：创建目标数据集；

(2) 选择与预处理：数据清理、数据归约、选择数据挖掘函数和挖掘算法；

(3) 数据挖掘：寻找有趣的数据模式，自动发现/分类/预测解释/描述；

(4) 解释与评估：分析结果，使用可视化和知识表现技术向用户提供挖掘的知识。

具体来说，数据挖掘常用的分析方法大体可以分为三种：关联分析、分类分析和聚类分析。

1) 关联分析

首先通过一个有趣的“尿布与啤酒”的故事来了解关联规则。在一家超市里，有一个有趣的现象：尿布和啤酒赫然摆在一起出售。但是这个奇怪的举措却使尿布和啤酒的销量双双增加了。这是发生在美国沃尔玛连锁店超市的真实案例。沃尔玛拥有世界上最大的数据仓库系统，为了能够准确了解顾客在其门店的购买习惯，沃尔玛对其顾客的购物行为进行分析，想知道顾客经常一起购买的商品有哪些。沃尔玛数据仓库里集中了其各门店的详细原始交易数据，在这些原始交易数据的基础上，沃尔玛利用数据挖掘方法对这些数据进行分析和挖掘。一个意外的发现：跟尿布一起购买最多的商品竟是啤酒!经过大量实际调查和分析，揭示了一个隐藏在“尿布与啤酒”背后的美国人的一种行为模式：在美国，一些年轻的父亲下班后经常要到超市去买婴儿尿布，而他们中有 30%～40%的人同时也为自己买一些啤酒。产生这一现象的原因是：美国的太太们常叮嘱她们的丈夫下班后为小孩买尿布，而丈夫们在买尿布后又随手带回了他们喜欢的啤酒。

虽然尿布与啤酒风马牛不相及，但正是借助数据挖掘技术对大量交易数据进行分析，使得沃尔玛发现了隐藏在数据背后的这一有价值的规律。

数据关联是数据库中存在的一类重要的可被发现的知识。若两个或多个变量的取值之间存在某种规律性，就称为关联。关联可分为简单关联、时序关联、因果关联。关联分析的目的是找出数据库中隐藏的关联网。有时并不知道数据库中数据的关联函数，即使知道也是不确定的，因此关联分析生成的规则带有可信度。关联规则挖掘可以发现大量数据中项集之间有趣的关联或相关联系。Agrawal 等人于 1993 年首先提出了挖掘顾客交易数据库中项集之间的关联规则问题，以后诸多的研究人员对关联规则挖掘问题进行了大量的研究。他们的工作包括：对原有的算法进行优化，如引入随机采样、并行的思想等，以提高算法挖掘规则的效率；对关联规则的应用进行推广。关联规则挖掘在数据挖掘中是一个重要的课题，最近几年被业界广泛研究。

2) 分类分析

分类是数据挖掘的一种非常重要的方法，它使用类标签已知的样本建立一个分类函数或分类模型(也常常称作分类器)。应用分类模型，能把数据库中的类标签未知的数据进行归类。

分类分析有两个步骤：构建模型和模型应用。

构建模型就是对预先确定的类别给出相应的描述，该模型是通过分析数据库中各数据对象而获得的。假设一个样本集合中的每个样本属于预先定义的某一个类别，这可由一个类标号属性来确定。这些样本的集合称为训练集，用于构建模型。由于提供了每个训练样本的类标号，因此这类构建模型的方法称为有指导(监督)的学习。最终的模型即是分类器，可以用决策树、分类规则或者数学公式等来表示。

模型应用就是运用分类器对未知的数据对象进行分类。先用测试数据对模型分类准确率进行估计，例如使用保持方法进行估计。保持方法是一种简单估计分类规则准确率的方法。在保持方法中，把给定数据随机地划分成两个独立的集合——训练集和测试集。通常，三分之二的数据分配到训练集，其余三分之一分配到测试集。使用训练集导出分类器，然后用测试集评测准确率。如果学习所获模型的准确率经测试被认为是可以接受的，那么就可以使用这一模型对未知类别的数据进行分类，产生分类结果并输出。

3) 聚类分析

对于聚类分析，俗话说：“物以类聚、人以群分。”所谓类，通俗来说就是指相似元素的集合。聚类分析又称集群分析，它是研究(样品或指标)分类问题的一种统计分析方法。聚类分析起源于分类学。在古老的分类学中，人们主要依靠经验和专业知识来实现分类，很少利用数学工具进行定量的分类。人类科学技术的发展对分类的要求越来越高，有时仅凭经验和专业知识难以确切地进行分类，于是人们逐渐把数学工具引用到分类学中形成了数值分类学，之后又将多元分析的技术引入数值分类学形成了聚类分析。聚类分析内容非常丰富，有系统聚类法、有序样品聚类法、动态聚类法、模糊聚类法、图论聚类法、聚类预报法等。

将物理或抽象对象的集合分成由类似的对象组成的多个类的过程被称为聚类。由聚类所生成的簇是一组数据对象的集合，这些对象与同一个簇中的对象彼此相似，与其他簇中的对象相异。

11.1.4 智能决策与智能控制

1. 物联网的智能决策

决策在生活中无处不在。传统的决策支持系统(Decision Supporting System，DSS)定义是：决策支持系统是指辅助决策者通过数据、模型和知识，以人机交互方式进行半结构化或非结构化决策的计算机应用系统。它一般由交互语言系统、问题系统以及数据库、模型库、方法库、知识库管理系统组成。

智能决策支持系统是近年来出现的新一代决策支持系统，它是指将人工智能(AI)和DSS相结合，应用专家系统(Expert System，ES)技术，使决策支持系统能够更充分地应用人类知识(如关于决策问题的描述性知识、决策过程中的过程性知识、求解问题的推理性知识)，通过逻辑推理来帮助解决复杂的决策问题的辅助决策系统。

多智能体决策信息系统是物联网时代智能决策的另一类有效工具。多智能体决策信息系统是指一种对多个智能单体的整合，将多个智能体组成的一个大型系统。这类系统会主动将比较复杂的系统进行分解，然后再进行组合，并且保证这些被分解的小系统之间能够进行通信，从而使每个系统之间都可以进行信息交流，便于工作管理。但是就目前物联网环境下的多智能体系统整体状况来看，这项技术仍处于发展初期阶段，还需要不断进行发展和创新，从而给人们带来更好的体验。

2. 物联网的智能控制

物联网的智能控制是指在无人干预的情况下能自主地驱动智能机器以实现控制目标的自动控制技术。对许多复杂的系统，难以建立有效的数学模型和使用常规的控制理论去进行定量计算和分析，而必须采用定量方法与定性方法相结合的控制方式。定量方法与定性方法相结合的目的是：要由机器用类似于人的智慧和经验来引导求解过程。因此，在研究和设计智能系统时，主要注意力不是放在数学公式的表达、计算和处理方面，而是放在对任务和现实模型的描述、符号和环境的识别以及知识库和推理机的开发上。也就是说，智能控制的关键问题不是设计常规控制器，而是研制智能机器的模型。此外，智能控制的核心在高层控制，即组织控制。高层控制是对实际环境或过程进行组织、决策和规划，以实现问题求解。为了完成这些任务，需要采用符号信息处理、启发式程序设计、知识表示、自动推理和决策等有关技术。这些问题求解过程与人脑的思维过程有一定的相似性，即具有一定程度的“智能”。

智能控制技术的主要方法有模糊控制、基于知识的专家控制、神经网络控制和集成智能控制，以及常用优化算法——遗传算法、蚁群算法、免疫算法等。

智能控制的研究虽然取得了一些成果，但实质性进展甚微，理论方面尤为突出，应用则主要是解决技术问题，对象具体而单一。子波变换、遗传算法与模糊神经网络的结合以及混沌理论等，将成为智能控制的发展方向。智能控制发展的核心仍然是由神经网络的强大自学习功能与具有较强知识表达能力的模糊逻辑推理构成的模糊逻辑神经网络。

智能控制理论的研究和应用是现代控制理论在深度和广度上的拓展。20 世纪 80 年代以来，信息技术、计算技术的快速发展及其他相关学科的发展和相互渗透，也推动了控制科学与工程研究的不断深入。控制系统向智能控制系统的发展已成为一种趋势。

11.2　物联网与人工智能

11.2.1　自然交互技术与物联网

人与计算机的自然交互是新一代的人机交互方式，它研究人与机器的对话，着重研究非生命机器对于高级生命人类的理解，即赋予机器智能，使机器成为高级的智能工具。人机自然交互的实现将给机器带来革命性的变化，当它服务于电子工程、通信工程、控制工程、机械工程、交通工程、人工智能、智能仪器、多媒体、情报采集、身份认证、安全防范、武器现代化时，将会对科学技术、生产领域、国家安全社会的工作方式及社会生活方式等方面产生深远的影响。下面介绍几项人机自然交互技术来加强读者对于物联网人工智能的认识。

1. 默读识别

通过默读识别(即无语音识别)，使用者不需要发出声音，系统就可以将喉部声带动作发出的电信号转换成语音，从而破译人想说的话。但该技术尚处于初级研发阶段。在嘈杂喧闹的环境里、水下或者太空中，无声语音识别是一种有效的输入手段，有朝一日可被飞行员、救火队员、特警以及执行特殊任务的部队所运用。研究人员也在尝试利用无声语音识别系统来控制机动轮椅车。对于有语言障碍的人士，无声语音识别技术还可以通过高效的语音合成，帮助他们同外界交流。如果这项技术发展成熟，那么将来人们网上聊天时就可以不必再敲键盘。

美国宇航局艾姆斯研究中心正在开发一套无声语音识别系统。研究人员表示，当一个人默念或者低语时，不论有没有实际的唇部和脸部动作，都会产生相应的生物学信号。他们开发的这套识别系统在人体下巴和喉结两侧固定纽扣大小的特殊传感器，可以捕获大脑向发声器官发出的指令并将这些信号“阅读”出来。

这套系统最终将会整合到宇航员的舱外活动航天服上，宇航员可以通过它向仪器或机器人发送无声指令。该项目首席科学家恰克·乔金森表示，几年之后，无声语音识别技术就能够进入商业应用。

2. 眼动跟踪

眼动跟踪的基本工作原理是利用图像处理技术，使用能锁定眼睛的特殊摄像机连续地记录视线变化，追踪视觉注视频率以及注视持续时间长短，并根据这些信息来分析被跟踪者。

越来越多的门户网站和广告商开始追捧眼动跟踪技术，他们可以根据跟踪结果了解用户的浏览习惯，合理安排网页的布局特别是广告的位置，以期达到更好的投放效果。德国Eye Square公司发明的遥控眼动跟踪仪，可摆放在电脑屏幕前或者镶嵌在屏幕上，借助红外技术和样本识别软件，就能记录用户视线目光的转移。该眼动跟踪仪已在广告、网站、产品目录、杂志效用测试和模拟研究领域进行了应用。

由于眼动跟踪能够代替键盘输入、鼠标移动的功能，科学家据此研发出了可供残疾人使用的计算机，使用者只需将目光聚集在屏幕的特定区域，就能选择邮件或者指令。未来的可穿戴式电脑也可以借助眼动跟踪技术，更加方便地完成输入操作。图11-6给出了眼动跟踪示意图。

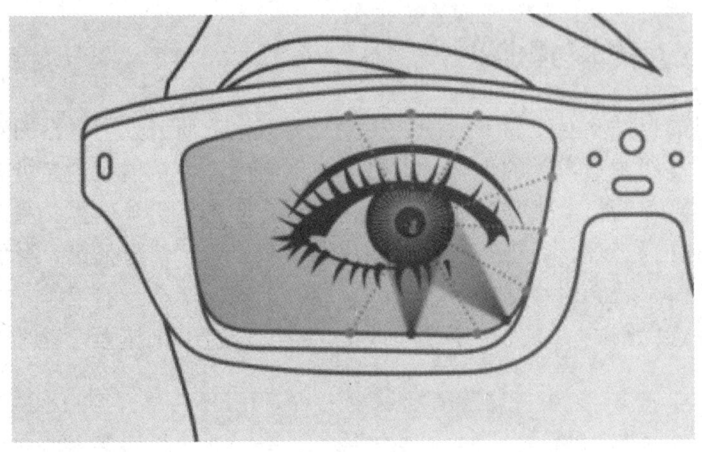

图11-6　眼动跟踪示意图

3. 电触觉刺激

通过电刺激实现触觉再现，可以让盲人“看见”周围的世界。英国国防部已经推出了一款名为BrainPort的先进仪器(见图11-7)，这种装置能够帮助失明者用舌头来获知环境信息。

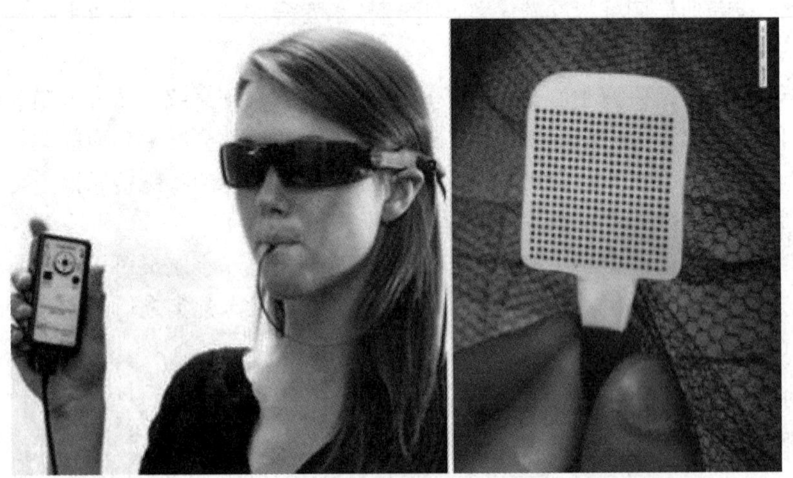

图11-7　BrainPort

BrainPort配有一副装有摄像机的眼镜，一根由细电线连接的“棒棒糖”式塑料感应器和一部手机大小的控制器。控制器会将拍摄到的黑白影像变成电子脉冲，传到盲人使用者口含的感应器之中，脉冲信号刺激舌头表面的神经，并由感应器上的电极传到大脑，大脑就会将感知到的刺激转化成一幅低像素的图像，从而让盲人清楚地“看到”各种物体的线条及形状。该装置的首个试用者、失明的英国士兵克雷格·卢德伯格现已能够在不靠外力辅助的情况下独立行走，进行正常阅读，并且他还成为了英格兰国家盲人足球队的一员。

从理论上来说，指尖或者身体的其他部位也能够像舌头一样被用来实现触觉再现，并且随着技术进步，大脑所感知到的图像的清晰度将大幅提高。在将来，还可经由可见光谱之外的脉冲信号来刺激大脑形成图像，从而产生很多新奇的可能，比如应用在可见度极低的海域使用的水肺潜水装置上。

4. 仿生隐形眼镜

数十年来，隐形眼镜一直是一种用于矫正视力的工具，科学家现希望将电路集成在镜片上，打造出功能更强大的超级隐形眼镜。它既可以让佩戴者拥有将远处物体“拉近放大”的超级视力，显示出全息图像和各种立体影像，甚至还可以取代电脑屏幕，让人们随时享受无线上网的乐趣。

美国华盛顿大学电子工程系的科学家们就利用自组装技术，使纳米大小的细粉状金属成分在聚合体镜片上“自我装配”成微电路，成功地将电子电路与人造晶体结合在一起。该项目负责人巴巴克·帕维兹称，仿生隐形眼镜使用了现实增强技术，可以让虚拟图像同人的视野所及之处的真实景象相叠加，这将完全改变人与人之间、人与周围环境互动的方式。一旦最后设计成功，它可以把远处的物体放大到眼前，可以让电游玩家仿佛亲身进入虚拟的“游戏世界”中，也可以让佩戴者通过只有自己能看到的“虚拟屏幕”无线上网。由于这种隐形眼镜会始终与人体体液保持接触，其也可被用作非侵入式的人体健康监测仪，比如监测糖尿病人体内胰岛素水平。帕维兹预测，类似的监测仪器在 5～10 年内就可能面世。仿生隐形眼镜如图 11-8 所示。

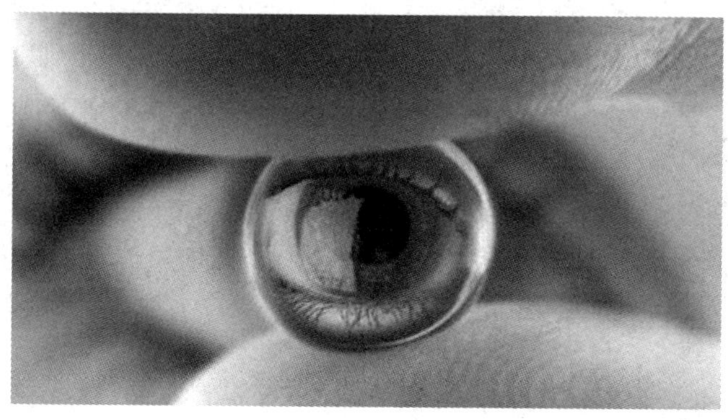

图 11-8　仿生隐形眼镜

5. 人机界面

人机界面也被称为“脑机接口”(见图 11-9)，它是在人或动物脑(或者脑细胞的培养物)与外部设备之间建立直接连接通路，即使不通过直接的语言和行动，大脑的所思所想也可以借由这条通路向外界传达。人机界面分为非侵入式和侵入式两种。在非侵入式人机界面中，脑电波是通过外部方式读取的，比如放置在头皮上的电极可以解读脑电图活动。以往的脑电图扫描需要使用导电凝胶仔细地固定电极，获得的扫描结果才会比较准确，不过在技术得到改进后，即使电极的位置不那么精准，扫描也能够将有用的信号捡取出来。其他的非侵入式人机界面还包括脑磁图描记术和功能磁共振成像等。

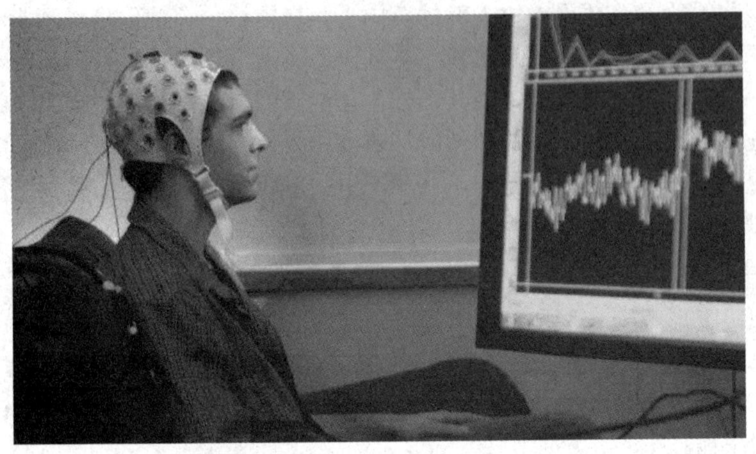

图 11-9　脑机接口

为了帮助有语言和行动障碍的病患，美国、西班牙和日本的研究人员已经相继开发出了“意念轮椅”(见图 11-10)。这些装置都是利用外部感应器来截获患者大脑发出的神经信号，然后将信号编码传递给电脑，再由电脑分析并合成语言或形成菜单式操控界面，来“翻译”患者的需求，最后让轮椅按照这些需求为患者服务，让他们真正做到“身随心动”。

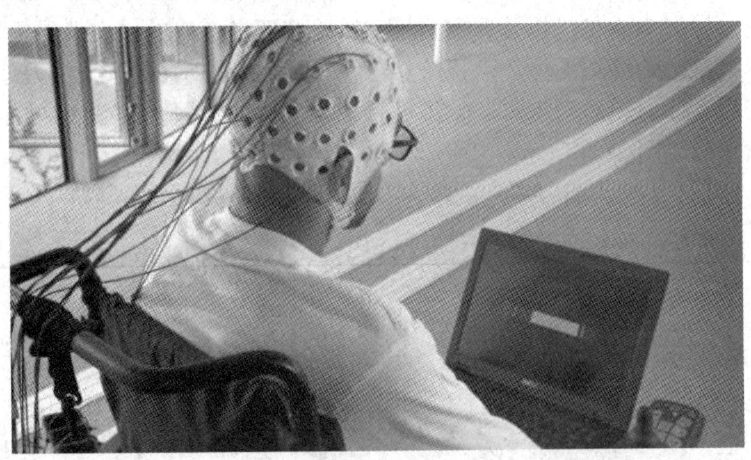

图 11-10　意念轮椅

美国威斯康星州立大学麦迪逊分校的生物医学博士生亚当·威尔逊戴上自己研制的一种新型读脑头盔后，想了一句话：“用脑电波扫描发送到 Twitter 上去。”于是这句话出现在了他的微博上。由于技术限制，该设备每分钟只能输入 10 个字母，但却显示了可观的应用前景。比如，闭锁综合征患者(意识清醒，对语言的理解无障碍，但因身体不能动，不能言语，常被误认为昏迷的病人)和四肢瘫痪者都有望依靠大脑“书写”文字、控制轮椅移动来重新恢复身体部分功能。

而侵入式人机界面的电极是直接与大脑相连的。到目前为止，侵入式人机界面在人身上的应用仅限于神经系统修复，即通过适当的刺激帮助受创的大脑恢复部分机能，比如可以再现光明的视网膜修复，以及能够恢复运动功能或者协助运动的运动神经元修复等。科学家还尝试在全身瘫痪病患的大脑中植入芯片，并成功利用脑电波来控制电脑，画出简单的图案。

美国匹兹堡大学在开发用大脑直接控制的义肢上取得了重大突破。研究人员在两只猴子大脑运动皮层植入了薄如发丝的微型芯片，这块芯片与做成人手臂形状的机械义肢无线连接。芯片感受到的来自神经细胞的脉冲信号被电脑接收并分析，最终可转化为机械手臂的运动。试验结果显示，这套系统行之有效。猴子通过思维控制机械手臂抓握、翻转、拿取，行动自如地完成了进食动作。

除了医疗领域，人机界面还有很多令人惊叹的应用。比如家庭自动化系统，可以根据是谁在房间里面而自动调节室温；当人入睡之后，卧室的灯光会变暗或者熄灭；如果有人中风或者突发其他疾病，会立即呼叫护理人员寻求帮助。

目前，大部分人机界面都采用“输入”方式，即由人利用思想来操控外部机械或设备；而由人脑来接收外部指令并形成感受、语言甚至思想，还面临着技术上的挑战。不过，神经系统修复方面的一些应用，比如人工耳蜗和人造视觉系统的植入，可能开创出一条新思路：有一天科学家或许能够通过人机界面与我们的感觉器官相连，从而控制大脑产生声音、影像乃至思想。但与此同时，随着各种与人类神经系统挂钩的机械装置变得越来越精巧复杂、应用范围越来越广泛且逐步拥有远程无线控制功能时，安全专家们就要担心“黑客入侵大脑”的事件了。

11.2.2　机器学习与物联网

根据 Gartner 公司估计，到 2025 年将会有约 500 亿台网络连接设备投入使用，这些设备每年将产生超过 500 ZB(ZettaByte)数据，也就是需要 5000 亿个 1TB 硬盘才能放下。随着科技的进步，这一数字将会继续大幅增长。对于已经进入物联网行业的 70%的组织来讲，这些数据代表了其独一无二的竞争优势，可以帮助企业获得有价值的信息用于开发创新 AI 应用程序。这对于企业来说是一个巨大的机会。

事实证明，物联网数据同样令数据科学家、机器学习工程师和企业领导者兴奋。从医疗保健和农业到教育和交通，蓬勃发展的物联网领域和其他领域一样是多元化的，涵盖了新信息的发现和决策控制。物联网数据科学打开了创造新数据产品的大门。

目前，物联网成为了新数据的重要来源之一，物联网数据或许可以被看作大数据的缩影。如果只看一台设备产生的数据，那么只需要处理很少的数据就可以了(即使这些数据也一直在变化)。但无数的分布式设备会产生连续的数据流，所以物联网会产生大量的数据。物联网设备可以收集从音频到传感器数据等各种类型的信息，并全面覆盖整体数据。

但是物联网数据也存在一些独一无二的特性，使其开发具有挑战性。由于采集和传输过程中出现错误往往会产生噪音，这使得构建、清理和验收数据的过程成为机器学习(见图 11-11)算法发挥的关键步骤。本质上来讲，物联网数据也是高度可变的，这是因为跨各种数据收集组件的数据流中存在巨大的不一致性，而且存在时间模式。不仅如此，数据本身的价值在很大程度上取决于底层机制、数据捕获的频率以及处理方式。即使来自特定设备的数据被认为是值得信赖的，我们仍需要考虑到即使在相似条件下不同设备的行为也可能不同。因此在收集培训数据时捕捉所有可能的情景在实践中是不可行的。

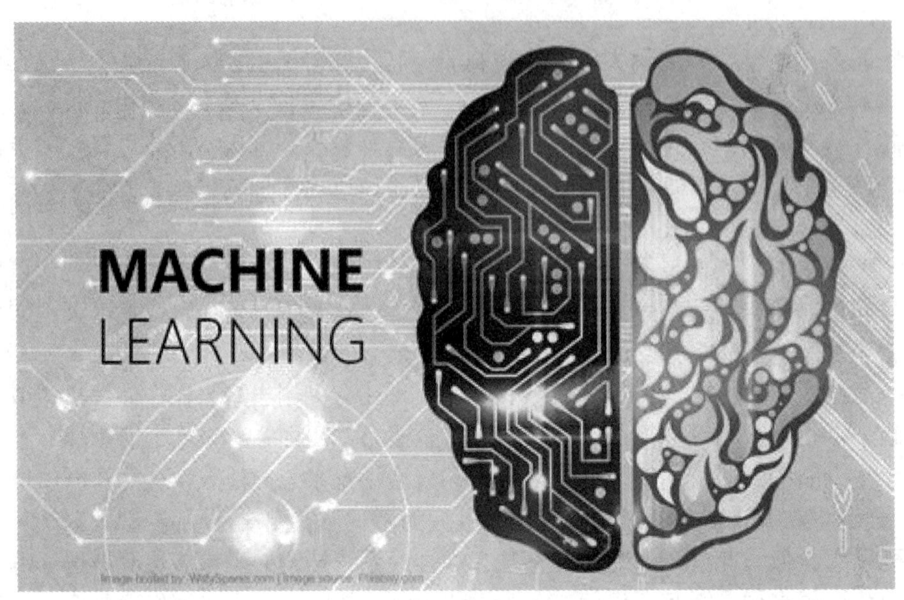

图 11-11　机器学习

机器学习使用历史数据的监督学习技术来进行认知决策。历史数据量越大，算法的决策能力越好。这种理念使物联网成为机器学习的理想用例，因为设备生成的数据通常非常频繁。以下是一些机器学习与物联网合作以实现业务优化的常见场景。

(1) 异常检测。机器学习可以用来检测时间序列数据中的异常情况，这是由物联网设备发送的数据来反馈信息，这些数据在时间上都是一致的。使用机器学习算法检测设备信息流的实时流，可以检测到峰值和下降、止和负趋势等异常情况。

(2) 预测维护。预测维护直接影响组织的成本，使它成为最流行的机器学习解决方案之一。机器学习算法能够预见设备故障的可能性、设备的寿命以及故障的原因，从而使企业能够通过显著降低维护时间来优化运营成本。

(3) 车辆遥测技术。机器学习解决方案的能力，可以从上百万的车辆事故中吸取经验，从而提高安全性、可靠性和驾驶经验，使它成为运输和物流行业采用的理想技术。

在物联网中，机器学习所提供的服务主要分为半监督学习和群体感知两种方式。

(1) 半监督学习。物联网数据的一个最显著的特征在于其粗糙性：因为物联网设备通过各种复杂的传感器收集数据，所以产生的数据通常非常原始。这意味着在提取业务价值并构建强大的 AI 应用程序之前，主要的数据处理是必要的。实际上，将有意义的信号从噪声中分离出来并将这些非结构化数据流转化为有用的结构化数据，是构建智能物联网应用程序最重要的一步。

大量物联网应用需要使用监督机器学习，这是一类机器学习算法，需要在模型可以被训练之前标记数据。在大多数情况下，数据科学家拿到的是一个庞大的、未标记的数据集，需要使用它们来训练性能良好的模型。通常，这些数据的量太大，无法手动标记，因此使用该数据集来训练良好的监督模型是一项具有挑战性的工作。

由于手动标记大型数据集是一项耗时、容易出错且价格昂贵的任务，因此机器学习专业人员通常首先转向标记为开源的数据集，或者从少量数据开始标记。考虑到这一点，在算法训练中利用标记和未标记数据的半监督学习策略更为有效。特别是主动学习是一种非常合适的方法，其对需要标记的数据进行优先处理，以便对训练监督模型产生最大影响。主动学习可以用于数据量太大而无法标记的情况，通过设置一些优先级来实现更准确高效的数据标记。

(2) 群体感知。在机器学习方面，物联网发展的一个非常有趣的方面是群体感知的出现。群体感知包括两种形式：当用户自愿提供信息时，以及在没有明确干预用户的情况下自动收集数据。这不仅是物联网数据可以促进物联网应用程序的开发或改进的一种方式，而且还可以用作其他非物联网应用程序的输入。

物联网实际上允许前所未有的方式收集非常独特的数据集。由于每个设备生成的数据通常都是人为的，因此用户可以标记或验证它，从而收集最接近用户位置的数据也变为可能。

11.2.3　自动驾驶技术与物联网

1. 自动驾驶技术

自动驾驶车辆(Automated Vehicles，AV)也称无人驾驶车辆，是这两年时髦的关键词，几乎每天都会有相关新闻报道。自动驾驶与物联网技术相结合将会实现产业升级，让行车更安全，能极大提升人们生活与工作效率。与此同时，自动驾驶带来共乘共享的机制还能让都市塞车、城市污染等“城市病”迎刃而解。

当我们想到无人驾驶汽车时，立即想到的是未来或某种科幻电影，但自从第一辆汽车问世以来，人们就一直在思考如何拥有一辆完全自主驾驶的汽车。1925 年，一位名叫弗朗西斯·胡迪纳的工程师展示了第一辆无线电控制的“无人驾驶”汽车。1956 年，通用公司的 Firebird Ⅱ概念车建造了一个导航系统和嵌入道路中探测电路的电子自动控制系统，这是为了帮助汽车避免交通事故。1958 年，克莱斯勒汽车公司推出了首辆装有巡航控制功能的汽车。1979 年，斯坦福大学发明了一种名为手推车的机器人，在没有任何人为干预的情况下穿越一个充满障碍物的房间。1994 年，德国联邦国防军大学研制的 VaMP 和 VITA-2 机器人汽车在道路中安全地穿行了 600 多英里。2009 年，谷歌公司的自动驾驶车项目开始。2015 年，特斯拉公司发布了自动驾驶仪软件。2018 年，通用汽车公司寻求批准一款没有方向盘或踏板的自动驾驶汽车。

物联网通过互联网将多个设备相互连接，自动驾驶汽车在用户数据更新算法时就是利用这种连接技术。在自动驾驶汽车收集和处理大量数据的情况下，可以通过物联网共享道路信息。这些信息包括实际路径、交通状况以及如何绕过障碍物等。所有这些信息在物联网连接的汽车之间共享，并通过无线上传到云系统进行分析和使用，从而提高汽车自动化程度。

物联网连接处理来自雷达激光器的反馈，并绘制路径地图，向汽车控制器发送指令(转向、加速和制动)。每辆车还配备了避障和预测模型，引导车辆遵守交通规则并绕过某些障碍物，如图 11-12 所示。

图 11-12　自动驾驶技术

2. 自动驾驶技术的分类

从汽车和驾驶员的角度来看，自动驾驶技术有多个级别。

零级是无自动化，没有任何自动驾驶功能、技术，完全由驾驶员控制车辆。

一级是指“协助驾驶员”，向驾驶员提供基本的技术性帮助，驾驶员占据主导位置。这些特征在今天的大多数汽车中都很常见，例如自适应巡航控制系统、自动紧急制动等。

二级是部分自动化。在某些情况下，汽车可以自动加速、制动和驾驶，驾驶员仍然是完全负责，并随时待命。二级技术的例子有梅赛德斯-奔驰驾驶辅助系统、奥迪拥堵辅助系统、卡迪拉克超级巡航系统。

三级是有条件自动化。在有限情况下，三级技术可以为驾驶员完成大部分工作，这包括检查车辆周围环境，但是当遇到紧急情况时，还是需要驾驶员对车辆进行接管。奥迪的人工智能交通拥堵导航系统就是一个例子。

四级是高度自动化。在正确的道路和条件下，汽车可以在没有任何人工干预情况下自主驾驶。

五级是完全自动化。这种车辆自我驱动，发挥其全部潜力，真正实现无人驾驶。在所有人类驾驶者可以应付的道路和环境条件下，均可以由自动驾驶系统自主完成所有驾驶操作。这项技术目前还不具备，但在《蝙蝠侠》《少数派报告》《我，机器人》电影中都有五级自动驾驶汽车影子。

3. 自动驾驶技术的优缺点

自动驾驶汽车的一个有趣方面是出行不再浪费时间。在去上班或开会途中，人们可以在驾车时间做一些额外工作，而不用集中精力开车，这增加了一天中的额外时间以提高生产力。另外，电脑不会像人一样容易分心，更不用说喝酒开车了。

许多公司在开发自动驾驶汽车，其中最知名的公司包括优步、本田、丰田、特斯拉、现代、沃尔沃、Waymo(与谷歌、菲亚特克莱斯勒合作)、宝马、大众、通用汽车和福特。

在所有这些从事这项技术的公司中，我们听到最多的公司是特斯拉、优步和 Waymo。

对于自动驾驶汽车来说，新闻报道并不都是正面的，在最近几年里，有多起事故涉及自动驾驶汽车。2018 年 3 月 18 日，一辆优步自动驾驶汽车在亚利桑那州撞倒了一名不遵守交规过马路的女子，造成该名女子死亡，优步和受害者家属已经达成和解。虽然这可能不是汽车的过错，但这起事故无疑让自动驾驶汽车行业的发展蒙上阴影。

习　题

1. 请简述大数据的几大基本特征。
2. 请简述物联网大数据的特点。
3. 请简述什么是数据挖掘，并介绍其处理过程。
4. 请列举机器学习与物联网合作实现业务优化的常见场景。
5. 请简述什么是自动驾驶技术，并介绍其优缺点。

第 12 章　信息安全技术

12.1　信息安全基础

12.1.1　网络空间安全概念

由于互联网、移动互联网、物联网已经应用于现代社会的政治经济、文化、教育、科研与社会生活的各个领域，人们的社会生活与经济生活已经无法离开网络，因此网络安全必然成为影响社会稳定和国家安全的重要因素之一。

回顾网络安全研究的历史，“网络空间”与“国家安全”关系的讨论由来已久。早在 2000 年 1 月，美国政府在《美国国家信息系统保护计划》中就有这样一段话：“在不到一代人的时间内，信息革命和计算机在社会所有的方面的应用，已经改变了我们的经济运行方式，改变了我们维护国家安全的思维，也改变了我们日常生活的结构。”未来学家预言：“谁掌握了信息，谁控制了网络，谁就将拥有世界。”《下一场世界战争》一书预言：“在未来的战争中，计算机本身就是武器，前线无处不在，夺取作战空间控制权的不是炮弹和子弹，而是计算机网络里流动的比特和字节。”

网络空间安全已经严重地影响到每一个国家的社会、政治、经济、文化与军事安全。网络空间安全问题已经上升到世界各国国家安全战略的层面。2010 年，美国国防部发布的《四年度国土安全报告》中，将网络安全列为国土安全五项首要任务之一。2011 年，美国政府在《网络空间国际战略》的报告中，将“网络空间(Cyberspace) ”视为与国家“领土、领海、领空、太空”四大常规空间同等重要的“第五空间”。近年来，世界各国都纷纷研究和制定国家网络空间安全政策。

网络空间安全的提出背景是基于全球五大空间的新认知，网络空间与现实空间中的陆域、海域、空域、太空一起，共同形成了人类自然与社会以及国家的公共领域空间，具有全球空间的性质。有学者提出这样的观点：“网络空间安全”是指能够容纳信息处理的网络空间构建与管理的安全，是远比“信息安全”更为重要和根本的安全。网络空间安全保护是否得当不仅会影响用户的上网体验，还会对国家的安全和利益造成威胁。网络空间安全已经明显地超越了以往的技术范畴，因而成为国家战略布局的重要内容。

12.1.2　《国家网络空间安全战略》的主要内容

我国网络空间安全政策建立在“没有网络安全就没有国家安全”的理念之上。2016 年 12 月 27 日，经中共中央网络安全和信息化领导小组批准，国家互联网信息办公室发布《国家网络空间安全战略》报告(以下简称报告)。物联网网络安全是网络空间安全的重要组成部分，研究物联网网络安全就必须理解“国家网络空间安全战略”确定的目标、原则与战略任务。

1. 网络安全形势

报告指出：网络安全形势日益严峻，国家政治、经济、文化、社会、国防安全及公民在网络空间的合法权益面临严峻风险与挑战。这种威胁主要表现在以下几个方面：

(1) 网络渗透危害政治安全。

政治稳定是国家发展、人民幸福的基本前提。利用网络干涉他国内政、攻击他国政治制度、煽动社会动乱、颠覆他国政权，以及大规模网络监控、网络窃密等活动严重危害国家政治安全和用户信息安全。

(2) 网络攻击威胁经济安全。

网络和信息系统已经成为关键基础设施乃至整个经济社会的神经中枢，遭受攻击破坏、发生重大安全事件，将导致能源、交通、通信、金融等基础设施瘫痪，造成灾难性后果，严重危害国家经济安全和公共利益。

(3) 网络有害信息侵蚀文化安全。

网络上各种思想文化相互激荡、交锋，优秀传统文化和主流价值观面临冲击。网络谣言、颓废文化和淫秽、暴力、迷信等违背社会主义核心价值观的有害信息侵蚀青少年身心健康，败坏社会风气，误导价值取向，危害文化安全。网络上道德失范、诚信缺失现象频发，网络文明程度亟待提高。

(4) 网络恐怖和违法犯罪破坏社会安全。

恐怖主义、分裂主义、极端主义等势力利用网络煽动、策划、组织和实施暴力恐怖活动，直接威胁人民生命财产安全、社会秩序。计算机病毒、木马等在网络空间传播蔓延，网络欺诈、黑客攻击、侵犯知识产权、滥用个人信息等不法行为大量存在，一些组织肆意窃取用户信息、交易数据、位置信息以及企业商业秘密，严重损害国家、企业和个人利益，影响社会和谐稳定。

(5) 网络空间的国际竞争方兴未艾。

国际上争夺和控制网络空间战略资源、抢占规则制定权和战略制高点、谋求战略主动权的竞争日趋激烈。个别国家强化网络威慑战略，加剧网络空间军备竞赛，世界和平受到新的挑战。

(6) 网络空间机遇与挑战并存，机遇大于挑战。

必须坚持积极利用、科学发展、依法管理、确保安全，坚决维护网络安全，最大限度利用网络空间发展潜力，更好惠及14亿多中国人民，造福全人类，坚定维护世界和平。

2. 目标

我国网络空间安全战略的总体目标是：以总体国家安全观为指导，贯彻落实创新、协调、绿色、开放、共享的发展理念，增强风险意识和危机意识，统筹国内国际两个大局，统筹发展安全两件大事，积极防御、有效应对，推进网络空间和平、安全、开放、合作、有序，维护国家主权、安全、发展利益，实现建设网络强国的战略目标。具体内容包括：

(1) 和平：信息技术滥用得到有效遏制，网络空间军备竞赛等威胁国际和平的活动得到有效控制，网络空间冲突得到有效防范。

(2) 安全：网络安全风险得到有效控制，国家网络安全保障体系健全完善，核心技术装备安全可控，网络和信息系统运行稳定可靠。网络安全人才满足需求，全社会的网络安全意识、基本防护技能和利用网络的信心大幅提升。

(3) 开放：信息技术标准、政策和市场开放、透明，产品流通和信息传播更加顺畅，数字鸿沟日益弥合。不分大小、强弱、贫富，世界各国特别是发展中国家都能分享发展机遇、共享发展成果、公平参与网络空间治理。

(4) 合作：世界各国在技术交流、打击网络恐怖和网络犯罪等领域的合作更加密切，多边、民主、透明的国际互联网治理体系健全完善，以合作共赢为核心的网络空间命运共同体逐步形成。

(5) 有序：公众在网络空间的知情权、参与权、表达权、监督权等合法权益得到充分保障，网络空间个人隐私获得有效保护，人权受到充分尊重。网络空间的国内和国际法律体系、标准规范逐步建立，网络空间实现依法有效治理，网络环境诚信、文明、健康，信息自由流动与维护国家安全、公共利益实现有机统一。

3. 原则

一个安全稳定繁荣的网络空间，对各国乃至世界都具有重大意义。中国愿与各国一道，加强沟通、扩大共识、深化合作，积极推进全球互联网治理体系变革，共同维护网络空间和平安全。

(1) 尊重维护网络空间主权。网络空间主权不容侵犯，尊重各国自主选择发展道路、网络管理模式、互联网公共政策和平等参与国际网络空间治理的权利。各国主权范围内的网络事务由各国人民自己做主，各国有权根据本国国情，借鉴国际经验，制定有关网络空间的法律法规，依法采取必要措施，管理本国信息系统及本国疆域上的网络活动；保护本国信息系统和信息资源免受侵入、干扰、攻击和破坏，保障公民在网络空间的合法权益；防范、阻止和惩治危害国家安全和利益的有害信息在本国网络传播，维护网络空间秩序。任何国家都不搞网络霸权、不搞双重标准，不利用网络干涉他国内政，不从事、纵容或支持危害他国国家安全的网络活动。

(2) 和平利用网络空间。和平利用网络空间符合人类的共同利益。各国应遵守《联合国宪章》关于不得使用或威胁使用武力的原则，防止信息技术被用于与维护国际安全和稳定相悖的目的，共同抵制网络空间军备竞赛、防范网络空间冲突。坚持相互尊重、平等相待、求同存异、包容互信，尊重彼此在网络空间的安全利益和重大关切，推动构建和谐网络世界。反对以国家安全为借口，利用技术优势控制他国网络和信息系统、收集和窃取他国数据，更不能牺牲别国安全谋求自身所谓的绝对安全。

(3) 依法治理网络空间。全面推进网络空间法治化，坚持依法治网、依法办网、依法上网，让互联网在法治轨道上健康运行。依法构建良好网络秩序，保护网络空间信息依法有序自由流动，保护个人隐私，保护知识产权。任何组织和个人在网络空间享有自由、行使权利的同时，须遵守法律，尊重他人权利，对自己在网络上的言行负责。

(4) 统筹网络安全与发展。没有网络安全就没有国家安全，没有信息化就没有现代化。网络安全和信息化是一体之两翼、驱动之双轮。正确处理发展和安全的关系，坚持以安全保发展，以发展促安全。安全是发展的前提，任何以牺牲安全为代价的发展都难以持续。发展是安全的基础，不发展是最大的不安全。没有信息化发展，网络安全也没有保障，已有的安全甚至会丧失。

4. 战略任务

中国的网民数量和网络规模是世界第一，维护好中国网络安全，不仅是自身需要，对于维护全球网络安全乃至世界和平都具有重大意义。中国致力于维护国家网络空间主权、安全、发展利益，推动互联网造福人类，推动网络空间和平利用和共同治理。报告确定了九项战略任务：

- 坚定捍卫网络空间主权
- 坚决维护国家安全
- 保护关键信息基础设施
- 加强网络文化建设
- 打击网络恐怖和违法犯罪
- 完善网络治理体系
- 夯实网络安全基础
- 提升网络空间防护能力
- 强化网络空间国际合作

网络空间是国家主权的新疆域，应建设与我国国际地位相称、与网络强国相适应的网络空间防护力量，大力发展网络安全防御手段，及时发现和抵御网络入侵，铸造维护国家网络安全的坚强后盾。

12.1.3　网络空间安全的理论体系

1. 网络空间安全涵盖的主要内容

如图 12-1 所示，网络空间安全研究包括五个方面的内容：

- 应用安全
- 系统安全
- 网络安全
- 网络空间安全基础
- 密码学及应用

从图 12-1 中可以看出，传统意义上的网络安全只是网络空间安全的重要组成部分。由于物联网网络安全研究目前处于初期阶段，因此了解网络空间安全涵盖的主要内容，对于指导物联网网络安全研究有着重要的意义。

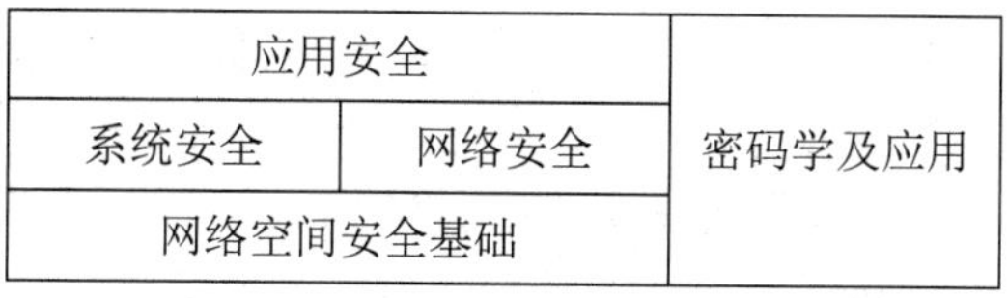

<table>
<tr><td colspan="2">应用安全</td><td rowspan="3">密码学及应用</td></tr>
<tr><td>系统安全</td><td>网络安全</td></tr>
<tr><td colspan="2">网络空间安全基础</td></tr>
</table>

图 12-1　网络空间安全涵盖的主要内容

2. 网络空间安全理论体系

网络空间安全理论包括三大体系，即基础理论体系、技术理论体系与应用理论体系。其体系结构与涵盖的主要内容如图 12-2 所示。

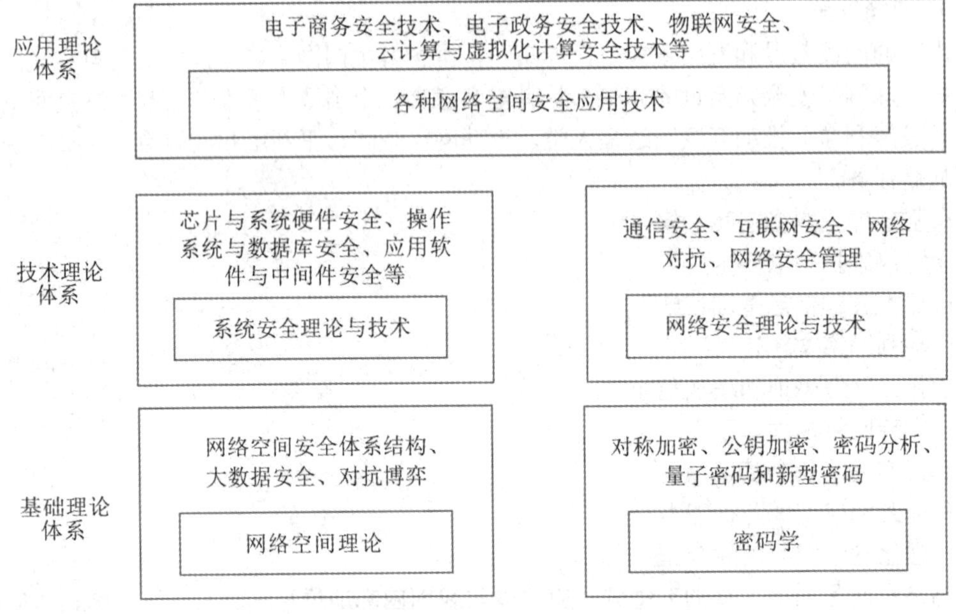

图 12-2　网络空间安全理论体系结构与涵盖的主要内容

1) *基础理论体系*

基础理论体系包括网络空间理论与密码学。

网络空间理论研究主要包括网络空间安全体系结构、大数据安全和对抗博弈。

密码学研究主要包括对称加密、公钥加密、密码分析、量子密码和新型密码。

2) *技术理论体系*

技术理论体系包括系统安全理论与技术、网络安全理论与技术。

系统安全理论与技术研究主要包括可信计算、芯片与系统硬件安全、操作系统与数据库安全、应用软件与中间件安全、恶意代码分析与防护。

网络安全理论与技术研究主要包括通信安全、互联网安全、网络对抗和网络安全管理。

3) *应用理论体系*

应用理论体系主要是指各种网络空间安全应用技术，研究的内容主要包括电子商务、电子政务安全技术，物联网安全，云计算与虚拟化计算安全技术，社会网络安全、内容安全与舆情监控，隐私保护。

为了以法律手段进一步保障我国网络空间安全，2016 年 11 月，全国人民代表大会常务委员会通过了《中华人民共和国网络安全法》(以下简称《网络安全法》)，并于 2017 年 6 月 1 日起施行。《网络安全法》是我国第一部全面规范网络空间安全管理的基础性法律，在我国网络空间安全史上具有里程碑意义。《网络安全法》全文共有 7 章 79 条，涵盖了保障网络空间安全的原则以及网络安全等级保护制度、个人信息保护、关键信息基础设施运行安全、网络信息安全、监测预警与应急处置、法律责任等具体细则。《网络安全法》也为物联网的网络安全提供了法律保障，使物联网网络安全研究有法可依。

12.2 OSI 安全体系结构

12.2.1 OSI 安全体系结构的基本概念

1989 年发布的 ISO7498-2 描述了 OSI 安全体系结构(Security Architecture)，提出了网络安全体系结构的三个概念：网络安全攻击(Security Attack)、网络安全服务(Security Service)与网络安全机制(Security Mechanism)。

1. 网络安全攻击

任何危及网络与信息系统安全的行为都视为攻击。常用的网络安全攻击分为被动攻击与主动攻击两类。

1) *被动攻击*(Passive Attack)

窃听或监视数据传输属于被动攻击。被动攻击包括：网络攻击者通过在线窃听的方法，非法获取网络上传输的数据；或通过在线监视网络用户身份、传输数据的频率与长度，破译加密数据，非法获取敏感或机密的信息。

2)*主动攻击*(Active Attack)

主动攻击可以分为三种基本的方式：

(1) 截获数据：网络攻击者假冒和顶替合法的接收用户，在线截获网络上传输的数据。

(2) 篡改或重放数据：网络攻击者假冒接收者，截获网络上传输的数据之后，经过篡改再发送给合法的接收用户；或者是在截获到网络上传输的数据之后的某一时刻，一次或多次重放该数据，造成网络数据传输混乱。

(3) 伪造数据：网络攻击者假冒合法的发送用户，将伪造的数据发送给合法的接收用户。

2. 网络安全服务

为了评估网络系统的安全需求，指导网络硬件与软件制造商开发网络安全产品，ITU 推荐的 X.800 标准与 RFC2828 对网络安全服务进行了定义。

X.800 标准对网络安全服务的定义是：安全服务是开放系统的各层协议为保证系统与数据传输足够的安全性所提供的服务。RFC2828 进一步明确：安全服务是由系统提供的、对网络资源进行特殊保护的进程或通信服务。

X.800 标准将网络安全服务分为五类、十四种特定的服务。其中，五类安全服务主要包括：

(1) 认证(Authentication)：提供对通信实体和数据来源认证与身份鉴别。

(2) 访问控制(Access Control)：通过对用户身份认证和用户权限的确认，防治未授权用户非法使用系统资源。

(3) 数据机密性(Data Confidentiality)：防止数据在传输过程中泄露或被窃听。

(4) 数据完整性(Data Integrity)：确保接收的数据与发送的数据的一致性，防止数据被修改、插入、删除或重放。

(5) 防抵赖(Non-Repudiation)：确保数据由特定的用户发出，并证明由特定的一方接收，防止发送方在发送数据后否认，或接收方在收到数据后否认。

3. 网络安全机制

网络安全机制包括以下八项基本的内容。

(1) 加密(Encryption)机制：确保数据安全性的基本方法，可根据层次与加密对象的不同，采用不同的加密方法。

(2) 数字签名(Digital Signature)机制：确保数据的真实性，可利用数字签名技术对用户身份和消息进行认证。

(3) 访问控制机制：按照事先确定的规则，保证用户对主机系统与应用程序访问的合法性。当有非法用户企图入侵时，实现报警与记录日志的功能。

(4) 数据完整性机制：确保数据单元或数据流不被复制、插入、更改、重新排序或重放。

(5) 认证机制：用口令、密码、数字签名、生物特征(如指纹)等手段，实现对用户身份、消息主机与进程的认证。

(6) 流量填充(Traffic Padding)机制：通过在数据流中填充冗余字段的方法，预防网络攻击者对网络上传输的流量进行分析。

(7) 路由控制(Routing Control)机制：通过预先安排好路径，尽可能使用安全的子网与链路，以保证数据传输安全。

(8) 公证(Notarization)机制：通过第三方参与的数字签名机制，对通信实体进行实时或非实时的公证，预防伪造签名与抵赖。

12.2.2　网络安全模型和网络安全

为了满足网络用户对网络安全的需求，应对网络攻击者对通信信道上传输的数据、网络计算资源的安全威胁，网络空间安全的相关标准中提出了网络安全模型与网络安全访问模型。

1. 网络安全模型

图 12-3 给出了一个通用的网络安全模型。

网络安全模型涉及三类对象：通信对端(发送端用户与接收端用户)、网络攻击者以及可信的第三方。发送端通过网络通信信道将数据发送到接收端。网络攻击者可能在通信信道上伺机窃取传输的数据。为了保证网络通信的机密性、完整性，我们需要做两件事：一是对传输数据进行加密与解密；二是要有一个可信的第三方，用于分发加密的密钥或确认通信双方身份。那么，网络安全模型需要规定四项基本任务：

(1) 设计用于对数据加密与解密的算法。

(2) 对传输的数据进行加密。

(3) 对接收的加密数据进行解密。

(4) 制定加密、解密的密钥分发与管理协议。

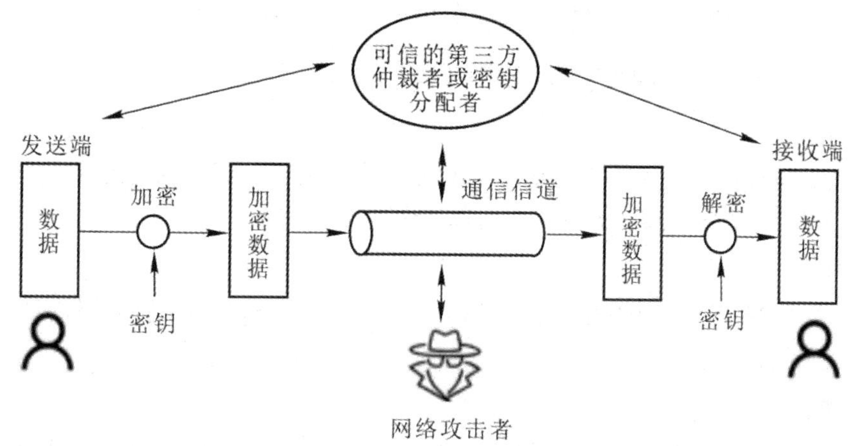

图 12-3　网络安全模型

2. 网络安全访问模型

图 12-4 给出了一个通用的网络安全访问模型。网络安全访问模型主要针对两类对象从网络访问的角度实施网络攻击。一类是网络攻击者，另一类是“恶意代码”类的软件。

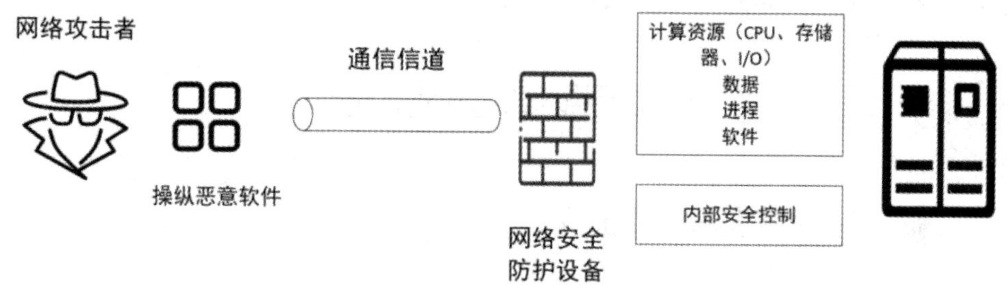

图 12-4　网络安全访问模型

黑客(Hacker)的含义经历了一个复杂的演变过程，现在人们已经习惯将网络攻击者统称为“黑客”。恶意代码主要是利用操作系统或应用软件的漏洞，通过浏览器并利用用户的信任关系，从一台计算机传播到另一台计算机，从一个网络传播到一个网络的程序。其目的是在用户和网络管理员不知情的情况下故意修改网络配置参数，破坏网络正常运行并非法访问网络资源。恶意代码包括病毒、特洛伊木马、蠕虫、脚本攻击代码以及垃圾邮件、流氓软件等多种形式。

将网络攻击者与恶意代码对网络计算资源的攻击行为分为服务攻击与非服务攻击两类。服务攻击是指网络攻击者对 E-mail、FTP、Web 或 DNS 服务器发起攻击，造成服务器工作不正常，甚至造成服务器瘫痪。非服务攻击不针对某项具体的应用服务，而是针对网络设备或通信线路。攻击者使用各种方法对各种网络设备(如路由器、交换机、网关或防火墙等)以及通信线路发起攻击，使得网络设备出现严重阻塞甚至瘫痪，或者造成通信线路阻塞，最终造成网络通信中断。网络安全研究的一个重要的目标就是研制网络安全防护(硬件与软件)工具，保护网络系统与网络资源不受攻击。

12.2.3　用户对网络安全的需求

我们可以将用户对网络安全的需求总结为以下几点。

1. 可用性

可用性是指在可能发生的突发事件(如停电、自然灾害、事故或攻击等)的情况下，计算机网络仍然处于正常运转状态，用户可以使用各种网络服务。

2. 机密性

机密性是指保证网络中的数据不被非法截获或不被非授权用户访问，从而保护敏感数据和涉及个人隐私信息的安全。

3. 完整性

完整性是指保证数据在网络中完整地传输、存储，数据没有被修改、插入或删除。

4. 不可否认性

不可否认性是指确认通信双方的身份真实性，防止对已发送或已接收的数据进行否认。

5. 可控性

可控性是指能够控制与限定网络用户对主机系统、网络服务与网络信息资源的访问和使用，防止非授权用户读取、写入、删除数据。

12.3　物联网设备的安全设计

12.3.1　物联网安全开发面临的挑战

我们可以将物联网产品看作规模更大的系统或者当前系统中的一个组件，物联网产品开发人员应该采用系统工程的思维方式来理解系统中多个组件交互带来的安全风险。

物联网产品开发人员面临着诸多安全挑战，对此他们必须作出战略性规划，分析如何应对这些挑战。他们不仅需要满足市场需求，还需要时刻了解并掌握快速变化的技术，确保产品安全，同时在成本上也要保持竞争力。这并不是一件容易的事，即使对于安全预算充足并且拥有多年风险管理经验的机构也是如此。对于最近才开始在其产品和系统中增加联网功能的开发团队来说，这是一项工作量颇大的任务。

1. 加快上市速度带来的影响

通常情况下，安全性会被视作一种约束而非业务驱动因素。拿到风险投资的初创企业往往急于将产品功能推向市场，以避免在市场中失去先发优势，导致“起个大早，赶个晚集”。即使是那些正在为其产品增加联网功能的成熟公司，也必须考虑如何在产品中快速添加新功能。长远来看，这种仅仅关注产品上市速度的做法迟早是会付出代价的。

前期不仅仅需要投入时间找出安全需求并加以定义，而且还要将所有安全需求纳入产品基线，这些工作是非常耗时的。建议用户投入时间和精力了解自己面临的威胁，并对能够缓解这些威胁的安全需求进行优先级排序。完成安全需求的优先级排序后，应聚焦于将高优先级的防御措施集成到用户系统当中，同时将安全需求分布到随后的多个迭代周期当中，从而降低对用户开发速度的影响。

OWASP 发布的物联网 Top10 漏洞等资源可以用来帮助读者确定威胁和需求的优先级。通过以下链接可以查看 OWASP 发布的物联网 Top10 漏洞信息：https: //www. Owaspimages /7/71/Internet_of Things_Top_Ten_2014-OWASP.pdf。

2. 联网设备面临着纷至沓来的攻击

在充满威胁的环境中，只要联网设备中存在一个漏洞，攻击者就可以迅速入侵这台设备。即使安全措施已经就位，也可以利用漏洞轻易地乘虚而入。开发团队可能已经在软件中引入了缓冲区溢出漏洞，也可能没有将加密密钥存储在硬件当中，还可能为用户账户分配了不必要的高权限，又或者没有采用加密签名来保护固件，这些做法都为攻击者提供了可乘之机。

本章描述的安全过程可以帮助开发团队找到正确的方式识别出针对产品的具体威胁，发现威胁后，工程师就可以找到相应的安全控制措施，并对其进行优先级排序，最终减少威胁。同时，开发人员应该采用自动化的安全分析工具来评估产品固件的安全性，并找出必须修复的漏洞。

3. 物联网设备给用户隐私带来了新的威胁

物联网开发人员必须始终将如何才能确保敏感信息的安全放在心上。鉴于物联网系统的特点，针对物联网系统的敏感信息保护需要考虑其特殊性，开发人员必须了解这一点，才能够采取措施避免隐私泄露带给用户影响。而且，第三方数据泄露还可能带来法律问题，例如未经授权即对设备进行定位跟踪。

由于实现了“万物皆可互联”，且本身自带信息共享功能，物联网设备和系统的隐私泄露隐患更为严重。

以联网语音助手为例，该语音助手能够与第三方厂商共享转录信息，同时第三方厂商还负责对响应语音命令和语音查询的机器学习算法进行优化。那么，有哪些好的方法可以擦除转录数据中的个人身份信息和敏感信息呢？

通过建立设备身份信息同用户身份信息之间的联系，可能带来与物联网设备和系统有关的匿名性问题。这里，以智能电表为例。由于公用事业机构出于数据分析等目的会同第三方共享智能电表信息，因此必须在提交数据之前清除数据中的个人身份信息。通过这种方式实现数据的匿名化，这样其他获取到数据的第三方也就无法建立数据同业主之间的关联。

定位跟踪问题也同物联网设备和系统有关。例如，智能手机应用 Strava 的设计初衷是成为运动员的社交网络。当用户注册 Strava 服务时，该应用就会从用户的可穿戴设备中提取 GPS 数据，然后创建一张记录用户位置信息和移动路径的热力图。这个例子并不涉及安全漏洞，实际上是由物联网产品的固有功能导致的。

然而，美国联合冲突分析研究所(Institute for United Conflict Analysis)的分析师 Nathan Ruser 发现了 Strava 应用中存在安全隐患，他注意到在该应用中可以看到美国军事基地的敏感信息。将 GPS 数据聚合起来后，会显示出特定的秘密地点存在大量的人类活动。之所以出现这样的问题，是因为陆军用户在上传他们自己的数据时，没有从安全(Operational

Security，OPSEC)角度考虑上传数据的影响。

4. 物联网产品与系统可能遭受物理入侵

路侧单元通常与网联汽车和交通管理中心连接，部署在道路两边未采取物理保护措施的位置。这就意味着攻击者可以随意拿走这些设备，并对其开展漏洞分析。

只要在一台设备中发现可能导致敏感信息泄露的漏洞，就可以利用这些敏感信息来入侵并操纵大量同类设备。举个例子，如果某个型号的设备均采用了相同的默认口令，那么只要获取一台设备的默认口令，也就知道了其他同型号设备的口令。

消费级物联网产品厂商面临着更大的挑战。因为消费级物联网产品无需定制，可以直接进行成品采购。也就是说，攻击者只需要就近到卖场中采购设备，然后花时间开展漏洞挖掘即可。常见的漏洞包括测试接口未采取保护措施，或者云服务接口中的漏洞。

无论采用哪种方式，攻击者都可以基于研究成果构造出漏洞利用工具，进而获取到目标设备的访问权限。

5. 经验丰富的安全工程师一将难求

同硬件方面的安全专业人士一样，通用的网络安全专业人士也很难吸引和保留。许多传统的制造业厂商普遍都以增加产品的联网能力为重点，因此通常缺乏对产品及其相关接口进行安全改造所需的安全设计能力。

用户需要安全人员具备以下能力：

(1) 能够明确定义出安全物联网系统/设备的愿景，并将该愿景转化为战略方法。

(2) 能够确定适用的行业规范，并制定出在合规过程中需要满足的系统需求。

(3) 能够对系统/设备进行威胁建模，并完成风险管理流程。

(4) 能够采用安全开发过程并进行调整，与开发团队协同开展流程测试。

(5) 能够对开发团队开展安全意识/培训。

(6) 能够将系统安全需求转化为系统/产品的安全设计。

(7) 能够开展安全测试，包括整个开发生命周期中重要的自动化测试。

自动化的安全测试优点突出，能够快速发现代码中的缺陷，但是自动化也是有代价的。通常具备一定开发能力的安全工程师会负责自动化的实现，因为在开展自动化测试的过程中需要用到安全工具的 API。然而这些员工的薪酬要求往往也比较高，并且，找出这样一个满足上述要求的人员也是一件颇有难度的事情。

假设用户预算充足，可以考虑配备一支团队，团队成员的技术能力相互补充，通过协作来弥补安全系统/产品开发的差距。

12.3.2 安全设计的目标

对于物联网系统(或者任何其他系统)而言，不存在通用的安全设计。部分在威胁环境运行的 IT 系统需要离线运行，并与任何其他网络物理隔离。但即便这样，系统也面临着多种攻击的威胁，如社会工程学攻击和内部威胁。

没有一个系统是百分之百安全的。但是，我们可以为一个安全、可用、有韧性的系统制定安全保障目标，从而抵御大多数攻击者发起的攻击。

这里，我们提出了其中部分目标，并介绍在用户物联网系统中实现这些目标的方法。

建议读者根据自身情况针对每个目标加以调整，以适应自身特有的系统需求和威胁状况。

1. 设计能够抵御自动化攻击的物联网系统

只要读者研究过最近几年主要的僵尸网络变种，就会发现这些僵尸网络大行其道的原因主要是缺乏适用于物联网设备的网络防护机制。

例如：僵尸网络 Rushlight 利用默认用户名和口令，入侵了上百万台物联网设备；Mirai 和 Remaiten 则是主要搜索开启 telnet 服务的设备，然后对识别出的设备开展字典攻击；Darlloz 在传播时利用的则是一个 PHP 漏洞。

僵尸网络也在不断进化，这样当原来主要的感染途径失效时，它们又会利用新的感染途径搜索存在常见漏洞的设备。

网络安全的目标主要在于提高攻击系统的难度。虽然攻击者可能会对某些系统采取较为极端的攻击手法，但大多数物联网系统只需遵循安全实践就能够使部分技术水平不高的攻击者无计可施，同时让僵尸网络脚本无功而返。这些安全实践包括：

(1) 清除后门。不要将口令和密钥强制编码到设备当中，默认口令和密钥首次使用后应立即更新。

(2) 禁用已知易受攻击的服务，如 telnet、FTP 和 TFTP。

(3) 对所有通信内容均进行加密。

(4) 在软件开发过程中遵循安全的软件最佳实践，例如采用软件保障成熟度模型 OpenSAMM。

(5) 集成日志记录功能，以实现对已知僵尸网络 C2(Command and Control，C2C)服务器关联端口的监控。

2. 设计能够保证连接点安全的物联网系统

从本质上说，物联网系统包含了根据网络类型用于同各类设备通信的很多连接点。这就要求安全工程师制定出纵深防御策略，从而缓解与这些连接点关联的威胁。

纵深防御的理念旨在消除或减少单点漏洞，因为单点漏洞可能导致安全故障和入侵隐患。这就需要在整个生态系统和技术堆栈中采取分层防御措施，因为攻击者也会从多个层次上发起攻击。例如：针对硬件的物理层攻击；针对无线协议的链路层攻击；网络层攻击；针对固件、后台进程、移动应用等对象的应用层攻击。

3. 设计能够保障机密性与完整性的物联网系统

安全设计的其中一个目标必然是确保物联网系统内信息的机密性。此外，保护对象还包括在系统中传输的数据以及存储在系统组件中的数据。同时，还需要确保物联网设备更新补丁的完整性。

(1) 采用密码技术确保数据在存储与传输过程中的安全。

由于在多个位置都可以部署安全控制措施，因此设计者必须考虑以下问题：在所有应用数据(即在屏蔽应用协议的情况下)端到端的通信过程中是否需要采取安全通信方式，中间系统是否能够访问到数据(即采取点到点的保护措施)，以及是否只需要对存储在设备中的数据(内部存储)加以保护，还是也需要对存储在其他位置的数据加以保护。

通常，安全 API(Application Programming Interface，应用程序编程接口)会被封装为基础加密库，可以在各种管理、网络或数据应用的二进制文件中调用，既可以静态链接，也可以在运行时动态链接，这取决于库函数调用方的需求及其在软件栈中所处的位置。此外，还可以将基础加密库嵌入到安全芯片当中。

开发人员可以调用安全 API(和二进制文件)来实现加密、认证等功能，并保护应用数据(存储中和传输中)以及网络数据的完整性。

在为物联网产品选择安全库函数时，库文件的尺寸规模通常是一个需要考虑的问题。许多设备成本低，存储或处理能力严重受限，从而限制了可以用于安全加密处理的资源。

通过采用 AES-NI 等技术(Intel 处理器也采用了该技术)，有些加密库在设计时会用到底层的硬件加速。如果能够实现硬件加速，那么可以缩短处理器处理周期，降低内存消耗，同时提高针对应用或网络数据的加密速度。

(2) 增强数据生命周期的可视性，保护数据免遭非法操纵。

大多数物联网系统的产品都是数据，而系统操作人员必须确信数据准确无误才能够将其用于决策或自动化控制。通常情况下，数据流很复杂，由多个专有和第三方数据源的数据汇聚而成，同时会对不同位置上的元数据做出标记，并不断进行精简和变形。

为了保护数据，系统设计者必须知道系统中所采集和管理的数据类型。定义数据类型(例如敏感数据或者非敏感数据)有助于确定需采取的保护等级。也可以在系统中应用数据沿袭工具，以便操作人员能够掌握一段时间内数据的流向。当操作人员需要确保物联网系统内用于作出决策(无论是人工方式还是自动化方式)的数据是合法的，并且未被非法篡改时，这种洞察数据流向的能力非常有用。

常用的数据沿袭工具包括 Apache Falcon 和 Lineage。

(3) 实现安全 OTA。

物联网产品不可避免地需要进行更新。固件更新的目的可能是添加对新功能的支持，也可能是在产品开发完成后修复其中发现的漏洞。对于未经授权或者已经加以篡改的固件而言，如果设备自身无法限制上述固件的加载和使用，那么攻击者就可能操纵固件映像，进而将恶意代码直接加载到设备当中。

物联网产品开发人员只允许用户加载经过验证的安全软件。采用加密控制措施对固件映像计算散列值和数字签名就可以完成这一要求。与签名证书关联的公钥会被加载到设备上的安全加密存储装置当中，用于验证固件签名。

用户一定要留意固件的整个开发生命周期，如果数字签名服务器遭受入侵，或者颁发证书的认证中心(CA)遭受入侵，那么攻击者就有可能伪造固件更新通过设备的认证检查。

12.4　网络信息安全应用举例

物联网在现有网络的基础上扩展了感知环节和应用平台，并且感知节点大多部署在无人监控的环境中，传统网络安全措施不足以提供可靠的安全保障，从而使物联网的安全问题具有特殊性，必须根据物联网本身的特点设计相关的安全机制。

以 RFID 为例，目前 RFID 的安全策略主要有两大类：物理安全机制和逻辑安全机制。物理安全机制包括静电屏蔽法、自毁机制、主动干扰法、休眠机制和读写距离控制机制。逻辑安全机制主要解决消息认证和数据加密的问题。消息认证是指在数据交易前，读写器和电子标签必须确认对方的身份，即双方在通信过程中应首先检验对方的密钥，然后才能进行进一步的操作；数据加密是指经过身份认证的电子标签和读写器，在数据传输前使用密钥和加密算法。消息认证和数据加密有效实现了数据的保密性，但同时也提高了 RFID 成本。

12.4.1　信息物理安全在物联网中的应用

物理安全是指通过物理隔离达到安全。逻辑机制的安全是基于软件保护的一种安全，极易被操纵。相比而言，物理安全则是一道绝对安全的大门。法拉第笼(见图 12-5)、Kill 标签和主动干扰都是信息物理安全的方法，其在 RFID 中的应用方法如下。

图 12-5　法拉第笼

1) 法拉第笼的物理安全

法拉第笼采用静电屏蔽法。法拉第笼是由导电材料构成的容器，可以屏蔽无线电波，外部的无线电信号不能进入容器内，容器内的信号同样也不能传输到容器外。把标签放进法拉第笼(由金属网罩或金属箔片构成)，可以阻止标签被扫描，即被动标签接收不到信号，不能获得能量，而主动标签发射的信号不能被外界所接收。

法拉第笼的优点是可以阻止恶意扫描标签获取信息。例如，当货币嵌入 RFID 标签后可利用法拉第笼原理阻止恶意扫描，以避免他人知道你包里有多少钱。又如，工厂车间采用法拉第笼，可以避免流水线上 RFID 采集的信息泄露。

2) 杀死(Kill)标签的物理安全

Kill 标签采用自毁机制。Kill 标签的原理是使标签丧失功能，采用方法主要使用编程 Kill 命令。Kill 命令用来在需要的时候使标签失效。Kill 命令可以使标签失效，而且是永久的，能达到保护产品数据安全的目的。

Kill 标签的优点是能够阻止对标签及其携带物的跟踪，如在超市买单时进行的 Kill 处理，即商品在卖出后标签上的信息将不再可用。Kill 标签的缺点是影响反向跟踪，比如多余产品的返回、损坏产品的维修和再分配等。因为标签已经无效，物流系统将不能再识别该数据，也不便于日后的售后服务和用户对产品信息的进一步了解。

3) 主动干扰的物理安全

主动干扰无线电信号也是一种屏蔽标签的方法。标签用户可以通过一种设备，主动广播无线电信号，用于阻止或破坏附近的 RFID 读写器的操作。

这种方法的缺点是可能导致非法干扰，使附近其他合法的 RFID 系统受到干扰。更严重的是，这种方法可能阻断其他无线系统。

12.4.2　信息安全在物流领域的应用和实现

在物流领域，信息安全涉及储存、运输及使用的各个环节，在电子标签、读写器、通信链路、中间件及后端应用等方面都需要考虑信息安全问题。

1) 物流领域中的 RFID 技术

在物流领域，RFID 电子标签正逐渐取代传统的产品卡片和装箱单，成为商品信息的真正载体(见图 12-6)。物流领域中的 RFID 技术涉及以下几个方面：

(1) 首先需要对产品按照某种规则编制电子标签，实现对电子标签的识别，完成产品与电子标签之间信息的映射转化。

(2) 在接收产品时，将相关的产品信息从电子标签中读出，并输入物流信息管理系统进行相关业务的处理。

(3) 在发放产品时，将产品的相关信息写入电子标签。通过读写器对电子标签的内容进行修改，输入新的数据，并将信息反馈到物流信息管理系统，以便及时更改账目。

(4) 在运输途中可以采集电子标签中的信息并上传给数据中心，以便物流信息管理系统实时掌握商品的流动状况。

(5) 在应急物流的情况下，对电子标签中的数据进行读写，达到对产品管理、查找、统计和盘点的目的。

图 12-6　RFID 电子标签

2) 物流领域对 RFID 安全的需求分析

在物流领域管理中，RFID 系统存储信息的方式有两种：一种是将产品信息直接写入电子标签；另一种是电子标签中只存储产品序列号，而产品的信息存储于后台数据库中，通过读取序列号来调取数据库中的产品信息。

首先，标签数据是安全防范的关键。标签数据的安全性包括数据复制和虚假事件等问题。数据复制是指复制电子标签所造成的数据虚假，例如对已经失去时效的电子标签再次复制并读取等；虚假事件是指电子标签的数据被非法篡改。

其次，读写器安全是安全问题的主要方面。来自读写器的安全威胁主要有三个方面，分别是物理攻击、修改配置文件和窃听交换数据。物理攻击是指攻击者通过物理方式侦测或者修改读写器；修改配置文件是指攻击者通过修改配置文件，使读写器误报电子标签产生的事件，或者将电子标签产生的事件报告给未经授权的应用程序；窃听交换数据是指攻击者通过窃听、修改和干扰读写器与应用程序之间的数据，即窃听交换产品数据，并伪装成合法的读写器或服务器，来修改数据或插入噪声中断通信。

再次，通信链路是安全防范的薄弱环节。电子标签与读写器之间是无线通信链路，这就给非法侦听带来了方便。非法侦听有四种常用方法，分别是黑客非法截取通信数据、拒绝服务攻击、假冒标签和破坏标签。黑客非法截取通信数据是指通过非授权的读写器截取数据，或根据 RFID 前后向信道的不对称性远距离窃听电子标签的信息等；拒绝服务攻击是指非法用户通过发射干扰信号堵塞通信链路，使读写器过载，无法接收正常的电子标签数据；假冒标签是指利用假冒电子标签向读写器发送数据，使读写器处理的都是虚假数据，而真实的数据则被隐藏；破坏标签是指通过发射特定的电磁波，破坏电子标签。

最后，中间件与后端安全不容忽视。RFID 中间件与后台应用系统的安全属于传统的信息安全范畴，是网络与计算机数据的安全。如果说前端系统相当于物流领域的前沿阵地，那么中间件与后端就相当于这个体系的指挥部，所有产品的数据都由这个部分搜集、存储和调配。在中间件的每个环节都存在被攻击的可能性，会以数据欺骗、数据回放、数据插入或数据溢出等手段进行攻击。

3) *物流领域 RFID 系统的安全策略*

为保证 RFID 系统在物流领域中正常、有效地运转，解决 RFID 系统存在的诸多安全问题，需要有 RFID 安全策略。

(1) 屏蔽电子标签。在不需要阅读和通信的时候，屏蔽电子标签是一个主要的保护手段，特别是对包含有敏感数据的电子标签。电子标签被屏蔽之后，也同时丧失了射频(RF)的特征。可以在需要通信的时候，解除对电子标签的屏蔽。

(2) 锁定电子标签。锁定是使用一个特殊的、被称为锁定者的电子标签，来模拟无穷电子标签的一个子集，这样可以阻止非授权的读写器读取电子标签的子集。锁定电子标签可以防止其他读写器读取和跟踪附近的电子标签，而在需要时则可以取消锁定，使电子标签得以重新生效。

(3) 采用编程手段使 RFID 标签适时失效。方法是使用编程 Kill 命令，电子标签收到这个 Kill 命令之后，便终止其功能，无法再发射和接收数据。屏蔽和 Kill 都可以使电子标签失效，但后者是永久的。

(4) 进行物理损坏。物理损坏是指使用物理手段彻底销毁电子标签，并且不必像 Kill 命令一样担心标签是否失效。但对一些嵌入、难以接触的标签，物理损坏难以做到。

(5) 利用专有通信协议实现敏感使用环境的安全。专有通信协议有不同的工作方式，如限制标签和读写器之间的通信距离等。可以采用不同的工作频率、天线设计、标签技术、读写器技术等，限制电子标签与读写器之间的通信距离，降低非法接近和阅读电子标签的风险。这种方法涉及非公有的通信协议和加解密方案，基于完善的通信协议和编码方案，可实现较高等级的安全。但是，这种方法不能完全解决数据传输的风险，而且还可能损害系统的共享性，影响 RFID 系统与其他标准系统之间的数据共享能力。

(6) 引入认证和加密机制。使用各种认证和加密手段确保标签和读写器之间的数据安全，确保网络上的所有读写器在传送信息给中间件之前都通过验证，并且确保读写器和后端系统之间的数据流是加密的。但是这种方式的计算能力以及采用算法的强度受电子标签成本的影响，一般在高端 RFID 系统适宜采用这种方式加密。

(7) 利用传统安全技术解决中间件及后端的安全。在 RFID 读写器的后端是非常标准化的网络基础设施，因此，RFID 后端网络存在的安全问题与其他网络是一样的。在读写器后端的网络中可以借鉴现有的网络安全技术，以确保信息的安全。

习　题

1. 请简述你了解的网络安全有哪些重要的意义。
2. 请简述网络安全形势和概括网络安全目标。
3. 请列举网络空间安全研究的几个方面。
4. 说明什么是 OSI 安全体系，并简述 OSI 安全体系结构的内容。
5. 请简述物联网设备安全设计面临的挑战与安全设计的目标。
6. 请列举与网络信息安全相关的几个具体应用。

第五篇

综合应用层

第 13 章　物联网应用与案例

13.1　智能家居应用

13.1.1　智能家居应用概述

智能家居是指利用先进的计算机技术、网络通信技术、综合布线技术、自动控制技术、音视频技术等，依照人体工程学原理，融合个性需求，将与家居生活有关的各个子系统连接起来的家居设施。

例如，将安防、灯光控制、煤气阀控制等有机地结合在一起，通过网络化综合智能控制和管理，构建高效的住宅设施与家庭日程事务的管理系统，从而提升家居安全性、便利性、舒适性，并实现环保节能的居住环境。

通过智能家居，可智能控制太阳能热水器、中央空调、中央新风、中央除尘、地暖、家庭影院、中央水处理、中央热水、家居智能、暖气片等，如图 13-1 所示。

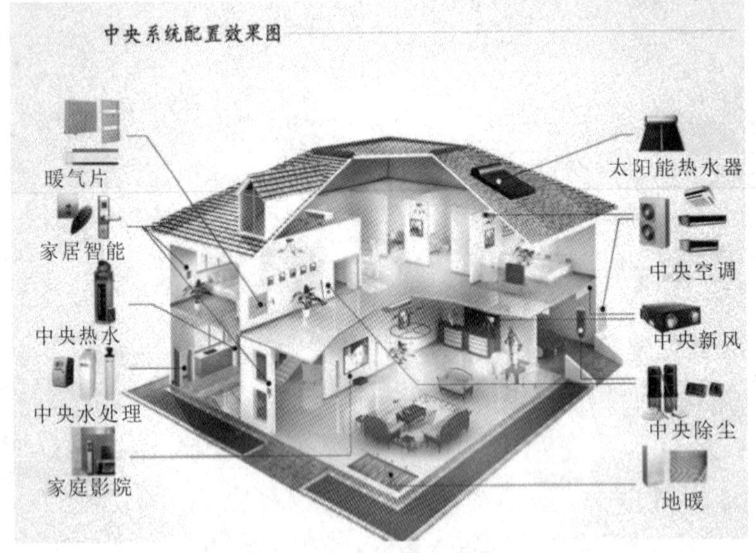

图 13-1　智能家居系统

13.1.2　智能家居应用案例

1. 智能开关

智能开关是指利用控制板和电子元器件的组合及编程，实现电路智能化通断的器件。

它打破了传统的机械式墙壁开关的开与关的单一作用，除了在功能上有所创新，还因为样式美观而被赋予了装饰点缀的效果。智能开关的功能多、使用安全，如图 13-2 所示。

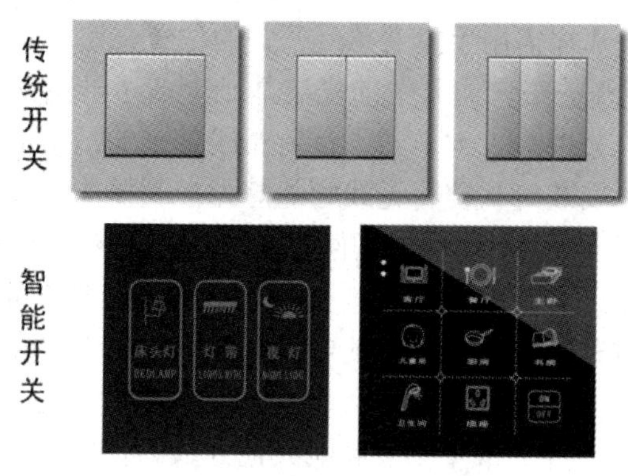

图 13-2　传统开关与智能开关

智能开关因具有全开全关、多种操作、状态指示等优点，而被广泛应用。其优点如下：

(1) 全开全关。假如晚上准备出门，或者临睡时发现其他房间的灯还没有关，如果是普通开关的话，就需要一个房间一个按钮地去关灯，非常麻烦。有了智能开关，就可以直接按全关键，便可一键关闭房间里所有的电灯。

(2) 多种操作。通过智能开关可以多控、遥控、时控、温控、感应控制等，任何一个终端均可控制不同地方的灯，或者是在不同地方的终端控制同一盏灯。例如：躺在床上时想关闭自己房间的灯，便可用红外遥控器远距离控制所有的开关，像关闭电视机一样用遥控来操作；若是出门远行，只需要用电脑或手机作为遥控器，就可以实现对室内空调、电视、电动窗帘、音响、电饭锅等电器的控制。

(3) 状态指示。房间里所有电灯的状态会在每一个开关上显示出来，可单独关闭开关上的状态指示灯，按任意键可恢复，而不影响其他开关操作。假如晚上睡觉时，发现老人房里还有灯没有关，那么开关就会显示出是哪盏灯没关，只要利用手中的遥控器就可以轻松关灯了。

(4) 本位锁定。如果主人在书房看书，且不想其他人打扰，那么主人就可以设置禁止所有的开关对书房的灯进行操作。

(5) 记忆存储。智能开关内设存储器，可以全部设定为自动记忆，对于固定模式的场景无需逐一地开关灯和调光，只进行一次编程就可一键控制一组灯。

(6) 断电保护。当电源关闭时，智能遥控开关全部关闭，再来电时智能开关将自动关闭所有亮着的灯，既不会因未知开关状态而造成人身伤害，也可以在无人状态下节省电能。普通开关达不到这样的功能。

(7) 安全性好。在外出时可将灯光设置为防盗模式，系统将模拟主人在家时的场景，让家里的灯光时开时关，避免犯罪分子乘虚而入。并且智能开关稳定性好、传输速度快、抗干扰能力强，单独使用专门的信号线，不受电力线、无线电等辐射杂波干扰，产品操作稳定性非常强。智能开关面板为弱电操作系统，开启/关闭灯具时无火花产生，老人及小孩使用时安全系数很高。智能开关有合理化的电路安全设计，可避免开关出现短路和烧毁等损失；当负荷未超过工作电流时，能保持长时间供电；有故障的电路切断后，也不会影响其他电路的工作。

(8) 自动夜光。晚上回家一进门，智能开关面板上会有很人性化的微亮夜光让人轻松找到开关，不像普通开关那样需用手摸着感受开关的位置。

(9) 安装方便。智能开关在普通开关的安装基础上多了一条两芯的信号线，普通电工就可以安装，过程只需几分钟，大大节省了重新布线带来的昂贵成本。每个开关可以说是一个单独的集中控制器，安装时只要将无线智能灯光控制模块安装在普通开关内即可，无需重新铺设电线或整修墙面，也不需添加任何其他设备，安装快捷方便，客户更容易接受。

(10) 配置灵活。智能开关可局部配置，也可全套居室配置。可以通过智能遥控器或家电控制器以无线遥控的方式控制所有家电的电源开关，不必专门布线，只要将智能插座代替原有的插座面板即可。

(11) 维修方便。某一个开关故障不会影响其他开关的使用，用户可直接更换新的智能开关，安装上去即可。在维修期间可用普通开关直接代替使用，且不会影响正常照明。

2. 智能插座

智能插座是在物联网概念下发展起来的新兴电器产品，是智能家居众多产品中的一种，也是家居智能化的一大体现，如图 13-3 所示。

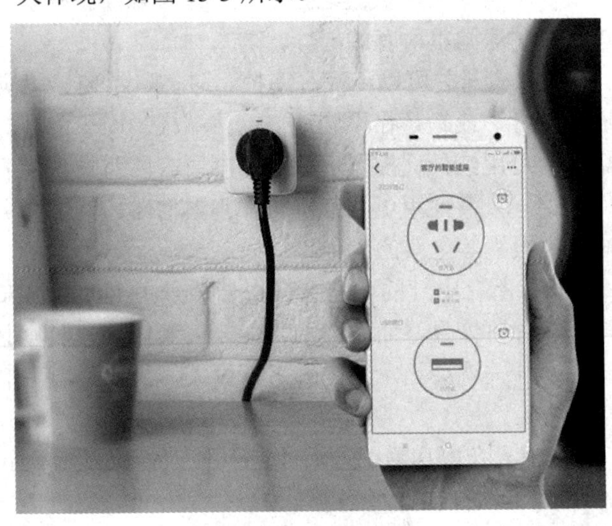

图 13-3　智能插座

智能插座通常内置了 Wi-Fi 模块，它可以通过智能手机的客户端来进行功能操作。智能插座通常与家电设备配合使用，可实现定时开关等功能。例如：某些智能插座不但节电，还能保护电器，即具有清除电力垃圾的功能；有的还加入了防雷击、防短路、防过载、防漏电的功能，以消除开关电源或电器时产生的电脉冲。

智能插座面板采用国际先进的数字技术和微处理技术，具有非常多的优点。例如：可由一个遥控器控制多个插座，也可一个插座配多个遥控器；可手控、可遥控，无方向，可穿墙，抗干扰性强；适用于遥控切断电源和控制各种电器，因其具有智能的节电功能，还可延长电器的使用寿命。智能插座的产品优点如下：

(1) 控制多样：可控制各种家用电器，例如节能灯、白炽灯、电视、空调、冰箱等。

(2) 美观实用：插座外观色彩多样，表面处理技术和工艺手段先进，抗褪色和老化；利用高端电器材料制造，无污染、安全、环保、强度高。

(3) 节约材料：模块式智能开关，电源可直接连接电器，不需要回路控制线，所有灯具采用并联方式，简单明了，节省材料。

(4) 配置灵活：能随时随地增加控制模块或遥控器，既能局部配置，也能全套配置。

(5) 安装简单：无需改变传统布线方法，可直接替换原有墙壁插座。

(6) 位置灵活：可随心所欲地将插座安装在自己认为方便控制的地方。

(7) 安全可靠：无线操作远离强电，不会对老人小孩构成安全威胁，且采用标准元件，确保开关次数达 10 万次无故障。

(8) 维护方便：更换插座时无需拆改线，即插即用。

当下流行的智能插座有定时插座、计量插座、遥控插座等节能型插座。虽然这些插座都能够体现节能的宗旨，但也存在各种缺陷。所以对于智能插座的探索还要进一步加深。相信不久以后，随着物联网技术的不断更新，智能插座一定会克服这些问题。

13.2　智能工业应用

13.2.1　智能工业应用概述

英国人瓦特发明了蒸汽机，开创了以机器代替手工工具的时代，人类也因此进入工业时代。工业是推动社会进步的原动力。进入 21 世纪以后，随着科技的迅猛发展，智能化成为工业技术发展的一大趋势。“智能工业”的实现必将成为工业发展史上的第四次革命。

智能工业其实就是将具有环境感知能力的各类终端、基于泛在技术的计算模式、移动通信等不断融入工业生产的各个环节，基于物联网技术的渗透和应用，与未来先进制造技术结合，大幅提高制造效率，改善产品的智能化的制造体系。物联网是信息通信技术发展的新一轮制高点，正在工业领域中广泛渗透和应用。

13.2.2　智能工业应用案例

1. 汽车工业中的人机界面

人机界面(Human Machine Interaction，HMI)又称用户界面或使用者界面，是人与计算机之间传递、交换信息的媒介和对话接口，是计算机系统的重要组成部分，也是系统和用户之间进行交互和信息交换的媒介。人机界面实现信息的内部形式与人类可接受形式之间的转换，凡参与人机信息交流的领域都存在着人机界面。

人机界面通常是指用户可见的部分，小到收音机的播放按键，大到飞机上的仪表盘或是发电厂的控制室。用户可以通过人机交互界面与系统交流，并进行操作。

现在设备对于精密度以及自动化控制的要求越来越高，为人机接口需求及应用市场带来挑战。自动化工厂纷纷投入资金，在设备上投入了多样化的硬件及软件来顺应潮流及趋势，很多汽车工厂开始应用人机界面。

传统的汽车修理厂在进行汽车车体的维修烤漆前，都必须依赖人工把不需要处理及重新烤漆的部分先用纸张粘贴(遮蔽)保护，在作业程序上相当复杂且会耗费大量的工时和人力。

如果能够将各类车体的外形与所有部位的尺寸资料详细地建立在资料库中，修车厂的工作人员在作业上将会减少许多流程与步骤。工作人员在工作时，直接从资料库中挑选汽车厂牌甚至车型，并直接用触控的方式选择要烤漆的部位，在屏幕上标示出要修补的形状，这个操作可以精细到整个区域、线条、点等，如图 13-4 所示。

图 13-4　汽车工业人机界面

然后，计算机就会把屏幕上的图形资料转换成要裁切的图形，传送给所连接的切纸机，裁切出所需要的遮蔽纸，粘贴在车身上之后，便可以顺利地进行烤漆程序。在触控方面，All-in-one 的电阻式触控屏幕工业计算机，即使工作人员戴着手套也能进行全部的作业。

人机接口这样的工业控制产品，不再只是应用在半导体设备上，而是已经被导入日常生活中，就连我们的代步工具——汽车，也开始导入人机接口，迈向自动化市场。汽车上的人机界面应用如图 13-5 所示。

图 13-5　汽车上的人机界面应用

不论是哪种产业，传统工厂依赖人力制造和人工作业的生产模式渐渐地正在被自动化制造设备和人机接口取代，在线自动化生产设备越来越多，相对的工作效率也大幅增加。这样，自动化生产不但有效降低了许多人为的不确定因素，而且也让工厂的自动化概念得到提升。智能工厂的脚步正大步地向日常生活迈进、渗透。

2. 无线仓库与智能条码管理

近些年，随着原材料、成品质量等方面的管控日趋严格，传统仓储物流的日常经营已使企业管理者力不从心，致使仓储企业出现了许多问题。例如：无法统计和监控员工的作业效率及有效时间，实物流与信息流不同步现象成为常态，基于纸张单据的信息传输导致数据录入的错误和人为不可避免的手工误码率，人海战术导致的效率低下和人力成本的提高，货物的入库、出库、调拨、盘点滞后等已成为管理瓶颈。

现代企业急需全面提升运营效率，释放管理效能，以加固企业跨越式发展的基石，因此运用条码技术来规范企业仓库管理的需求，正变得尤为迫切。智能条码管理如图 13-6 所示。

图 13-6　智能条码管理

无线仓库管理系统通过过程自动化、储存优化、自动任务调派、货物入库、转发交叉作业，大幅提高了库运作与管理的工作效率。通过条形码扫描、实时验证、按托盘编号跟踪，大幅度减少了现有模式中查找货位信息的时间，提高了查询和盘点精度，大大加快了货物出库、入库的流转速度，增强了处理能力。

条码管理系统与仓储物流管理紧密结合，并与 ERP 系统无缝衔接，使企业管理得以不断精进。条码管理系统作为企业提升管理水平的重要工具，虽然应用的时间并不长，但它所呈现的运营效益却有目共睹。企业内部信息的收集、核对的准确性和及时性都有了明显的提高。企业在原材料采购、物料消耗、产品生产入库以及产品销货、出货等方面的管控也更为精准。与此同时，员工的工作效率也有了明显的提升。

对于有待提升运营效能的企业而言，信息化无疑是一条布满荆棘却前途光明的道路。

通过精准的批次管理、完善的产品质量追溯体系、严格的成品/半成品进出管控，企业管理一定会更加精进。

13.3　智能农业应用

13.3.1　智能农业应用概述

农业是国民经济中一个重要的产业部门，它是培育动植物生产食品及工业原料的产业。农业的有机组成部分包括种植业、渔业、林业、牧业以及副业等。智能农业是近几年来随着物联网技术的不断发展衍生出的新型农业形式，它是传统农业的转型，如图 13-7 所示。

图 13-7　智能农业应用场景

传统农业中，农民全靠经验来给作物浇水、施肥、喷药，若一不小心判断错误，可能会直接导致颗粒无收。

如今，智能农业的设施会用精确的数据告诉农民作物的浇水量，施肥、喷药的精确浓度，需要供给的温度、光照、二氧化碳浓度等信息。所有作物在不同生长周期曾被感觉和经验处理的问题，都由信息化智能监控系统实时定量精确把关，农民只需按个开关，做个选择就能种好菜、养好花，获得好收成。

那么以上这些是靠什么做到的呢？这就需要智能农业依赖的物联网技术了。其实，智能农业将大量的传感器节点构成监控网络，通过各种传感器采集信息，可以帮助农民及时发现问题，并且准确确定发生问题的位置。这样，农业将逐渐地从以人力为中心、依赖于孤立机械的生产模式转向以信息和软件为中心的生产模式，从而大量使用各种自动化、智能化、远程控制的生产设备。

智能农业通过物联网技术，可以实时采集大棚内的温湿度、二氧化碳浓度、光照强度等环境参数；将收集的参数和信息进行数字化转换后，实时传入网络平台汇总整合，再根据农产品生长的各项指标要求进行定时、定量、定位的计算处理，从而使特定的农业设备及时、精确地自动开启或者关闭。例如，远程控制节水灌溉、节能增氧、卷帘开关等设备，以保障农作物的良好生长。

通过模块采集温度传感器等信号，经由无线信号收发模块传输数据，实现对大棚温湿度的远程控制的示意图如图 13-8 所示。

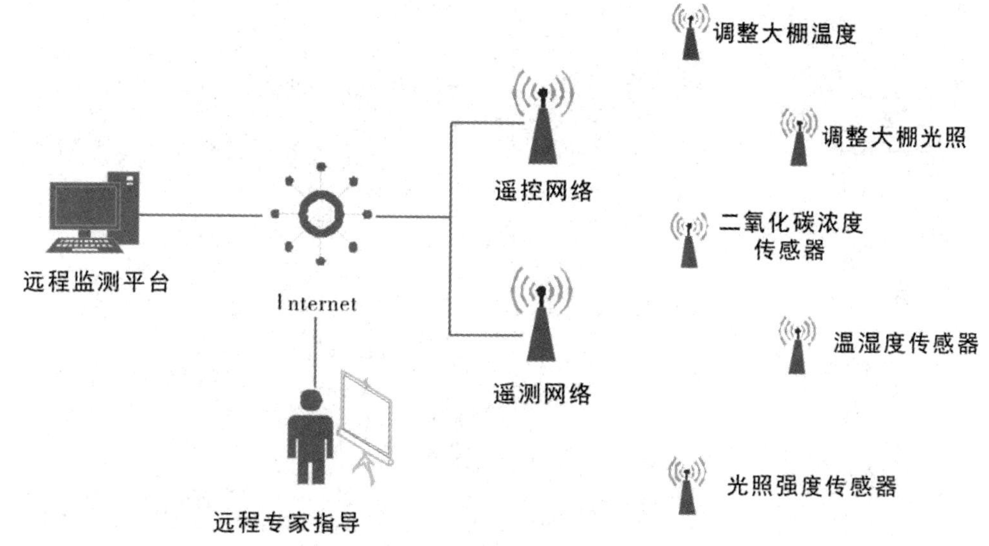

图 13-8　智能大棚

智能农业能对气候、土壤、水质等环境数据进行分析研判，并规划园区分布，合理选配农产品品种，科学指导生态轮作。其基本含义是根据作物生长的土壤性状，调节对作物的投入。它主要包含以下两个方面的内容：

(1) 确定农作物的生产目标，进行“系统诊断、优化配方、技术组装、科学管理”。

(2) 查清田块内部的土壤性状与生产力空间变异。

通过这两个方面来调动土壤生产力，以最少、最节省的投入达到最高的收入，并改善环境，高效地利用各类农业资源，取得经济效益和环境效益。总而言之，就是以最低的成本获得最多的收成。

智能农业还包括智能粮库系统，该系统通过将粮库内温湿度变化的感知与计算机或手机进行连接，实时观察、记录现场情况以保证粮库的温湿度平衡。

智能农业集成现代生物技术、农业工程、农用新材料等学科，以现代化农业设施为依托，科技含量高，产品附加值高，土地产出率高，劳动生产率高，是新技术革命的跨世纪工程。

智能农业通过在生产加工环节给农产品自身或货运包装中加装 RFID 电子标签，以及在仓储、运输、销售等环节中不断地更新并添加相关信息，构造了有机农产品的安全溯源系统。

有机农产品的安全溯源系统加强了农业从生产、加工、运输到销售等全流程的数据共享与透明管理，实现了农产品全流程可追溯，提高了农业生产的管理效率，促进了农产品的品牌建设，提升了农产品的附加值。

图 13-9 所示为北京精准农业技术研究示范基地。

图 13-9　北京精准农业技术研究示范基地

13.3.2　智能农业应用案例

1. 北京市大兴区的“全国农业机械示范区”

北京市大兴区自 2007 年被确定为“全国农业机械示范区”以来，以更新老旧农机设备、提高机械化水平为重点，引进了一大批先进、适用、节能、环保的农业机械。

2009 年，大兴区在设施、大田、林果、甘薯等方面设立了 61 个科技示范户，开展了 3 次技术推广演示会，向科技示范户和与会农户发放宣传材料 2000 余份。通过这些农机示范户的科技带动、辐射作用以点带面，先后推广玉米机收、甘薯机械化、电动打药、气动剪枝等多个农机新技术，促进了农业的快速发展。

传统农业耕作全凭农民的个人经验，完全没有充足的科学依据。现在北京大兴区有了会开口说话的“温室娃娃”，它就是蔬菜的“代言人”。蔬菜“渴了”“晒了”“冷了”，它都会在第一时间告诉你，再也不用担心不会说话的蔬菜在温室里生长得好不好的问题了。

“温室娃娃”的形状像我们经常使用的手机，它里面存储着各种作物最适宜的温度、湿度、露点、光照等数据，如图 13-10 所示。它的“感觉器官”会测出温室内的各种实际数据。经过与数据库中的数据进行对照，它会提醒农民是该给作物升温还是降温，是通风还是浇水。

图 13-10　温室娃娃

信息农业专家介绍，一台计算机可同时连接 32～64 个这样的“温室娃娃”，数据传输有效距离可超过 1.2 km，一定距离内还可以采用无线方式传输数据。除此之外，假如某一观光温室里的农作物要施营养液，那么管理员只需在储存搅拌罐前轻按开关，随后把注肥器上的水肥比例调至适当比例，再在控制器上输入施肥时间即可。即使管理员远在天边，也能靠系统管住家里的瓜果蔬菜，非常方便实用。

精准施肥、施药、灌溉系统的应用，有效克服了传统农业容易过多、过少供给的弊病，既提高了农作物的品质，也减少了因肥药过多而导致的环境污染，有助于土地资源的可持续利用。

据估算，大兴区在推广精准农业技术的生产基地后，肥料利用率提高了 10%以上，节水 15%。采育镇鲜花生产基地减少了农作物因温度、湿度不适而发生的病虫害，使鲜花的出口品质比率提高了 20%。如果是按照传统方法栽培鲜花的话，一定会耗费很多人力物力，但是如果运用物联网技术的话，即使不常待在大棚里，也能培育出鲜艳欲滴的美丽花朵，如图 13-11 所示。

图 13-11　大兴切花基地

在采育镇鲜花生产基地中控室的墙上挂着温室环境监控大屏。每个温室内的温度、湿度、光照、二氧化碳浓度等参数一目了然。

温室里那些实时监控的环境指标可以自动报警，绿色表示正常，红色表示异常。假如有一个棚的湿度显示由绿变红，技术员只需开启一旁的网络视频语音监控系统，启动按钮发布命令，立刻就会有温室的工作人员进行调整，而且坐在电脑前的技术员也可通过视频画面看到实时操作情况。

温室的环境监测与智能控制系统，是通过室内传感器“捕捉”各项数据的，这些数据经数据采集控制器汇总、中控室电脑分析处理，即时在屏幕上显示结果，管理人员可通过视频语音监控系统随时指挥。

像采育镇鲜花生产基地这样的精准农业技术，大兴区已在 5 个镇、6 个村示范推广。此外，大兴区还自主开发了农业信息网，为农民搭建了一个集农业产前信息引导、产中技术服务和产后农产品销售于一体的综合农业信息服务网；同时链接了本区 3 个专业网站和 20 个农业企业网，架起了农民与市场、专家之间的桥梁，农民有什么问题可以直接上网与专家对话。

以信息化引领现代农业发展是大势所趋，物联网将是实现农业集约、高产、优质、高效、生态、安全的重要支撑，同时也为农业农村经济转型、社会发展、统筹城乡发展提供了“智慧”支撑。

2. 江苏省宜兴市的“智慧水产养殖系统”

2010年，宜兴市开始试用江苏中农物联网科技有限公司研发的“智慧水产养殖系统”。该系统用物联网传感技术精确识别蟹塘含氧量，将无线 3G 设备、主控平台与增氧设备智能联动，实现了蟹塘的智能化增氧。

河蟹属名贵淡水产品，味道鲜美、营养丰富，具有很高的营养价值和经济价值。由于其适应性较强，近年来养殖规模迅速扩大，为养殖户带来了良好的收益。 然而，河蟹养殖效果受多方面因素影响，其中关键要素是池塘中的含氧量，一旦含氧量低于 3 mg/L，河蟹身体就会容易虚弱，行动变得非常缓慢。河蟹从蟹苗到完全长大需要 5 次蜕壳，每次蜕壳后，河蟹体重都会大幅增加。如果蜕壳时期缺氧，很容易导致河蟹停止蜕壳，难以长大。同时，河蟹蜕壳后，由于身体柔软，在水面或岸边极易遭到鸟类等天敌的攻击。因此，蜕壳时期缺氧将直接影响河蟹的产量和品质。

传统解决方法缺点明显，且需要耗费大量人力物力，还不能保证质量，此时就需要物联网来帮忙了。

在宜兴市水产养殖示范基地的蟹塘里，一台设备固定在水中，对蟹塘内的含氧量进行监测，岸边的控制器实时接收传输的数据，科学控制水中溶解氧含量。池中的溶解氧传感器作为采集和传输单元，可对蟹塘内的含氧量进行监测。一台采集器可监控 25～40 亩蟹塘，采集到的信息通过内置的无线传输设备发往位于岸边的设备中，这就是系统的控制器。

然后，控制器一方面对传输来的信息进行分析，当数值低于 3 mg/L 时，系统就会自动开启增氧机；一旦高于 5 mg/L，系统就会自动结束增氧。而且，采集器还会把采集到的信息传输至总控制中心，用户可以通过互联网登录中农智慧水产养殖系统平台，对设备进行监控。水产养殖设备如图 13-12 所示。

图 13-12　水产养殖设备

在控制器设备箱内安装的整套气象预警监控设备，可收集光照强度、气温、风速、风力等信息，并汇聚到控制系统进行分析，对天气变化作出预判，配合溶解氧传感器的工作，建立超前预警机制，以应对河蟹生长关键时期(7～9 月)的复杂天气。

整套系统支持手动与自动混合控制模式。养殖户既能设定程序让系统自动控制增氧，还可以通过发送手机短信、下载手机应用程序或登录系统网站，远程开启或关闭增氧器。

中农“智慧水产养殖系统”运用物联网技术，提升了产品数量和质量，增加了农产品的产出收益，真正实现了河蟹养殖的智能化，是一项值得推广的强农、惠农好办法。河蟹养殖水域使用该系统后，河蟹的成活率和产量大幅提高。据初步测算，蟹农经济效益年增长 2000 万元左右。宜兴河蟹溯源系统还在河蟹包装盒上印上二维码与防伪码标签，推进了宜兴大闸蟹品牌化。

智能养殖系统采取模块化设计工艺，可由单一的水产养殖向其他农业生产领域外延。现在，整套系统已由水产养殖逐步向畜禽饲养、设施园艺、茶叶生产、大田作物等多个农业产业领域覆盖。

目前，江苏中农系统已走出江苏，走向全国，在浙江、天津等地进行推广。平台运营将全面推进江苏省乃至全国农业物联网的发展，并为农业物联网的产业化盈利模式开创新局面。

13.4　智能交通应用

13.4.1　智能交通应用概述

智能交通是一个基于现代电子信息技术面向交通运输的服务系统。它以信息的收集、处理、发布、交换、分析、利用为主线，为交通参与者提供多样性的服务，如图 13-13 所示。

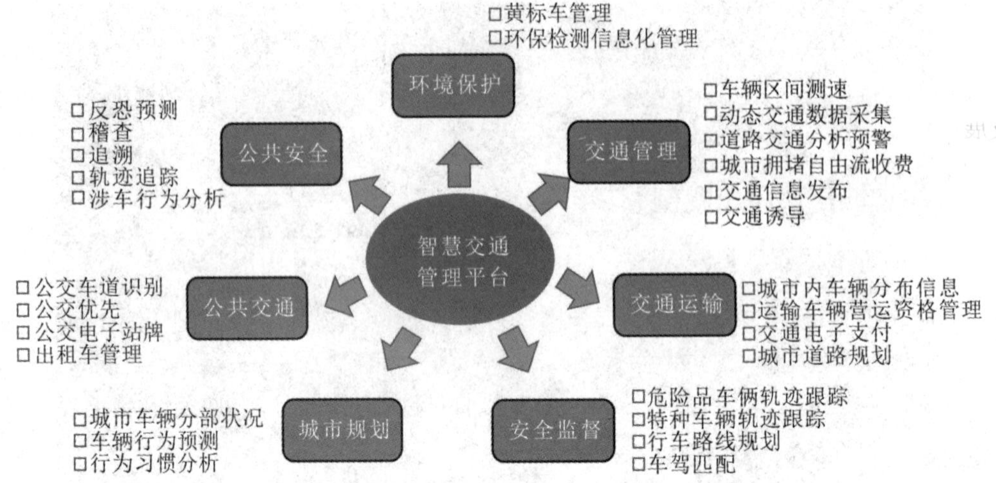

图 13-13　智能交通信息平台

21 世纪是公路交通智能化的世纪，人们采用的智能交通系统是一种先进的一体化交通综合管理系统。

智能交通系统(Intelligent Transportation System，ITS)是指将先进的信息技术、数据通信传输技术、电子传感技术、控制技术等有效地集成运用于整个地面交通管理系统，从而建立起的一种在大范围内、全方位发挥作用的，实时、准确、高效的综合交通运输管理系统。在该系统中，车辆可以自行在道路上行驶，智能化的公路能够靠自身将交通流量调整至最佳状态。借助这个系统，管理人员对道路、车辆的行踪掌握得清清楚楚，如图 13-14 所示。

图 13-14　智能交通系统

众所周知，交通安全、交通堵塞及环境污染是困扰当今国际交通领域的三大难题，尤其以交通安全问题最为严重。

智能交通通过各种物联网技术的有效集成和应用，使车、路、人之间的相互作用关系以新的方式呈现，从而实现实时、准确、高效、安全、节能的目标。相关数据显示，采用智能交通技术提高道路管理水平后，每年仅交通事故死亡人数就可减少 30%以上，交通工具的使用效率高达 50%以上。

所以，世界各发达国家都在智能交通技术研究方面投入了大量的资金和人力，在很多发达国家，该系统已从研究与测试阶段转入全面部署阶段。智能交通系统将是 21 世纪交通发展的主流。

13.4.2　智能交通应用案例

1. “电子警察”的智能应用

“电子警察”通常由图像检测、拍摄、采集、处理、传输与管理以及辅助光源、辅助支架和相关配套设备等组成，如图 13-15 所示。“电子”涵盖了这类设备和系统的先进技术，包括视频检测技术、计算机技术、现代控制技术、通信技术、计算机网络和数据库技术等。

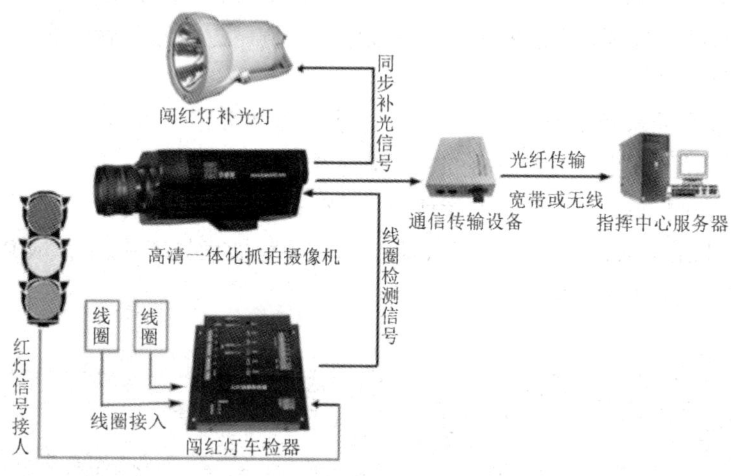

图 13-15　“电子警察”系统

目前，为缓解交通拥堵和交通事故等道路交通中的难题，“电子警察”系统已经应用到我国各大城市，为城市交通的畅通发挥了不可忽视的作用。

陕西省某市就应用了“闯红灯电子警察系统”来解决交通中存在的车辆流动性大、路面状况差、粉尘环境突出、违章行为多等问题。

“闯红灯电子警察系统”采用无人值守的方式，实现对违章车辆的全景及车牌特写记录，为最终实现城市交通规范的正常化、标准化打下了良好的基础。其具体功能如下：

(1) 利用动态视频检测触发技术，能够对闯了红灯的车辆进行抓拍和车牌识别，准确地记录并存储违章车辆的违章时间、地点、行驶方向、红灯时间长度、闯过停车线的红灯时刻、违章车牌图片等信息。

(2) 指挥中心对抓拍的违章车辆的车牌号牌能够自动生成违章号牌库，供违章处理操作员进一步确认和处理。

(3) 抓拍的车辆违章图片能完整、清晰地记录违章车辆的车型、车身颜色、牌照号码等信息。

(4) 夜间，“电子警察”采用 LED 补光灯作为抓拍的辅助光源，仍旧能够抓拍到清晰的车牌号码。

(5) 在有通信的条件下，采用软硬件结合方式，能自动监控系统的正常工作；同时采用定时报告和紧急报告两种方式向远端指挥中心报告情况，可使中心值班人员快速有效地监控系统的正常运行。

电子警察对事故捕捉迅速、判断准确，在恶劣环境下仍能正常工作，在维护良好交通秩序、规范行车安全、增强安全驾驶意识、杜绝闯红灯现象、打击违法犯罪行为等方面具有重要意义。

2. 不停车收费系统的不断推进

全自动电子收费系统(Electronic Toll Collection，ETC)又称不停车收费系统。ETC 不停车收费系统是目前世界上最先进的路桥收费系统，它通过安装在车辆挡风玻璃上的车载电子标签以及收费站 ETC 车道上的微波天线之间的微波专用短程通信，利用计算机联网技术与银行进行后台结算处理，能够达到车辆通过路桥收费站无需停车就能交纳路桥费的目的，如图 13-16 所示。

ETC 是智能交通系统主要应用对象之一，也是解决公路收费站拥堵和节能减排的重要手段，是当前国际上大力开发并重点推广的电子自动收费系统。

ETC 需要在收费站安装路边设备(RSU)，在行驶车辆上安装车载设备(OBU)，采用 DSRC(Dedicated Short Range Communication，专业短程通信技术)技术完成 RSU 与 OBU 之间的通信。ETC 设备如图 13-17 所示。

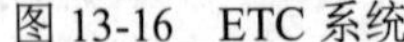
图 13-16　ETC 系统

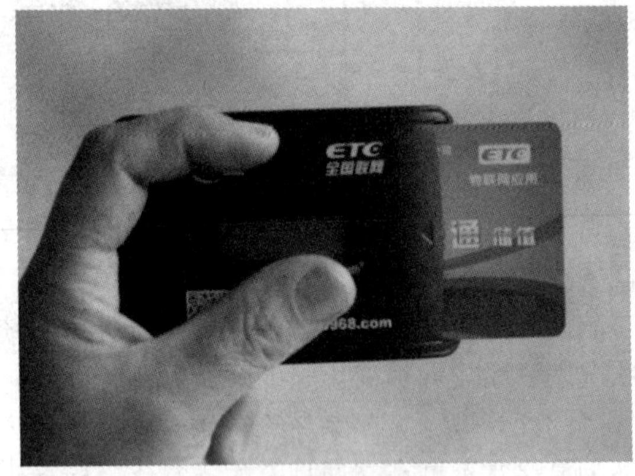

图 13-17　ETC 设备

由于通行能力得到大幅度的提高，因此可以缩小收费站的规模，节约基建费用和管理费用，同时也可以大大降低收费口的噪声水平和废气排放。另外，不停车收费系统对于城市来说，不仅仅是一项先进的收费技术，还是一种通过经济杠杆进行交通流调节的切实有效的交通管理手段。对于交通繁忙的大桥、隧道，不停车收费系统可以避免月票制度和人工收费的众多弱点，有效提高这些市政设施的资金回收能力。

调查数据显示，在国家政策的大力推进下，2019 年我国 ETC 用户数量呈现爆发式增长，当年新增 ETC 用户 1.27 亿，创历史峰值。至 2021 年，全国 ETC 用户量已超 2.6 亿，实现了全国 29 个省级行政区的 ETC 系统联网。

13.5　智能医疗应用

13.5.1　智能医疗应用概述

智能医疗是物联网的重要研究领域，也是最近兴起的专有医疗名词，即通过打造健康档案区域医疗信息平台，利用传感器等物联网技术，实现患者与医务人员、医疗机构、医疗设备之间的互动，逐步达到信息化。

未来的智能医疗将会融入更多的人工智能、传感器技术等高科技。在基于健康档案的区域卫生信息平台的支撑下，医疗服务将会走向真正意义上的智能化，从而推动医疗事业的繁荣发展。在中国新医改的大背景下，智慧医疗正在走进寻常百姓的生活。

目前，国内公共医疗管理系统不完善、医疗成本高、渠道少、覆盖面窄等问题困扰着大众民生，智能医疗的建设能从根本上解决“看病难、看病贵”等问题，真正做到“人人健康，健康人人”。

大医院人满为患，社区医院无人问津，病人就诊手续繁琐等问题都是由于医疗信息不畅、医疗资源两极化、医疗监督机制不健全等原因导致的。这些问题已经成为影响社会和谐发展的重要因素。

所以，建立一套智能的医疗信息网络平台体系刻不容缓。建立这样的平台可使患者等待治疗的时间、支付基本的医疗费用的时间缩短，从而享受安全、优质、便利的诊疗服务。智能医疗不仅可以有效地大幅度提高医疗质量，还可以有效阻止医疗费用的攀升。在不同医疗机构间，建立起医疗信息整合平台，将医院之间的业务流程进行整合，医疗信息和资源可以共享和交换，跨医疗机构也可以进行在线预约和双向转诊。这将使得“小病在社区，大病进医院，康复回社区”的居民就诊就医模式成为现实，从而大幅提升医疗资源的合理化分配，真正做到以病人为中心。医疗网络信息系统如图 13-18 所示。

图 13-18　医疗网络信息系统

以物联网为技术基础的现代医疗系统建设，其基本原理是通过对医院工作人员、病人、车辆、医疗器械、基础设施等资源进行信息化改造，综合运用物联网技术，对医院内需要感知的对象加以标识，并通过标签读写器、智能终端设备、手持接收终端、无线感应器等信息识别设备识别标识，将标识的识别信息以无线网络的方式反馈至信息处理中心，处理中心对信息加工、处理、融合后传输至医疗指挥中心，指挥中心对获取的信息进行综合分析、及时处理，从而使医院管理部门掌握感知对象的形态，进而为正确决策打下基础。医疗系统流程图如图 13-19 所示。

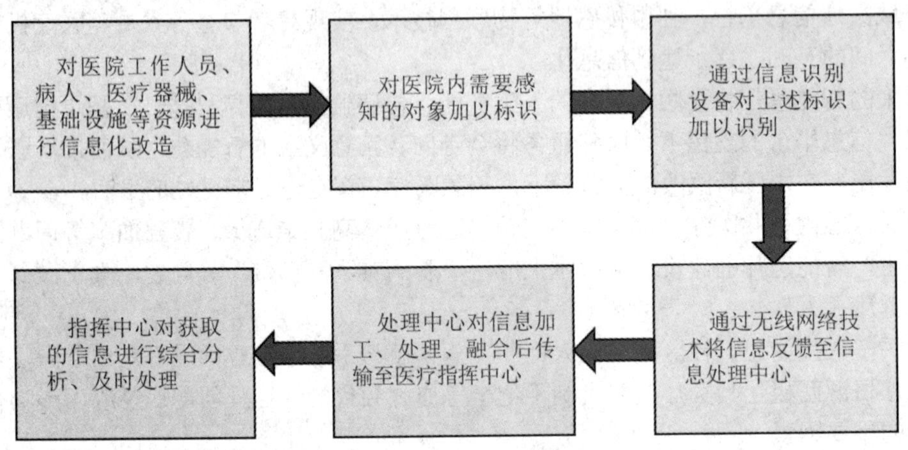

图 13-19　医疗系统流程图

例如，智慧医疗使从业医生能够搜索、分析和引用大量科学证据来支持他们的诊断，同时还可以使医生、医疗研究人员、药物供应商、保险公司等整个医疗生态圈的每一个群体受益。

同时，物联网技术还可以帮助医院实时监控病人的健康状况。例如：在病人体内植入芯片，随时监护病人的各项指标，并给出警示和建议；而且还可以有效管理整个医院的运营，对医院人员、设备、后勤供给、来往车辆和安全保障实行智能化、人性化管理。这不仅有效节约了社会资源，而且也大大推进了医疗卫生系统的运转速度。

经过长期的发展，现阶段我国已有很多医院建立了监控系统，配备和研发了各种信息系统，使得医院的可视化管理和信息化建设取得了显著的进步。但目前医院的现代化发展水平较低，监控的感知手段较为单一，智能化管理仍存在不少死角，造成了社会资源的浪费，同时各种信息系统尚存在兼容问题。因此，我国的物联网智慧医疗系统的建立还有很长的路要走，这需要全社会各阶层的共同努力。

13.5.2　智能医疗应用案例

1. HRP 系统整合医院前台业务与后台管理

HRP(Hospital Resource Planning，医院资源计划)是一套融合现代化管理理念和流程，整合医院已有信息资源，支持医院整体运营管理的统一高效、互联互通、信息共享的系统化医院资源管理平台。

北京大学人民医院于 2008 年将企业的科学经营管理模式引入医院管理，全面实施 HRP，整合医院的前台医疗业务和后台运营管理。经过多年的努力，目前已经实现了医院前台、后台业务一体化，对全院住院、财务、物资、药品、高值耗材、体外诊断试剂等实施了全流程、全方位、信息化的管理，实现了公立医院改革从传统管理到现代管理、从经验性管理到专业化管理、从粗放型管理到精细化管理、从随意性管理到规范化管理的转变。

HRP 是医院信息化建设的核心，最终可为医院打造集资金流、物流、业务流、信息流为一体的管理系统，如图 13-20 所示。

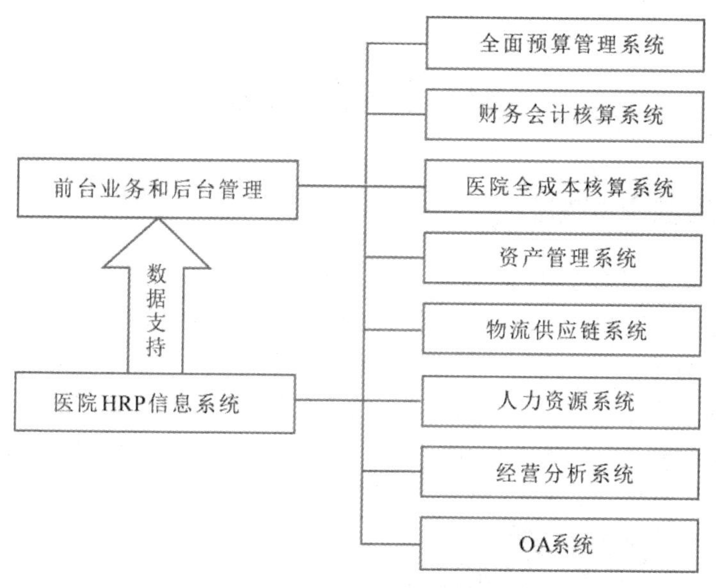

图 13-20　医院 HRP 信息系统

2. 智能胶囊消化道内镜系统

医疗设备今后的发展方向有四个特点，分别是微创(使设备对人体的损伤尽可能小)、智能化、一次性使用、高精度(测试结果越准确，医生越容易确诊)，而胶囊内镜完全符合以上的特点，是医疗设备未来的发展方向。胶囊内镜全称为“智能胶囊消化道内镜系统”，又称“医用无线内镜”。受检者通过口服内置摄像与信号传输装置的智能胶囊，借助消化道蠕动使之在消化道内运动并拍摄图像。医生利用体外的图像记录仪和影像工作站，了解受检者的整个消化道情况，从而对其病情作出诊断。

重庆金山科技集团自 2001 年起就展开了胶囊内镜的自主研发，于 2002 年 10 月被列入科技部国际合作重点项目，同时也被列入国家“863 计划”。2004 年年初完成了胶囊内镜关键技术的开发，拿出了原理样机，经过一系列的动物试验之后于 2004 年 6 月实现了第一代产品定型，命名为“OMOM”，如图 13-21 所示。

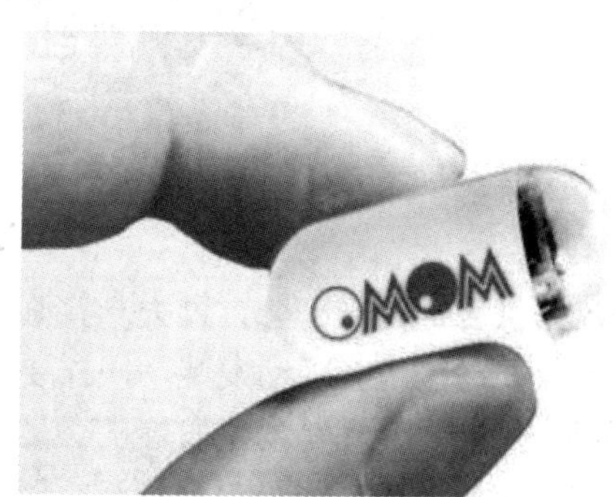

图 13-21　金山科技胶囊内镜产品

智能胶囊被患者像服药一样用水吞下后，会随着胃肠肌肉的运动节奏沿着“胃—十二指肠—空肠”与“回肠—结肠—直肠”的方向运行，同时对经过的腔段连续摄像，并将数字图像传输给病人体外携带的图像记录仪进行存储记录。其工作时间达 6～8 小时，在吞服 8～72 小时后就会随粪便排出体外。胶囊内镜具有安全卫生、操作简便、无痛舒适等众多优点，全小肠段真彩色图像拍摄，清晰微观，突破了小肠检查的盲区，扩展了消化道检查的视野，克服了传统的插入式内镜所具有的耐受性差、不适用于年老体弱和病情危重患者等缺陷，大大提高了消化道疾病诊断检出率。

13.6　智能物流应用

13.6.1　智能物流应用概述

智能物流是指利用集成智能化技术，采用最新的激光、红外、编码、自动识别、无线射频识别、电子数据交换技术、全球定位系统、地理信息系统等高新技术，使物流系统能模仿人的智能，具有思维、感知、学习、推理判断和自行解决物流中某些问题的能力，从而解决物流过程中出现的一系列问题。随着经济全球化的发展，全球生产、采购、流通、消费成为一种必然趋势，使现代物流业成为一种朝阳产业，“智能物流”也被摆上了议事日程，如图 13-22 所示。

图 13-22　智能物流

物流是供应链的一部分，过去一直强调的是物流业与制造业的联动发展，但是现在，物流业不仅要与制造业联动发展，同样要与农业、建筑业、流通业联动发展。

所以，供应链管理是物流发展的必然趋势，智能物流将向“智慧供应链”延伸，通过信息技术，实施商流、物流、信息流、资金流的一体化运作，使市场、行业、企业、个人联结在一起，实现智能化管理与智能化生活。智能物流应用平台如图 13-23 所示。

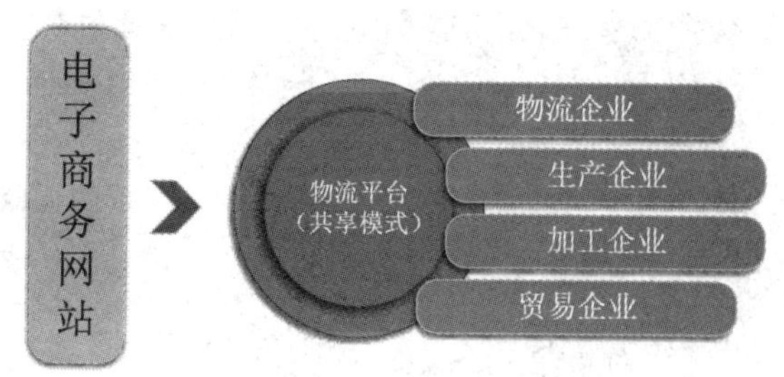

图 13-23　智能物流应用平台

商品、资金、信息、技术等都是在全世界流动的，所以智能物流已经成为全世界的共同目标。另外，智能物流关注的是公共利益，不是单个企业为了追求利润而能实施的。而且，企业智能物流的运用是公共智能物流的体现。因此，智慧物流不可能靠企业单打独斗，只有打破条块分割、地区封锁的恶习，树立全国、全行业一盘棋的思想，智能物流才能在运输装备、共同配送等方面有所突破。

13.6.2　智能物流应用案例

1. 上海港研发的“北斗集装箱智能物流系统”

有资料显示，全球每年集装箱失窃货物的价值达 500 亿～600 亿美元之多，发生在物流过程中的偷渡、走私乃至恐怖事件的风险更为严峻，所以物流跟踪与监控一直备受国际关注。

为了解决这个技术难题，上海港包起帆团队经过 10 年的不懈努力，研制成功了基于北斗卫星导航系统的集装箱智能物流系统，突破了物流跟踪与监控的世界级难题。

北斗卫星导航系统(BDS)是中国正在实施的自主研发、独立运行的全球卫星导航系统，是与美国的 GPS、欧盟的伽利略系统、俄罗斯的格洛纳斯兼容共用的全球卫星导航系统，并称全球四大卫星导航系统。它由空间端、地面端和用户端三部分组成。

基于北斗卫星导航系统的集装箱智能物流系统是一套以系统平台、跟踪与监控终端、手机客户端为基本架构的集装箱智能物流监控系统，只需在被监控的货物上安装一台书本大小的监控终端，再通过智能手机下载一个 App 软件，就可以通过手机操控终端来跟踪与监控货物了。货物所在位置、走过的路径轨迹、开关箱门的时间、箱内的温度、湿度和振动等一目了然。

启用该系统，一旦发生货物箱门被打开或其他异常，通过北斗卫星导航系统定位和通信功能就可实现星地交互，系统就会立刻报警，犹如为货物装上了“千里眼”和“顺风耳”，解决了以往物流跟踪到了移动通信盲区就“抓瞎”的问题，即在山区、边远地区、江河、大海上都可以跟踪与监控集装箱。北斗卫星导航系统如图 13-24 所示。

项目的研究成功也为物流带来了前所未有的服务新方式和用户新体验。该系统通过多家物流公司和运输公司的实际应用，深受用户好评。与此同时，该系统把北斗卫星的定位和通信功能集成到市场广阔的物流领域，将拓展北斗系统的产业化规模，进而推动北斗系统的民用化和国际化进程。

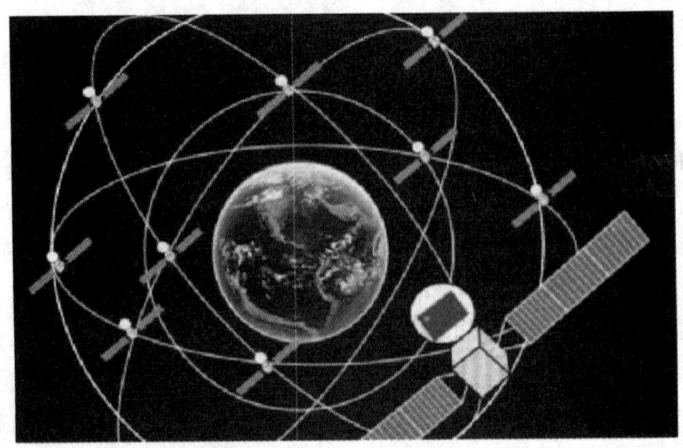

图 13-24　北斗卫星导航系统

2. 铁路调度指挥管理信息系统

铁路运输是物流业发展中重要的运输方式之一，凭借运量大、成本低等特点备受欢迎。铁路调度系统是在全国范围内实现物流管理的基础系统。

在铁道部的管理下，几十万辆车厢、机车均安装了无源 RFID 标签，通过 RFID 实现集中管理、优化、调度，其网络遍布全国，是国内最大的应用系统。

我国铁路运输调度指挥管理是以行车调度为核心，实行铁道部、铁路局、站段三级调度管理的体制。铁道部调度指挥管理信息系统(DMIS)是提高运输效率、确保行车安全的重要工具，实施 DMIS 工程建设是铁路行车调度指挥现代化的必然要求。铁道部调度指挥管理信息系统如图 13-25 所示。

图 13-25　铁道部调度指挥管理信息系统

DMIS 利用无线车次号校核系统自动输入、自动校核列车车次号，利用列车占用和出清轨道电路，自动、准确地采集列车到达、出发和通过时间，自动填写车站，在分局调度所自动生成列车实际运行图和阶段调整计划，并在调度台上实时显示区段内进路排列情况、信号设备的运用情况和所有列车的实际运行情况，具有高度的真实性和实时性。

DMIS 是个庞大的系统工程，其基层网直接连接各车站和区间的信号设备。为确保行车安全和网络运行安全，DMIS 必须做到自成体系、安全运行，同时做好与运输管理信息系统(TMIS)的接口标准和界面分工，做到资源共享、优势互补；各局 DMIS 工程按照铁道部的总体目标平衡发展；加强对 DMIS 通信通道的建设和管理，确保满足传输的端口、通道速率、通信质量和冗余手段的需要；加强硬件配置，进一步优化系统，提升档次，车站值班员终端设备必须双机热备，以满足 DMIS 高安全、高稳定、高可靠的要求；要确保网络安全，防止网络瘫痪和中断，防止网络泄密，杜绝网络间的自由互访；编制统一的用户手册和维护管理办法，切实做好对行车调度人员和电务维护人员的技术培训，确保用好、管好设备。

DMIS 不仅要把调度员、车站值班员从繁重落后的手工劳动和接听电话中解放出来，还要进一步解放并发展生产力，实现挖潜提效，即向调度指挥要能力、要安全、要效益。

习　题

1. 请谈谈你身边与物联网技术相关的智慧生活案例。

2. 选择自己感兴趣的物联网技术应用方向(如智慧工业、智慧交通、智慧医疗等)，完成一篇技术应用的综述报告。

参 考 文 献

[1] 贾坤，黄平，肖铮. 物联网技术及应用教程. 北京：清华大学出版社，2018.
[2] 桂小林. 物联网技术导论. 2 版. 北京： 清华大学出版社，2018.
[3] 张冀，王晓霞，宋亚奇，等. 物联网技术与应用. 北京：清华大学出版社，2017.
[4] 王春媚，张杰. 物联网技术与应用. 北京：化学工业出版社，2016.
[5] 布莱恩·罗素，德鲁·范·杜伦. 物联网安全. 2 版. 戴超，冷门，张兴超，等译. 北京：机械工业出版社，2020.
[6] 黄玉兰. 物联网技术导论与应用. 北京：人民邮电出版社，2020.
[7] 于宝明，金明，等. 物联网技术与应用. 南京：东南大学出版社， 2012.
[8] 拉杰·卡马尔. 物联网导论. 李涛，卢治，董前锟，译. 北京：机械工业出版社， 2019.
[9] 黄建波. 一本书读懂物联网. 2 版. 北京：清华大学出版社，2017.
[10] 郎为民. 大话物联网. 北京：人民邮电出版社，2011.
[11] 小泉耕二. 2 小时读懂物联网. 朱悦玮，译. 北京：北京时代华文书局，2019.
[12] NTT DATA 集团. 图解物联网. 丁灵，译. 北京：人民邮电出版社，2017.
[13] 解运洲. 物联网系统架构. 北京：科学出版社，2019.
[14] 张飞舟. 物联网应用与解决方案. 2 版. 北京：电子工业出版社，2019.
[15] 廖建尚. 物联网开发与应用：基于 ZigBee、Simplici TI、低功率蓝牙、Wi-Fi 技术. 北京：电子工业出版社，2017.
[16] 小林纯一. 物联网的本质：IoT 的赢家策略. 金钟，译. 广州：广东人民出版社，2018.
[17] 高泽华，孙文生. 物联网：体系结构、协议标准与无线通信(RFID、NFC、LoRa、NB-IoT、Wi-Fi、ZigBee 与 Bluetooth). 北京： 清华大学出版社，2020.
[18] 王一鸣. 物联网：万物数字化的利器. 北京：电子工业出版社，2019.
[19] 黄峰达. 自己动手设计物联网. 北京：电子工业出版社，2016.
[20] 魏毅寅. 工业互联网技术与实践. 北京：电子工业出版社，2019.
[21] 物联网智库. 物联网：未来已来. 北京：机械工业出版社，2015.
[22] 谷学静，王志良，郭宇承. 物联网专业英语. 北京：机械工业出版社，2015.
[23] 吴功宜，吴英. 物联网工程导论. 2 版. 北京：机械工业出版社，2018.
[24] 黄传河. 物联网工程设计与实施. 北京：机械工业出版社，2015.
[25] 赵英杰. 完美图解物联网 IoT 实操. 北京：电子工业出版社，2018.
[26] 梁永生. 物联网技术与应用. 北京：机械工业出版社，2014.
[27] 鲁宏伟，刘群. 物联网应用系统设计. 北京：清华大学出版社，2017.
[28] 刘云浩. 物联网导论. 3 版. 北京：科学出版社，2017.